普通高等教育规划教材

工程材料检测技术

主编　赵　毅　梅迎军
主审　梁乃兴　吴进良

人民交通出版社股份有限公司
北　京

内 容 提 要

本书共 7 章,内容主要包括:绪论、试验检测管理、材料性能检测基础知识、工程材料常规力学性能测试、工程材料疲劳性能测试、工程材料断裂韧性测试、工程材料无损检测技术。本书结合现行规范和试验检测实际进行编写,内容丰富,体系完整,具有很强的实用性。

本书可供高等院校材料类、土木工程类、建筑工程类及相关专业教学使用,也可供从事交通、土木及建筑类施工、试验检测、工程监理等工作的工程技术人员参考。

图书在版编目(CIP)数据

工程材料检测技术 / 赵毅,梅迎军主编. — 北京 : 人民交通出版社股份有限公司,2022.4

ISBN 978-7-114-16960-1

Ⅰ.①工… Ⅱ.①赵… ②梅… Ⅲ.①土木工程—建筑材料—材料试验②土木工程—建筑材料—性能检测 Ⅳ.①TU5

中国版本图书馆 CIP 数据核字(2021)第 277181 号

Gongcheng Cailiao Jiance Jishu

书　　　名:	工程材料检测技术
著 作 者:	赵　毅　梅迎军
责任编辑:	周　凯　郭红蕊
责任校对:	孙国靖　宋佳时
责任印制:	刘高彤
出版发行:	人民交通出版社股份有限公司
地　　　址:	(100011)北京市朝阳区安定门外外馆斜街 3 号
网　　　址:	http://www.ccpcl.com.cn
销售电话:	(010)59757973
总 经 销:	人民交通出版社股份有限公司发行部
经　　　销:	各地新华书店
印　　　刷:	北京印匠彩色印刷有限公司
开　　　本:	787×1092　1/16
印　　　张:	13.25
字　　　数:	322 千
版　　　次:	2022 年 4 月　第 1 版
印　　　次:	2022 年 4 月　第 1 次印刷
书　　　号:	ISBN 978-7-114-16960-1
定　　　价:	39.00 元

(有印刷、装订质量问题的图书由本公司负责调换)

前　言

　　材料的发展在一定程度上推动了人类的物质文明和社会进步。材料性能试验检测是保证工程材料及工程质量的重要举措，也是材料科学研究的重要手段。本书介绍了工程材料试验检测管理、基础知识、主要性能的测试原理及方法。本书的编写紧贴现行有关标准规范，并通过校企合作引入工程案例，力求教材内容实用适用，理论联系实际，突出培养学生工程应用能力。

　　本书由重庆交通大学赵毅、梅迎军担任主编并统稿，重庆交通大学王晓东、樊小义、曾晟担任副主编，重庆交通大学刘燕燕、张祖棠参与了编写工作。具体编写分工如下：第1章由曾晟、赵毅编写，第2章由张祖棠编写，第3章由刘燕燕编写，第4章由赵毅编写，第5章由梅迎军编写，第6章由樊小义编写，第7章由王晓东编写。全书由重庆交通大学梁乃兴教授、重庆交大建设工程质量检测中心有限公司吴进良教授主审。

　　本书的编写得到了重庆交大建设工程质量检测中心有限公司的大力支持，深度融合了企业试验检测工程实践要求。本书在编写过程中，还得到了重庆交通大学黄维蓉教授、王瑞燕教授的指导和帮助，在此一并致以诚挚的谢意。

　　由于编者水平有限，编写时间仓促，书中难免存在疏漏之处，敬请读者批评指正。

编　者

2021 年 12 月

目　　录

第1章 绪 论

本章提要

　　本章主要介绍材料概念及分类、材料性能检测技术的意义和作用、材料性能检测技术的现状及发展历程、材料性能检测的分类、材料性能检测的程序和材料性能检测的技术标准。通过本章的学习,要求掌握材料的分类方法、材料性能检测的分类方法以及材料性能检测的程序;熟悉材料性能检测技术标准的级别与种类、代号及编号。

1.1 材料概念及分类

　　材料(Material)一般是指人类用以制造物品、器件、构件、机器或其他产品的物质。材料是国民经济的基础和先导。材料、信息和能源被誉为现代文明的三大支柱;新材料、信息技术和生物技术并列称为新技术革命的重要标志。材料的发展,一定程度上推动了人类的物质文明和社会进步。

　　由于材料种类繁多,用途广泛,因此有着不同的分类方法。

　　从物理化学属性(材料内部结合键的性质)来分,一般将材料分为金属材料、无机非金属材料、高分子材料和复合材料。其中应用最广的是金属材料,特别是黑色金属——钢铁材料。无机非金属材料是以某些元素的氧化物、碳化物、氮化物、卤素化合物、硼化物以及硅酸盐、铝酸盐、磷酸盐、硼酸盐等物质组成的材料。常见的种类包括水泥、陶瓷、玻璃等。高分子材料也称为聚合物材料,是以高分子化合物为基体,再配有其他添加剂(助剂)所构成的材料。按材料特性分为橡胶、纤维、塑料和高分子胶黏剂等。复合材料是人们运用先进的材料制备技术将不同性质的材料组分优化组合而成的新材料。复合材料充分发挥各种材料的优点,克服单一材料的缺陷,扩大材料的应用范围,因此具有广阔的发展前景。

　　按材料的使用性能,可将材料分为结构材料和功能材料。结构材料(Structural Material)是以力学性能为基础,用于制造受力构件用的材料,并对材料的物理或化学性能有一定要求,如光泽、热导率、抗辐照、抗腐蚀、抗氧化等。建筑工程中主体结构材料主要包括钢筋、水泥和集料等。功能材料是指通过光、电、磁、热、化学、生化等作用后具有特定功能的材料。

　　按材料的用途,可将材料分为建筑材料、电子材料、航空航天材料、核材料、能源材料、生物材料等。

　　按材料的来源,可将材料分为天然材料和人造材料。天然材料是指自然界中未经加工或基本不加工可直接使用的材料。如砂、石、木材等。人造材料又称合成材料,是人为地把不同物质经化学方法或聚合作用加工而成的材料,其特质与原料不同,如塑料、钢铁等。

按材料的发展程度,可将材料分为传统材料和新型材料。传统材料(又称基础材料)通常指发展成熟且在工业中已批量生产并大量应用的材料,如钢铁、水泥、塑料等。新型材料(又称先进材料)是指刚投产或正在发展,且具有优异性能和应用前景的一类材料。

1.2 材料性能检测的意义和作用

工程材料是工程建设的物质条件。任何一种工程材料,能否在工程中得到实际应用,取决于该材料是否具有良好的使用性能。材料性能直接影响着建筑物结构及构件的性能,决定着工程建设的质量。检测是以确定被测对象的量值为目的的全部操作。材料检测是保证工程材料质量及工程质量的重要举措。

材料性能检测在材料科学研究、材料应用及工程质量控制等方面具有重要作用。

材料性能检测是进行材料科学研究的重要方法。材料科学研究材料组成、结构、制备工艺流程与材料性能和用途的关系。材料传统检测技术及现代检测技术是材料科学的重要组成部分,宏观的性能测试和微观的成分、结构和组织表征,构成了材料检测技术。材料性能检测是材料科学的重要研究手段,是发现新现象、新规律的主要途径,可广泛应用于研究和解决材料理论和工程实际问题。

材料性能检测是材料应用及工程质量控制的重要保障。工程材料性能的优劣,直接影响到建筑物的质量和安全。工程试验检测活动应当遵循科学、客观、严谨、公正的原则。材料性能试验检测包括三个基本过程:通过观察、测量和试验等方法测定材料的质量特性;对比分析测定结果与质量标准要求;对检测样品的质量合格与否作出判定。

在材料检测相关标准中一般都明确规定了材料的检验项目和内容。产品质量检验要严格按照标准规定的设备和方法进行测试,保证测试过程的科学、公正。在新材料研制过程中的性能测试,尚无试验方法和标准的,还须研究新的试验方法和设备,制订新的标准和工艺说明书。

试验检测是工程质量的重要组成部分,是基础设施建设安全和质量的基础性、保障性控制环节,是事关基础设施和人民安全的关键技术工作。试验检测技术是一门正在发展的新兴学科,是融试验检测基本理论和测试操作技能及相关学科基础知识于一体,是工程设计参数、工程质量控制及工程验收评定等方面的主要依据。

1.3 材料性能检测技术的现状及发展历程

材料检测技术与材料的发展密切相关。最初是以感官和经验为基础的经验检测技术,比如根据硬物敲击木材、石料等发出的声音来判断它们质地的优劣——有无空腔、破裂等缺陷。北宋著名建筑学家李诫(1035—1110 年),编写了一部详细论述建筑工程做法的著作《营造法式》。该书内容来源于古代匠师的实践,并提出了一整套木构架建筑的模数制设计方法。《营造法式》规定,凡设计和建造房屋,都要以"材"作为依据。1638 年,意大利伽利略首先提出以力学性能为基础的材料强度的概念。东汉经学家和教育家郑玄(127—200 年)在《周礼注疏·

卷四十二》中写道:"假令弓力胜三石,引之中三尺,驰其弦,以绳缓摆之,每加物一石,则张一尺。"正确地揭示了力与形变成正比的关系。1678 年,胡克通过实验发现"弹簧上所加重量的大小与弹簧的伸长量成正比",即胡克定律。而郑玄的发现要比胡克早1500 年。因此,有物理学家认为胡克定律应称之为"郑玄-胡克定律"。胡克的发现直接导致了弹簧测力计——测量力的基本工具的诞生。最早使用的试验机是材料试验机,在初期是机械式的。早在 1880 年,英国已生产了杠杆重锤式材料试验机;1908 年,又生产螺母、螺杆加荷的万能试验机。后来,瑞士的 Amsler 公司开发了液压万能试验机。1949 年,美国设计并制造了电子拉伸试验机。自人类进入工业化时代,以人工检测的方法为主,按照一定的质量检测标准,通过使用检测工具或经验判断产品质量。1960 年以后,随着电子技术与无线电技术、计算机技术、数字显示技术、电液伺服技术、传感器技术、近代无损检测技术等发展和应用,现代测试技术得到飞速发展。智能检测是以多种先进的传感器技术为基础,将计算机技术、信息技术和人工智能等相结合而发展的检测技术。随着智能检测技术的不断发展,网络化、集成化、智能化将成为检测测试技术的发展方向。

1.4 材料性能检测的分类

工程材料种类繁多,性能各异,因此,材料性能检测的测试方法也各不相同。

(1)按材料性能检测

材料性能是一种参量,用于表征材料在给定外界条件下的行为,是材料微观结构特征的宏观反映。材料组成和制备工艺上的差异,导致不同材料在性能上存在较大的差别。根据材料与不同外界条件的表现行为不同,材料的性能分为化学性能、物理性能和力学性能。材料的化学性能是指材料抵抗各种介质作用的能力,包括溶蚀性、耐腐蚀性、抗渗入性、抗氧化性等。材料的物理性能是指材料处于声、光、电、磁、热等能量场作用下时表现出来的能力,如密度、熔点、导电性、导磁性等,是材料本身固有的特性。材料力学性能是指材料受外力作用时的变形行为及其抵抗破坏的能力,包括强度、塑性、硬度、刚度、疲劳特性、蠕变性能等。土木工程材料性能检测以材料力学性能测试为主。

(2)按材料品种检测

工程材料按化学成分一般分为金属材料、无机非金属材料、高分子材料和复合材料四大类。不同种类的材料性能存在共性,而材料性能检测的主要指标存在差异。

金属材料性能检测主要包括机械性能测试、化学成分分析、物理性能测试以及工艺性能测试。金属材料具有较高的抗拉强度和抗压强度,通常作为抵抗拉力作用的材料应用于工程中。因此,拉伸试验是金属材料最为重要的力学性能测试。

混凝土、砂浆等传统无机非金属材料具有较大的脆性。相对于抗压强度,其抗拉强度较低。因此,工程建设中,常用于抵抗压力作用。传统无机非金属材料抗压强度测试的作用和意义显得尤为重要。新型无机非金属材料具有耐高温、耐腐蚀、高强度、多功能等多种优越性能,包括导电陶瓷、光学材料、压电材料、磁性材料、无机复合材料等。

建筑工程中应用的高分子材料主要包括橡胶、沥青、塑料以及涂料等。其测试技术主要包括物理性能、化学性能、力学性能、热学性能、老化性能、电学性能测试技术等。

（3）按材料结构检测

结构是导致材料性能差异的重要因素。金刚石和石墨均是由碳元素构成的，然而两者内部结构不同，即碳原子的排列方式不同，造成了彼此性能上很大的差异。

按材料结构，材料检测技术可分为微观测试技术和宏观测试技术。现代分析测试技术研究材料原子、分子、晶体、非晶体等与物质的关系。微观测试技术是指获取毫米级、微米级甚至纳米级研究对象的状态、运动和特征等方面的信息。例如 X 射线衍射是研究物质微观结构最基本、最广泛的测试手段，包括物相分析、晶体结构等。电子显微镜，简称电镜，透射电子显微镜的分辨率为 0.2nm，常用于观察细微物质原子结构；扫描电子显微镜主要用于观察各种固态物质的表面超微结构的形态和组成；利用红外光谱仪分析有机物分子中含有的化学键或官能团信息；拉曼光谱分析法是应用于分子结构研究的一种分析方法；差热分析是在程序控制温度下，测量样品与参比物之间的温度差与温度关系的一种热分析方法，以观测材料在温度变化过程中产生的热反应；压汞仪适用于粉末或多孔材料的孔径分布、孔体积、比表面积、孔隙度、颗粒分布等相关特性的测试。

（4）按材料检测前后破坏与否分类

按材料检测前后破坏与否，可将材料检测技术分为破坏性试验和非破坏性试验。破坏性试验是指在检测过程中使受检产品的形态发生变化，产品的使用功能或性能遭到一定程度破坏的检测方法，比如材料寿命试验、强度试验等；破坏性试验只能采用抽样检验方法。破坏性试验是常用的材料检测方法。其中，强度试验是最主要的破坏性试验方法之一，是通过压力试验机施加荷载，直至试件破坏为止。非破坏性试验方法与之相反，检测后不影响受检产品的使用功能。常用的非破坏性试验方法包括：涡流检测（ECT）、射线照相检验（RT）、超声检测（UT）、磁粉检测（MT）和液体渗透检测（PT）五种。

（5）按测量获得数据的方法检测

按测量获得数据的方法，可将材料检测技术分为直接测量法和间接测量法。直接测量法是指用测量精确程度较高的仪器直接得到测量结果的方法。间接测量法是指测量与被测量量有一定函数关系的参量，被测量量通过函数关系式计算得到的测量方法。

（6）按检验的数量检测

按检验的数量，可划分为全数检验和抽样检验。全数检验是指根据质量标准对送交检测的全部产品逐件进行试验测定，从而判断每一件产品是否合格的检测方法，又称全面检验、普遍检验。全数检验一般应用于重要的、关键的和贵重的制品；对以后工序加工有决定性影响的项目；质量严重不匀的工序和制品；不能互换的装配件；批量小，不必抽样检验的产品。抽样检验又称抽样检查，是从一批产品中随机抽取少量产品（样本）进行检测，据以判断该批产品是否合格的方法。

1.5　材料性能检测的程序

工程材料性能检测的程序通常按照以下进行：

（1）选定要检测的材料和检测的项目

工程材料使用前，均需要进行质量检测。材料检验项目要服从国家、行业标准及当地建设主管部门的规定,各项试验指标都要符合有关规定。材料检测试验项目的选定是为了确保工程质量,因此,在检测过程中,只检查原始合格证明而不按规定抽样试验,或虽抽样试验但检测项目不全的行为,均是不符合要求的。

（2）取样、送检

取样是按照有关技术标准、规范的规定,从检验（或检测）对象中抽取实验样品的过程。取样必须要有代表性。取样要严格遵守有关规范规程的要求和程序,随机抽取试样。不同的材料有不同的取样要求,取样前,要科学合理地设计好取样方案。从取样方法上讲,取样的代表性在很大程度上取决于取样点的布置和数量。试样的数量关系到试验结果的准确性,数量过少、取样部位及方法的偏差,均会导致试验误差增大。

送检是指取样后将样品从现场移交有检测资格的单位承检的过程。

取样和送检是工程质量检测的首要环节,其真实性和代表性直接影响到监测数据的公正性。

在建设工程质量检测中实行见证取样和送检制度,即在建设单位或监理单位人员见证下,由施工人员在现场取样,送至试验室进行试验。

（3）仪器设备的选择

试验仪器设备的精度、量程要与试验规程的要求一致。

（4）试验

试验过程要严格遵守试验规程进行。温度和湿度对建筑材料的性能有很大的影响,故在标准中对材料养护、测试时环境条件有明确规定。同时,检测过程加荷速度控制对试验结果的精准度也有较大影响。比如检测钢结构强度时,要严格按照检验标准控制加荷速度,否则会引起结果的偏差,加荷速度过高,结果就偏高。另外,在混凝土强度检测时,加荷速度根据不同强度等级也有所不同。

（5）结果计算与评定

为了防止偶然误差的产生,材料检测通常进行平行试验,并以平行试验结果的算术平均值作为试验结果。为了保证试验结果的科学、准确、判定正确,必须对试验数据的记录、运算和修约、分析处理及判定进行有效控制,试验数据应满足准确度、精密度与有效数字的要求。准确度和精密度是两个完全不同的概念,既有区别,又有联系。图1-1所示为准确度与精密度的关系。由图1-1可见,没有精密度的准确度让人难以相信（图中丁）,而精密度好并不意味着准确度高（图中乙）。一系列测量的算术平均值通常并不能代表所要测量的真实值,两者可能有相当大的差异。总之,准确度表示测量的正确性,而精密度则表示测量的重现性。可以认为,图1-1中甲的系统误差和随机误差均较小,是一组较好的测量数据;乙虽有较好的精密度,但只能说明随机误差较小,存在较大的系统误差;丙的精密度和准确度都很差,可见存在很大的随机误差和系统误差。

科学实验要得到准确的结果,不仅要求正确地选用实验方法和实验仪器测定各种量的数值,而且要求正确地记录和运算。试验数据,不仅表示某个量的大小,还要反映量的准确程度。试验数据应保

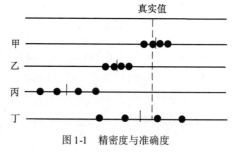

图1-1 精密度与准确度

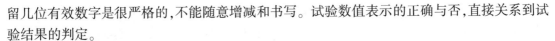

留几位有效数字是很严格的,不能随意增减和书写。试验数值表示的正确与否,直接关系到试验结果的判定。

试验数据处理后,根据标准或相关规范规程要求,给予评定,得出试验结论。

1.6 材料性能检测的技术标准

1.6.1 标准的级别与种类

标准是通过标准化活动,按照规定的程序经协商一致制定,为各种活动或其结果提供规则、指南或特性,供共同使用和重复使用的文件。标准以科学、技术和实践经验的综合成果为基础,由主管机关批准,以特定的形式发布,作为共同遵守的准则和依据。根据《中华人民共和国标准化法》规定,本法所称标准(含标准样品),是指农业、工业、服务业以及社会事业等领域需要统一的技术要求。标准包括国家标准、行业标准、地方标准和团体标准、企业标准。国家标准分为强制性标准和推荐性标准,行业标准、地方标准是推荐性标准。强制性标准必须执行。国家鼓励采用推荐性标准。

推荐性国家标准、行业标准、地方标准、团体标准、企业标准的技术要求不得低于强制性国家标准的相关技术要求。

国家标准是在全国范围内统一的技术要求。我国国家标准由国务院标准化行政主管部门制定、发布。强制性国家标准的代号为 GB,推荐性国家标准的代号为 GB/T。行业标准是指行业的标准化主管部门批准发布的,在行业范围内统一的标准。行业标准是对没有国家标准而又需要在全国某个行业范围内统一的技术要求所制定的标准。行业标准由国务院有关行政主管部门制定,并报国务院标准化行政主管部门备案。当同一内容的国家标准公布后,则该内容的行业标准即行废止。对没有国家标准和行业标准又需要在省、自治区、直辖市范围内统一的技术要求,制定地方标准。企业生产的产品没有国家标准和行业标准的,应制定企业标准。

标准是标准化活动的结果。标准具有民主性,是各利益相关方协商一致的结果;标准具有权威性,标准要按照规定程序制定,必须由能够代表各方利益,并为社会所公认的权威机构批准发布;标准具有系统性,需要协调处理标准化对象各要素之间的关系,统筹考虑使系统性能和秩序达到最佳;标准具有科学性,来源于人类社会实践活动,其产生的基础是科学研究和技术进步的结果,是实践经验的总结。

1.6.2 标准的组成

我国的国家标准由标准代号、编号、制定或修订年份、标准名称等四部分组成。技术标准是根据一定时期的科学技术水平和实践经验制定的,具有相对稳定性。随着科学技术的发展,现行标准不适应生产现状和科学技术发展时,则需要进行修订或废止。

各级标准相应的代号及名称示例见表1-1。

各级标准相应的代号及名称示例 表1-1

标准级别	标准代号及名称
国家标准	GB——国家标准;GBJ——国家建筑工程标准;GB/T——推荐国家标准
行业标准	JT——交通运输行业标准;JGJ——建工行业建设标准;JC——建筑材料行业标准; YB——黑色冶金行业标准;SD——水电行业标准;LY——林业行业标准
地方标准	DB——地方标准
企业标准	QB——企业标准

国际标准和国外国家标准代号见表1-2。

国际标准和国外国家标准代号 表1-2

标 准 名 称	缩写(全称)
国际标准	ISO(International Standard Organization)
美国国家标准	ANS(American National Standard)
美国材料与试验学会标准	ASTM(American Society for Testing and Materials)
英国标准	BS(British Standard)
德国工业标准	DIN(Deutsche Industric Normen)
日本工业标准	JIS(Japanese Industrial Standard)
法国标准	NF(Normes Francaises)

公路工程标准编号由标准代号、板块序号、模块序号、标准序号、标准发布年号组成。标准编号规则为 JTG(/T) ××××.×—××××。推荐性标准的编号在标准代号后加"/T"表示;JTG 是交、通、公三字汉语拼音的首字母;后面的第一位数字为标准的板块序号,其中 1 代表总体、2 代表通用、3 代表公路建设、4 代表公路管理、5 代表公路养护、6 代表公路运营;第二位数字为标准的模块序号,根据图 1-2 中所表示的模块顺序由左往右分别从 1 开始相应编号,未设模块一级的,按 0 编号;第三、四位数字为所属模块的标准序号,按顺序编号,在具体标准编制中,若同属同一标准,但需要分成若干部分单独成册,并构成系列标准的,从 1~9 按顺序编号,前面加"."表示;破折号后为标准发布年份,按 4 位编号。标准编号示意如图 1-3 所示。

1.6.3 土木工程材料检测常用标准

土木工程材料检测中常用的技术标准可分为基础标准、产品标准、方法标准(包括取样方法标准、试验方法标准和检测技术标准)及安全、卫生、环保标准等四类。

(1)基础标准

基础标准是指在一定范围内作为其他标准的基础并具有广泛指导意义的标准。包括:标准化工作导则,如《标准编写规则 第 4 部分:试验方法标准》(GB/T 20001.4—2015);通用技术语言标准,如《水泥的命名原则和术语》(GB/T 4131—2014);量和单位标准,如《国际单位制及其应用》(GB 3100—1993);数值与数据标准,如《数值修约规则与极限数值的表示和判定》(GB/T 8170—2008)等。

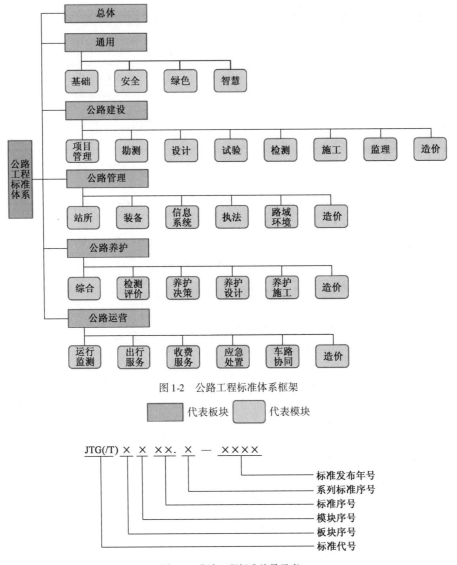

图 1-2 公路工程标准体系框架

图 1-3 公路工程标准编号示意

（2）产品标准

产品标准是指对产品结构、规格、质量和检验方法所做的技术规定。例如：《通用硅酸盐水泥》（GB 175—2007）、《混凝土外加剂》（GB 8076—2008）等。

（3）方法标准

方法标准是指以产品性能、质量方面的检测、试验方法为对象而制定的标准。其内容包括检测或试验的类别、检测规则、抽样、取样测定、操作、精度要求等方面的规定，还包括所用仪器、设备、检测和试验条件、方法、步骤、数据分析、结果计算、评定、合格标准、复验规则等。例如：《水泥取样方法》（GB 12573—2008）、《钢及钢产品　力学性能试验取样位置及试样制备》（GB/T 2975—2018）、《沥青取样法》（GB/T 11147—2010）、《混凝土物理力学性能试验方法标准》（GB/T 50081—2019）、《回弹法检测混凝土抗压强度技术规程》（JGJ/T 23—2011）等。

（4）安全、卫生与环境保护标准

这类标准是以保护人和物的安全、保护人类的健康、保护环境为目的而制定的标准。该类标准一般都要强制贯彻执行。例如：《泡沫灭火系统》(GB 50151—2021)、《环境卫生技术规范》(GB 51260—2017)、《危险废物焚烧污染控制标准》(GB 18484—2020)等。

思考题

1.1 材料的分类方法是什么？

1.2 材料性能检测的分类是什么？

1.3 材料性能检测的程序是什么？

1.4 材料性能检测技术标准的级别与种类是什么？

第 2 章　试验检测管理

📎 **本章提要**

本章主要介绍试验检测常用术语和概念、试验检测管理办法、检验检测机构和人员信用评价、试验检测记录与报告的管理要求和检验检测机构资质认定管理。通过本章的学习,熟悉试验检测管理办法,掌握检验检测机构及人员信用评价的重要意义和评价方法以及试验检测记录与报告的编制,熟悉检验检测机构资质认定管理。

2.1　试验检测常用术语和概念

(1)检测:指对给定产品,按照规定程序确定某一种或多种特性、进行处理或提供服务所组成的技术操作。

(2)检验:通过观察和判断,适当时结合测量、试验或估量所进行的符合性评价。

检验包括:①考察验证。②对于各种原材料、成品和半成品,用工具、仪器或其他分析方法(物理的和化学的)检查其是否合乎规格的过程。③在机械制造过程中,用量具测量加工中或加工后工件的几何形状和尺寸,以及用仪器测定工件表面的硬度和粗糙度等,以判定该工件是否合乎加工要求的过程。

(3)试验:依据已有的标准去验证产品或零部件或材料是否达标,属于验证操作。

(4)检查:对产品、过程、服务或安装的审查,或对其设计的审查,并确定其与特定要求的符合性,或在专业判断的基础上确定其与通用要求的符合性。

(5)公路水运工程试验检测:是根据国家有关法律、法规的规定,依据工程建设技术标准、规范、规程,对公路水运工程所用材料、构件、工程制品、工程实体的技术指标等进行测试,以确定其质量特性的活动,简称试验检测。

(6)第三方检测机构:指两个相互联系的主体之外的某个客体,又称第三方。第三方可以是和两个主体有联系,也可以是独立于两个主体之外。第三方检测又称公正检验,是由处于买卖利益之外的第三方,以公正、权威的非当事人身份,根据有关法律、标准或合同所进行的商品检验活动。

(7)授权签字人:指实验室提名,经过资质认定评审组考核合格,能在实验室被认可范围内的检测报告或校准证书上获准签字的人员。

(8)公路水运工程试验检测人员:指具备相应公路水运工程试验检测知识和能力,并承担公路水运工程试验检测业务的专业技术人员,简称检测人员。公路水运工程试验检测专业技术人员职业资格分为试验检测师和助理试验检测师 2 个级别,取得试验检测师或助理试验检

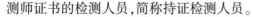

测师证书的检测人员,简称持证检测人员。

(9)公路水运工程试验检测机构:指依法成立,承担公路水运工程试验检测业务并对试验检测结果承担责任的机构,简称检测机构。

(10)检测机构等级:依据检测机构的公路水运工程试验检测水平、主要试验检测仪器设备及检测人员的配备情况、试验检测环境等基本条件对检测机构进行的能力划分。

2.2 试验检测管理办法

为了保证试验检测工作规范开展,交通部于2005年颁布实施了《公路水运工程试验检测管理办法》(交通部令2005年第12号)。2019年11月28日,经修改的《公路水运工程试验检测管理办法》(交通运输部令2019年第38号)公布,并施行,从事公路水运工程试验检测活动应遵守该办法。公路水运工程试验检测活动应当遵循科学、客观、严谨、公正的原则。

2.2.1 检测机构等级评定

根据《公路水运工程试验检测管理办法》的有关规定,按照等级标准,对检测机构的仪器设备及检测人员的配备情况、试验检测环境等基本条件,以及试验检测技术水平和管理水平进行评审,确认其从事公路水运工程试验检测工作等级的活动,简称等级评定。

检测机构等级,分为公路工程和水运工程专业。公路工程专业分为综合类和专项类。公路工程综合类设甲、乙、丙3个等级。公路工程专项类分为交通工程和桥梁隧道工程。水运工程专业分为材料类和结构类。水运工程材料类设甲、乙、丙3个等级。水运工程结构类设甲、乙2个等级。检测机构等级的差异只反映检测参数的多少,并不代表其检测水平的高低。

交通运输部工程质量监督机构负责公路工程综合类甲级、公路工程专项类和水运工程材料类及结构类甲级的等级评定工作。省级交通质量监督机构负责公路工程综合类乙、丙级和水运工程材料类乙、丙级及水运工程结构类乙级的等级评定工作。

检测机构可以同时申请不同专业、不同类别的等级。检测机构被评为丙级、乙级后须满1年且具有相应的试验检测业绩方可申报上一等级的评定。

公路水运工程试验检测机构等级评定工作分为受理、初审、现场评审3个阶段。初审合格的进入现场评审阶段。质量监督机构依据《现场评审报告》及检测机构等级标准对申请人进行等级评定,评定结果公示期不少于7d,公示期满无异议或者经核实异议不成立的,由质量监督机构颁发《公路水运工程试验检测机构等级证书》(以下简称《等级证书》)。

《等级证书》应当注明检测机构从事公路水运工程试验检测的专业、类别、等级和项目范围。《等级证书》有效期为5年。《等级证书》期满后拟继续开展公路水运工程试验检测业务的,检测机构应提前3个月向原发证机构提出换证申请。

2.2.2 试验检测活动

取得《等级证书》,同时按照《中华人民共和国计量法》的要求经过计量行政部门考核合格的检测机构,可在《等级证书》注明的项目范围内,向社会提供试验检测服务。

取得《等级证书》的检测机构,可设立工地临时试验室,承担相应公路水运工程的试验检测业务,并对其试验检测结果承担责任。

检测机构应当建立样品管理制度,提倡盲样管理。

检测机构在同一公路水运工程项目标段中不得同时接受业主、监理、施工等多方的试验检测委托。

检测机构依据合同承担公路水运工程试验检测业务,不得转包、违规分包。

检测机构的技术负责人应当由试验检测师担任。试验检测报告应当由试验检测师审核、签发。

检测人员应当严守职业道德和工作程序,独立开展检测工作,保证试验检测数据科学、客观、公正,并对试验检测结果承担法律责任。

检测人员不得同时受聘于两家以上检测机构,不得借工作之便推销建设材料、构配件和设备。

2.2.3 监督检查

公路水运工程试验检测监督检查,主要包括下列内容:

(1)《等级证书》使用的规范性,有无转包、违规分包、超范围承揽业务和涂改、租借《等级证书》的行为;

(2)检测机构能力变化与评定的能力等级的符合性;

(3)原始记录、试验检测报告的真实性、规范性和完整性;

(4)采用的技术标准、规范和规程是否合法有效,样品的管理是否符合要求;

(5)仪器设备的运行、检定和校准情况;

(6)质量保证体系运行的有效性;

(7)检测机构和检测人员试验检测活动的规范性、合法性和真实性;

(8)依据职责应当监督检查的其他内容。

质量监督机构在监督检查中发现检测机构有违反上述规定行为的,应当予以警告、限期整改,情节严重的列入违规记录并予以公示,质量监督机构不再委托其承担检测业务。实际能力已达不到《等级证书》能力等级的检测机构,质量监督机构应当给予整改期限。整改期满仍达不到规定条件的,质量监督机构应当视情况注销《等级证书》或者重新评定检测机构等级。重新评定的等级低于原来评定等级的,检测机构1年内不得申报升级。被注销等级的检测机构,2年内不得再次申报。质量监督机构应当及时向社会公布监督检查的结果。

质量监督机构在监督检查中发现检测人员违反《公路水运工程试验检测管理办法》的规定,出具虚假试验检测数据或报告的,应当给予警告,情节严重的列入违规记录并予以公示。

2.3 检验检测机构和人员信用评价

信用,是指依附在人之间、单位之间和商品交易之间形成的一种相互信任的生产关系和社会关系。信用是职业道德的体现。交通运输部发布了《关于印发〈公路水运工程试验检测信用评价办法〉的通知》(交安监发〔2018〕78号),通过建立行业信用体系,来加强公路水运试验检测管理和诚信建设,引导和监控试验检测市场和试验检测行为,树立检测机构讲诚信的风气。

信用评价也称为信用评估、信用评级、资信评估、资信评级。信用评价是以一套相关指标体系为考量基础,标示出个人或企业偿付其债务能力和意愿的过程。信用评价由专业的机构或部门,根据"公正、客观、科学"原则,按照一定的方法和程序,在对企业进行全面了解、考察调研和分析的基础上,作出有关其信用行为的可靠性、安全性程度的估量,并以专用符号或简单的文字形式来表达的一种管理活动。

信用是社会经济发展的必然产物,是现代经济社会运行中必不可少的一环。维持和发展信用关系,是保护社会经济秩序的重要前提。

2.3.1 检验检测机构诚信评价

诚信是检验检测机构应遵循的基本道德规范,是检验检测机构的最基本要求,应贯穿于检验检测机构的所有活动中。在《检验检测机构诚信基本要求》(GB/T 31880—2015)基础上,国家市场监督管理总局等部门颁布了《检验检测机构诚信评价规范》(GB/T 36308—2018)。

2.3.1.1 评价原则

(1)科学性

评价时应包括能反映检验检测机构诚信状况的关键信息。

(2)系统性

各评价指标构成一个完整的体系,以系统反映检验检测机构的诚信水平和状况。

(3)适用性

评价指标可采集、可量化,利于检验检测机构自身诚信建设水平的提升和完善。

2.3.1.2 评价要求

(1)总则

对检验检测机构进行诚信评价时,应收集其内部和外部诚信信息和各类相关信息,以验证检验检测机构对诚信要素识别和管理的有效性,同时应定期对检验检测机构的诚信保障能力进行评价,以确保其符合标准的要求。

诚信评价结果应出具相应的报告和证书。

(2)基本要求

对检验检测机构进行诚信评价时,对各项指标采用评分制,具体要求如下:

①评价人员应熟悉现行《检验检测机构诚信评价规范》(GB/T 36308)要求、评审准则和评价程序;

②评价内容应与现行《检验检测机构诚信评价规范》(GB/T 36308)一致,按照评价指标和对应的分值进行评价(若有特殊需求的可调整);

③评价过程要规范,可与其他专业技术评价相结合;

④评价结果要公正、公平。

(3)连续性

诚信评价应是连续的。应按年度对检验检测机构的诚信建设能力和表现进行持续评价,包括对年度诚信报告的确认。至少每6年复评一次,达到保持和改进的目的。

（4）评价人员

评价人员应具有一定诚信管理和评价经验，同时应确保评价工作的客观公正。

第三方诚信评价应具有较高专业水平和工作经验的评价人员担任评审组组长，并组成评审组。

2.3.1.3　评价方法

（1）采用定性与定量相结合的评价方法，同时，针对具体的评分项再进行定性的评价。

（2）采用自我评价、第三方评价和社会监督相结合的评价模式。

2.3.1.4　评价指标

根据《检验检测机构诚信基本要求》（GB/T 31880—2015），检验检测机构诚信评价指标包括：①法律法规指标；②技术要求指标；③管理要求指标；④责任要求指标；⑤否决项指标。

2.3.1.5　评价结果

检验检测机构诚信评价结果与表示方法应按照现行《企业信用等级表示方法》（GB/T 22116）的规定。检验检测机构诚信评价结果包括 A、B、C、D 四个等级。评价时符合《检验检测机构诚信评价规范》（GB/T 36308—2018）附录规定的检验检测机构诚信评价全项指标时，满分为 1000 分，分值的高低与评价等级的关系如下：

（1）A 级：评分达到 800 分以上（含 800 分）；且否决项为 0，不符合项不超过 1 项，基本符合需现场验证项和基本符合项不超过 9 项，累计不超过 10 项的机构可评为 A 级；

（2）B 级：评分达到 700～799 分（含 700 分），且否决项为 0，不符合项不超过 2 项，基本符合需现场验证项和基本符合项不超过 13 项，累计不超过 15 项的机构可评为 B 级；

（3）C 级：评分达到 600～699 分（含 600 分），且否决项为 0，不符合项不超过 3 项，基本符合现场验证项和基本符合项不超过 17 项，累计不超过 20 项的机构可评为 C 级；

（4）D 级：评分达到 600 分以下的机构可直接评为 D 级。

评价结果达 600 分以上的检验检测机构，应针对不符合项、基本符合需现场验证项和基本符合项按规定的时间进行整改，整改符合要求的，经专业诚信评价机构批准可获得检验检测机构诚信达标证书，并允许在检验检测报告上加贴统一的检验检测诚信达标机构标识。

2.3.2　公路水运行业对检验检测机构及人员的信用评价

为加强公路水运工程试验检测管理和信用体系建设，增强试验检测机构和人员诚信意识，促进试验检测市场健康有序发展，营造诚信守法的检测市场环境，交通运输部颁布了《公路水运工程试验检测信用评价办法》（交安监发〔2018〕78 号）。

该评价办法主要规范对象是承担公路水运工程试验、检测及监测业务的试验检测机构（包括工地试验室及现场检查项目）、持有公路水运工程试验检测师或助理试验检测师资格证书的试验检测从业人员。

信用评价的原则是公开、客观、公正、科学。

信用评价周期为 1 年，评价的时间段从 1 月 1 日至 12 月 31 日。

2.3.2.1　评价等级与实施

试验检测机构信用评价分为 AA、A、B、C、D 五个等级,评分对应的信用等级分别为:

AA 级:信用评分≥95 分,信用好;

A 级:85 分≤信用评分<95 分,信用较好;

B 级:70 分≤信用评分<85 分,信用一般;

C 级:60 分≤信用评分<70 分,信用较差;

D 级:信用评分<60 分或直接确定为 D 级,信用差。

评价方法:机构的信用评价实行综合评分制;试验检测人员信用评价实行随机检查累计扣分制。试验检测机构信用评价综合得分计算公式:

$$W = W'(1 - \gamma) + \frac{\gamma}{n} \times \sum_{i=1}^{n} W''_i \tag{2-1}$$

式中:W——试验检测机构信用评价综合得分;

W'——母体机构得分;

W''——工地试验室及现场检测项目得分;

n——工地试验室及现场检测项目数;

γ——权重,见表 2-1。

工地试验室及现场检测项目数 n 与权重 γ 的关系　　　　表 2-1

n	0	1~3	4~6	7~10	>10
γ	0	0.3	0.4	0.6	0.7

人员信用评价:在评价周期内,试验检测人员在不同项目和不同工作阶段发生的违规行为累计扣分。一个具体行为涉及两项以上违规行为的,以扣分标准高者为准。评价周期内:20 分≤人员累计扣分分值<40 分,属信用较差;人员累计扣分分值≥40 分,属信用很差。连续 2 年被评为信用较差的人员,信用等级直接按很差发布,并列入黑名单。伪造证书信用评为很差,列入黑名单。

信用评价结果公布前应予以公示,公示期为 10 个工作日,最终确定的信用评价结果自正式公布之日起 5 年内,向社会提供公开查询。

2.3.2.2　检测机构、工地试验室及现场检查项目、检测人员的信用评价标准

《公路水运工程试验检测信用评价办法》明确:工程试验检测机构信用评价标准有 24 项失信行为,工地试验室及现场检测项目信用评价标准有 19 项失信行为,试验检测人员信用评价标准有 14 项失信行为,见表 2-2 ~ 表 2-4。

公路水运工程试验检测机构信用评价标准　　　　表 2-2

序号	行 为 代 码	失 信 行 为	扣 分 标 准	备 注
1	JJC201001	租借试验检测等级证书承揽试验检测业务的	直接确定为 D 级	
2	JJC201002	以弄虚作假或其他违法形式骗取等级证书或承接业务的,伪造、涂改、转让等级证书的	直接确定为 D 级	

序号	行为代码	失信行为	扣分标准	备注
3	JJC201003	出具虚假数据报告并造成质量安全事故或质量标准降低的	直接确定为D级	
4	JJC201004	所设立的工地试验室及现场检测项目总得分为0分的	直接确定为D级	
5	JJC201005	存在虚假数据报告及其他虚假资料	扣10分/份、单次扣分不超过50分	
6	JJC201006	在《等级证书》注明的项目范围外出具试验检测报告且使用专用标识章的	扣5分/参数	
7	JJC201007	未对设立的工地试验室及现场检测项目有效监管的	扣10分/个	
8	JJC201008	聘用重复执业的检测人员从事试验检测工作的，或所聘用的试验检测人员被评为信用差的	扣10分/人	
9	JJC201009	报告签字人不具备资格;试验记录、报告存在代签事实的	扣2分/份、单次扣分不超过10分	
10	JJC201010	试验检测机构的变更未在规定期限内办理变更手续	扣5分/次	
11	JJC201011	评价期内，持证人员数量达不到相应等级标准要求	扣5分/(试验检测师·次)、扣3分/(助理试验检测师·次)	
12	JJC201012	评价期内，试验检测机构技术负责人、质量负责人上岗资格达不到相应等级要求	扣10分/人	
13	JJC201013	评价期内，试验检测设备配备不满足等级标准要求	必选设备扣10分/台;可选设备扣5分/台	
14	JJC201014	试验检测设备未按规定检定校准的	扣2分/台，单次扣分不超过20分	
15	JJC201015	试验检测环境达不到技术标准规定要求的	扣4分/处，单次扣分不超过20分	
16	JJC201016	试验检测记录或报告不规范,格式未做统一要求的,相关内容不完整的	扣3分/类，单次扣分不超过15分	
17	JJC201017	无故不参加质监机构组织的比对试验等能力验证活动的	扣10分/次	
18	JJC201018	存在严重失信行为，作为责任单位被部、省级交通运输及以上有关部门行政处罚的	直接确定为D级	
19	JJC201019	使用已过期的《等级证书》和专用标识章出具报告的	扣20分	
20	JJC201020	试验检测结论表述不正确的	5分/份	

续上表

序号	行为代码	失信行为	扣分标准	备注
21	JJC201021	试验检测记录报告使用标准不正确的	5分/类	
22	JJC201022	参加质监机构组织的比对试验等能力活动,结果为不满意的	扣5分/次	
23	JJC201023	参加质监机构组织的比对试验等能力验证时,无故遮挡或未显示试验数据的	扣15分/次	
24	JJC201024	对各级交通运输主管部门及质监机构提出的意见整改未闭合的	扣10分/次	

注:对失信行为的监督复查中,若仍存在同样问题应再次扣分。

公路水运工程工地试验室及现场检测项目信用评价标准　　　　表2-3

序号	行为代码	失信行为	扣分标准	备注
1	JJC202001	出虚假数据报告造成质量安全事故或质量标准降低的	扣100分	
2	JJC202002	存在虚假数据和报告及其他虚假资料的	扣10分/份,单次扣分不超过30分	
3	JJC202003	聘用重复执业试验检测人员从事试验检测工作的,或所聘用的试验检测人员被评为信用差的	扣10分/人	
4	JJC202004	工地试验室或授权负责人未经母体机构有效授权	扣20分	▲
5	JJC202005	授权负责人不是母体机构派出人员或长期不在岗的	扣10分	▲
6	JJC202006	超出授权范围开展业务	扣5分/参数	▲
7	JJC202007	未按规定或合同配备相应条件的试验检测人员或擅自变更试验检测人员	扣5分/(试验检测师·次)、3分/(助理试验检测师·次)	
8	JJC202008	未按规定或合同配备满足要求的仪器设备、设备未按规定检定校准的	扣2分/台,单次扣分不超过20分	
9	JJC202009	试验检测环境达不到技术标准规定要求的	扣2分/处,单次扣分不超过10分	
10	JJC202010	报告签字人不具备资格;试验记录、报告存在代签事实的	扣2分/份,单次扣分不超过10分	
11	JJC202011	试验检测原始记录信息及数据记录不全,结论不准确,试验检测报告不完整(含漏签、漏盖及错盖章),试验检测频率不满足规范或合同要求	扣3分/类	
12	JJC202012	未按规定上报发现的试验检测不合格事项或不合格报告	扣10分/次	
13	JJC202013	对各级监督部门提出的检查意见整改未闭合的或监督部门认定的监理工程师、项目业主提出的检查意见整改未闭合的	扣10分/项	

序号	行为代码	失信行为	扣分标准	备注
14	JJC202015	严重违反试验检测技术规程操作的	扣10分/项	
15	JJC202016	工地试验室未履行合同擅自撤离工地的	扣100分	
16	JJC202017	存在严重失信行为,作为责任单位被部、省级交通运输及以上有关部门通报批评或行政处罚的	扣20分/次	
17	JJC202018	未按规定参加信用评价的	扣40分	
18	JJC202019	试验样品管理存在人为选择性取样、样品流转工作失控、样品保管条件不满足要求、未按规定留样等不规范行为的	扣5分/项	
19	JJC202020	试验检测档案管理不规范	扣5分/项	

注:在对失信行为进行监督复查时,若仍存在同样问题应再次扣分。▲仅适用于工地试验室。

公路水运工程试验检测人员信用评价标准   表2-4

序号	行为代码	失信行为	扣分标准	备注
1	JJC203001	有关试验检测工作被司法部门认定构成犯罪的	扣40分	
2	JJC203002	出具虚假数据报告造成质量安全事故或质量标准降低的	扣40分	
3	JJC203003	出现 JJC201001 ~ JJC201006、JJC201018 及 JJC201019 项行为对相应负责人的处理	JJC201001、JJC201002 行为扣40 分;JJC201003 ~ JJC201006、JJC201018 及 JJC201019 行为扣20 分	
4	JJC203004	同时受聘于两个或两个以上试验检测机构的	扣20分	
5	JJC203005	授权检测工地人员资料虚假;出借试验检测人员资格证书的	扣40分/次	
6	JJC203006	在试验检测工作中,有徇私舞弊、吃拿卡要行为	扣20分/次	
7	JJC203007	利用工作之便推销建筑材料、构配件和设备的	扣20分/次	
8	JJC203009	出现 JJC201007、JJC201014 及 JJC201015 项行为的对技术或质量负责人的处理,出现 JJC201008、JJC201010 ~ JJC201013、JJC201017、JJC201023 及 JJC202005 项行为的对行政负责人的处理	扣5分/项	
9	JJC203010	未按相关标准、规范、试验规程等要求开展试验检测工作,试验检测数据失真的	扣5分/次	
10	JJC203011	超出《等级证书》中规定项目范围进行试验检测活动并使用专用标识章的	扣5分/项	
11	JJC203012	出具虚假数据和报告的	扣10分/份	
12	JJC203013	越权签发、代签、漏签试验检测报告的	扣5分/类	
13	JJC203014	工地试验室信用评价得分 <70 分时对其授权负责人的处理	20分	

续上表

序号	行为代码	失信行为	扣分标准	备注
14	JJC203015	工地试验室有 JJC202002、JJC202003、JJC202006、JJC202012、JJC202015 项行为时对其授权负责人的处理	JJC202002、JJC202003 行为扣 5 分/项；JJC202006、JJC202012、JJC202015 行为扣 4 分/项	

2.4　试验检测记录与报告的管理要求

原始记录和试验检测报告是记录试验过程的信息载体,其所记录信息的完整性、科学性、规范性、可读性至关重要。交通运输部于 2019 年发布了《公路水运试验检测数据报告编制导则》(JT/T 828—2019),该导则明确了记录报告的格式、要素,编制填写要求,适用于公路水运工程试验检测机构及工地试验室的试验检测数据的编制。

2.4.1　基本规定

(1)公路水运试验检测数据报告,应格式统一、形式合规,宜采用信息化方式编制。

(2)数据报告包括试验检测记录表和试验检测报告。根据检测目的和报告内容的不同,报告可分为检测类报告和综合评价类报告两类。

(3)记录表应信息齐全、数据真实可靠,具有可追溯性;报告应结论准确、内容完整。

(4)记录表应由标题、基本信息、检测数据、附加声明、落款五部分组成。每一试验检测参数(或试验方法)可单独编制记录表。同一试验过程同时获得多个试验检测参数时,可将多个参数集成编制于一个记录表中。

(5)检测类报告应由标题、基本信息、检测对象属性、检测数据、附加声明、落款六部分组成。

(6)综合评价类报告应由封面、扉页、目录、签字页、正文、附件六部分组成,其中目录部分、附件部分可根据实际情况删减。

(7)数据报告的编制除应满足本标准规定外,尚应符合其他标准、规范、规程等的相关规定。

2.4.2　记录表编制要求

试验检测记录表如图 2-1 所示。

2.4.2.1　标题部分

标题部分位于记录表上方,用于表征其基本属性。标题部分应由记录表名称、唯一性标识编码、检测单位名称、记录编号和页码组成。

(1)记录表名称

位于标题部分第二行居中位置,宜采用"项目名称"+"参数名称"+"试验检测记录表"的形式命名。当遇下列情况时,处理方式为:

①当试验参数有多种测试方法可选择时,宜在记录表后将选用的测试方法以括号的形式

加以标识；

②当同一项目中具有不同检测对象的细分条目时,宜按细分条目分别编制记录表；

③当同一样品在一次试验中得到两个以上参数值时,记录表名称宜列出全部参数名称,并用顿号分隔,参数个数不宜大于4；

④当参数名称能明确地体现测试内容时,项目名称可省略,以"参数名称"＋"试验检测记录表"为记录表名称。

图2-1　试验检测记录表示例

（2）唯一性标识编码

用于管理记录表格式的编码具有唯一性,与记录表名称同处一行,靠右对齐。记录表唯一性标识编码由9位或10位字母和数字组成,其结构如图2-2所示。当同一记录表中包含两个及以上参数时,其唯一性标识编码由各参数对应的唯一性标识编码顺序组成。

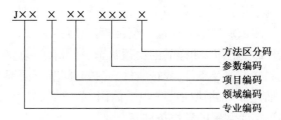

图 2-2　记录表唯一性标识编码结构示意图

记录表唯一性标识编码各段位的编制要求如下：

①专业编码：由 3 位大写英文字母组成，第 1 位字母为 J，代表记录表；第 2、3 位字母用于区分专业类别；GL 代表公路工程专业；SY 代表水运工程专业；

②领域编码，由 1 位大写英文字母组成；项目编码，由 2 位数字组成；参数编码，由 3 位数字组成；方法区分码，由 1 位小写英文字母组成，均应符合现行《公路水运工程试验检测等级管理要求》(JT/T 1181)规定。

（3）检测单位名称

位于标题部分第三行位置，靠左对齐，编制要求如下：

①当检测单位为检测机构时，应填写等级证书中的机构名称，可附加等级证书的编号；

②当检测单位为工地试验室时，应填写其授权文件上的工地试验室名称。

（4）记录编号

与"检测单位名称"同处一行，靠右对齐，用于具体记录表的身份识别，由检测单位自行编制。记录编号在确保唯一的前提下，宜简洁且易于分类管理。

（5）页码

位于标题部分第一行位置，靠右对齐，应以"第×页，共×页"的形式表示。

2.4.2.2　基本信息部分

基本信息部分位于标题部分之后，用于表征试验检测的基本信息。基本信息部分应包括工程名称、工程部位/用途、样品信息、试验检测日期、试验条件、检测依据、判定依据、主要仪器设备名称及编号。

（1）工程名称

工程名称应为测试对象所属工程项目的名称。当涉及盲样时，可不填写。

（2）工程部位/用途

工程部位/用途为二选一填写项，当涉及盲样时可不填写，编制要求如下：

①当可以明确被检对象在工程中的具体位置时，宜填写工程部位名称及起止桩号；

②当被检对象为独立结构物时，宜填写结构物及其构件名称、编号等信息；

③当指明数据报告结果的具体用途时，宜填写相关信息。

（3）样品信息

样品信息应包含来样时间、样品名称、样品编号、样品数量、样品状态、制样情况和抽样情况，其中制样情况和抽样情况可根据实际情况删减。编制要求如下：

①来样时间应填写检测收到样品的日期，以"YYYY 年 MM 月 DD 日"的形式表示；

②样品名称应按标准规范的要求填写；

③样品编号应由检测单位自行编制,用于区分每个独立样品的唯一性编号;

④样品数量宜按照检测依据规定的计量单位,如实填写;

⑤样品状态应描述样品的性状,如样品的物理状态、是否有污染、腐蚀等;

⑥制样情况应描述制样方法及条件、养护条件、养护时间及依据等;

⑦抽样情况应描述抽样日期、抽取地点(包括简图、草图或照片)、抽样程序、抽样依据及抽样过程中可能影响检测结果解释的环境条件等。

（4）试验检测日期

当日完成的试验检测工作可填写当日日期;一日以上的试验检测工作应表征试验的起止日期。日期以"YYYY 年 MM 月 DD 日"的形式表示。

（5）试验条件

应填写试验时的温度、湿度、照度、气压等环境条件。

（6）检测依据

应为当次试验所依据的标准、规范、规程、作业指导书等技术文件,应填写完整的技术文件名称和代号。当技术文件为公开发布的,可只填写其代号。必要时,还应填写技术文件的方法编号、章节号或条款号等。

示例 1:GB/T 232—2010。

示例 2:JTG E42—2005 T 0305—1994。

（7）判定依据

应为出具检测结论所依据的标准、规范、规程、设计文件、产品说明书等。编制要求应满足规定。

（8）主要仪器设备名称及编号

用于填写试验检测过程中主要使用的仪器设备名称及其唯一性标识。应填写参与结果分析计算的量值输出仪器、对结果有重要影响的配套设备名称及编号。

2.4.2.3 检测数据部分

检测数据部分位于基本信息部分之后,用于填写采集的试验数据。检测数据部分应包括原始观测数据、数据处理过程与方法,以及试验结果等内容。

（1）原始观测数据

应包含获取试验结果所需的充分信息,以便该试验在尽可能接近原条件的情况下能够复现,具体要求如下:

①手工填写的原始观测数据应在现场如实、完整记录,如需修改,应杠改并在修改处签字;

②由仪器设备自动采集的检测数据、试验照片等电子数据,可打印签字后粘贴于记录表中或保存归档。

（2）数据处理过程与方法

应填写原始观测数据推导出试验结果的过程记录,宜包括计算公式、推导过程、数字修约等,必要时还应填写相应依据。

（3）试验结果

应按照检测依据的要求给出该项试验的测试结果。

2.4.2.4　附加声明部分

附加声明部分位于检测数据部分之后,用于说明需要提醒和声明的事项。附加声明部分应包括:

①对试验检测的依据、方法、条件等偏离情况的声明;

②其他见证方签认;

③其他需要补充说明的事项。

附加声明部分应根据记录内容编制,如有其他见证方签认,应有签名。

2.4.2.5　落款部分

落款部分位于附加声明部分之后,用于表征记录表的签认信息。落款部分应由检测、记录、复核、日期组成。检测、记录及复核应签署实际承担相应工作的人员姓名,日期为记录表的复核日期,以"YYYY 年 MM 月 DD 日"的形式表示。对于采用信息化手段编制的记录表,可使用数字签名。

2.4.3　检测类报告编制要求

检测类报告格式如图 2-3 所示。

2.4.3.1　标题部分

标题部分位于检测类报告上方,用于表征其基本属性。标题部分应由报告名称、唯一性标识编码、检测单位名称、专用章、报告编号、页码组成。

(1)报告名称

位于标题部分第二行居中位置,采用以下表述方式:

①由单一记录表导出的报告,其报告名称宜采用"项目名称" + "参数名称" + "试验检测报告"的形式命名;

②由多个记录表导出的报告,依据试验参数具体组成,在不引起歧义的情况下宜优先以项目名称命名报告名称,即"项目名称" + "试验检测报告"。当同一项目内有多种类型检测报告时,可按照行业习惯分别编制,并在报告名称后添加"(一)、(二)……"加以区分。

(2)专用章

专用章包括检测专用印章、等级专用标识章、资质认定标志等,具体要求如下:

①检测专用印章应端正地盖压在检测单位名称上;

②等级专用标识章、资质认定标志等应按照相关规定使用。

(3)唯一性标识编码

与报告名称同处一行,靠右对齐。由 10 位字母和数字组成,其结构如图 2-4 所示。

检测类报告唯一性标识编码各段位的编制要求如下:

①专业编码:由 3 位大写英文字母组成,第 1 位字母为 B,代表报告;第 2、3 位字母用于区分专业类别:GL 代表公路工程专业,SY 代表水运工程专业;

②领域编码:由 1 位大写英文字母组成,应符合规定;

③项目编码:由 2 位数字组成,应符合规定;

④格式区分码:由3位数字组成,采用001~999的形式,用于区分项目内各报告格式,由检测单位自行制定;

⑤类型识别码:用"F"表示检测类报告。

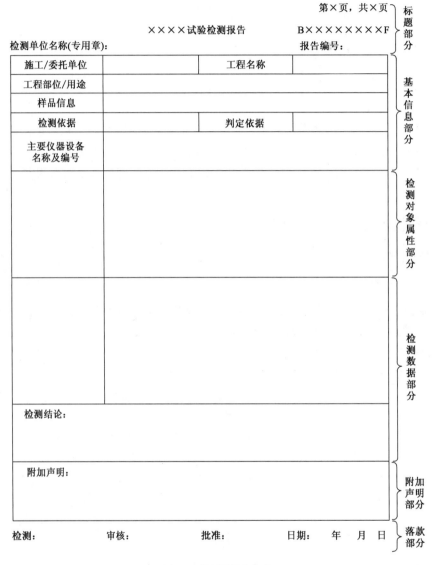

图2-3　检测类报告格式

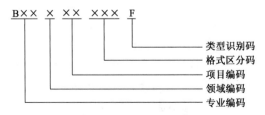

图2-4　检测类报告唯一性标识编码结构示意图

（4）检测单位名称

位于标题部分第3行位置，靠左对齐。

（5）报告编号

与"检测单位名称"同处一行，靠右对齐。

（6）页码

编制要求应符合相关的规定。应以"第×页，共×页"的形式表示。

2.4.3.2 基本信息部分

基本信息部分位于标题部分之后，用于表征试验检测的基本信息。基本信息部分应包含施工/委托单位、工程名称、工程部位/用途、样品信息、检测依据、判定依据、主要仪器设备名称及编号。

施工/委托单位为二选一填写项，宜填写委托单位全称。工地试验室出具的报告可填写施工单位名称。其他同记录表标题部分要求。

2.4.3.3 检测对象属性部分

检测对象属性部分位于基本信息部分之后，用于被检对象、测试过程中有关技术信息的详细描述。检测对象属性应包括基础资料、测试说明、制样情况、抽样情况等。

检测对象属性应能如实反映检测对象的基本情况，视报告具体内容需要确定，并具有可追溯性，具体要求如下：

①基础资料宜描述工程实体的基本技术参数，如设计参数、地质情况、成型工艺等；

②测试说明宜包括测试点位、测试路线、图片资料等。若对试验结果有影响时，还应说明试验后样品状态；

③制样情况和抽样情况的编制要求同记录表编制的规定。

2.4.3.4 检测数据部分

检测数据部分位于检测对象属性部分之后，用于填写检测类报告的试验数据。检测数据部分的相关内容来源于记录表，应包含检测项目、技术要求/指标、检测结果、检测结论等内容及反映检测结果与结论的必要图表信息。检测结论应包含根据判定依据作出的符合或不符合的相关描述。当需要对检测对象质量进行判断时，还应包含结果判定信息。

示例：该硅酸盐水泥样品的强度等级（P. O 42.5）符合《通用硅酸盐水泥》（GB 175—2007）中的技术要求。

2.4.3.5 附加声明部分

附加声明部分位于检测数据部分之后，用于说明需要提醒和声明的事项。附加声明部分可用于：

①对试验检测的依据、方法、条件等偏离情况的声明；

②对报告使用方式和责任的声明；

③报告出具方联系信息；

④其他需要补充说明的事项。

附加声明部分应根据报告内容编制。

2.4.3.6　落款部分

落款部分位于附加声明部分之后，用于表征签署信息。落款部分应由检测、审核、批准、日期组成。检测、审核、批准应签署实际承担相应工作的人员姓名。日期为报告的批准日期。编制要求同记录表编制的规定。

2.4.4　综合评价类报告编制要求

综合评价类报告如图 2-5 ~ 图 2-8 所示。

B× × × × × × × ×H
报告编号：

检 测 报 告

委 托 单 位 ：________________
工程(产品)名称：________________
检 测 项 目 ：________________
检 测 类 别 ：________________
报 告 日 期 ：　　年　月　日

检测单位名称

图 2-5　综合评价类报告封面示例

注 意 事 项

1.本报告每页都应盖有“专用章”或骑缝章，否则视为无效。
2.复制本报告未重新加盖“专用章”或检测单位公章无效。
3.报告无负责人、审核人、批准人签字无效。
4.报告涂改无效，部分提供和部分复制报告无效。
5.对报告若有异议，应于本报告发出之日起15天向本单位提出。
6.对于来样检测，仅对来样的检测数据负责，不对来样所代表的批量产品的质量负责。

联系地址：
邮政编码：
电　　话：
传　　真：
Email：

图 2-6　综合评价类报告扉页示例

工程(产品)名称：

签 字 表

岗位	姓名	职业资格证书编号	职称	签字
项目负责人				
项目主要参加人员				
报告编写人				
报告审核人				
报告批准人				

检测单位名称
年　月　日

图 2-7　综合评价类报告签字页示例

1.项目概况

2.检测依据

3.人员和仪器设备

4.检测内容与方法

5.检测数据分析

6.结论与分析评估

7.有关建议

图 2-8　综合评价类报告正文示例

2.4.4.1　封面部分

综合评价类报告封面部分的内容宜包括唯一性标识编码、报告编号、报告名称、委托单位、工程(产品)名称、检测项目、检测类别、报告日期及检测单位名称。

(1)唯一性标识编码

位于封面部分上部右上角,靠右对齐。其类型识别码为"H"。

(2)报告编号

位于封面部分上部右上角第二行,靠右对齐。

(3)报告名称

位于封面部分"报告编号"之后的居中位置,统一为"检测报告"。

(4)委托单位

应填写委托单位全称。

(5)工程(产品)名称

应填写检测对象所属工程项目名称或所检测的工程产品名称。

(6)检测项目

应填写报告的具体检测项目内容,应以《公路水运工程试验检测等级管理要求》(JT/T 1181—2018)所示项目、参数为依据,宜采用"项目名称"+"参数名称"的形式命名。

(7)检测类别

按照不同检测工作方式和目的,可分为委托送样检测、见证取样检测、委托抽样检测、质量监督检测、仲裁检测及其他。

(8)报告日期

报告的批准日期,其表示方法应以"YYYY 年 MM 月 DD 日"的形式表示。

(9)检测单位名称

位于标题部分第三行位置,靠左对齐,编制要求如下:

①当检测单位为检测机构时,应填写等级证书中的机构名称,可附加等级证书的编号;

②当检测单位为工地试验室时,应填写其授权文件上的工地试验室名称。

(10)专用章

包括检测专用印章、等级专用标识章、资质认定标志等,具体要求如下:

①检测专用印章应端正地盖压在检测单位名称上;

②等级专用标识章、资质认定标志等应按照规定使用。

2.4.4.2　扉页部分

宜包含报告有效性规定、效力范围申明、使用要求、异议处理方式,以及检测机构联系信息等。

2.4.4.3　目录部分

按照"标题名称"+"页码"的方式编写,示出一级章节名称即可。页码宜从正文首页开始设置,宜用阿拉伯数字顺序编排。

2.4.4.4　签字页部分

签字页部分应包含工程名称、项目负责人、项目参加人员、报告编写人、报告审核人和报告批准人。宜打印姓名并手签。对于采用信息化手段编制的报告,可使用数字签名。

2.4.4.5　正文部分

正文部分应包含项目概况、检测依据、人员和仪器设备、检测内容与方法、检测数据分析、结论与分析评估、有关建议等内容。

(1)项目概况

明确项目的工程信息,应包含但不限于如下信息:委托单位信息、项目名称、所在位置、项目建设信息、原设计情况及主要设计图示、主要技术标准、养护维修及加固情况,与检测项目及检测参数相关的设计值、规定值、项目实施情况等。明确检测目的,应包括检测参数的基本情况。

(2)检测依据

应按检测参数列出对应的检测标准、规范及设计报告等文件名称。

(3)人员和仪器设备

应列明参加检测的主要人员姓名、参与完成的工作内容等信息,明确检测用的主要仪器设备名称及编号。

(4)检测内容与方法

明确检测内容,应包括检测参数、对应的具体检测方法、测点布设、抽样情况等。对于技术复杂的检测内容,宜包括检测技术方案的描述。

(5)检测数据分析

说明检测结果的统计和整理、检测数据分析的基本理论或方法,并阐述利用实测数据进行推演计算的过程。还宜包括推演计算结果与设计值、理论值、标准规范规定值、历史检测结果的对比分析。必要时,可采用图表表达数据变化的趋势和规律。

(6)结论与分析评估

宜包括各检测结果与设计值、理论值、标准规范规定值、历史检测结果的对比分析结论及必要的原因分析评估。如需要应给出各检测结果是否满足设计文件或评判标准要求的结论。

(7)有关建议

可根据检测结论和分析评估,提出项目在下一工序、服役阶段应采取的处置措施或注意事项等建议。

2.4.4.6　附件部分

当有必要使用检测过程中采集的试验数据、照片等资料及试验检测记录表,对检测结论进行支撑和证明时,可将该类资料编入附件部分。

2.5　检验检测机构资质认定管理办法

为了规范检验检测机构资质认定工作,优化准入程序,根据《中华人民共和国计量法》及其实施细则、《中华人民共和国认证认可条例》等法律、行政法规的规定,2015 年 4 月 9 日国家质量监督检验检疫总局以第 163 号令公布了《检验检测机构资质认定管理办法》,2021 年 4 月 2 日,根据《国家市场监督管理总局关于废止和修改部分规章的决定》进行了修改。修改后该办法由总则、资质认定条件和程序、技术评审管理、监督检查及附则组成。

2.5.1 检验检测机构、资质认定

所谓检验检测机构,是指依法成立,依据相关标准或者技术规范,利用仪器设备、环境设施等技术条件和专业技能,对产品或者法律法规规定的特定对象进行检验检测的专业技术组织。

资质认定,是指市场监督管理部门依照法律、行政法规规定,对向社会出具具有证明作用的数据、结果的检验检测机构的基本条件和技术能力是否符合法定要求实施的评价许可。

国家市场监督管理总局(简称市场监管总局)主管全国检验检测机构资质认定工作,并负责检验检测机构资质认定的统一管理、组织实施、综合协调工作。

省级市场监督管理部门负责本行政区域内检验检测机构的资质认定工作。

市场监管总局依据国家有关法律法规和标准、技术规范的规定,制定检验检测机构资质认定基本规范、评审准则以及资质认定证书和标志的式样,并予以公布。

检验检测机构资质认定工作应当遵循统一规范、客观公正、科学准确、公平公开、便利高效的原则。

2.5.2 资质认定条件和程序

2.5.2.1 条件

申请资质认定的检验检测机构应当符合以下条件:

(1)依法成立并能够承担相应法律责任的法人或者其他组织;

(2)具有与其从事检验检测活动相适应的检验检测技术人员和管理人员;

(3)具有固定的工作场所,工作环境满足检验检测要求;

(4)具备从事检验检测活动所必需的检验检测设备设施;

(5)具有并有效运行保证其检验检测活动独立、公正、科学、诚信的管理体系;

(6)符合有关法律法规或者标准、技术规范规定的特殊要求。

2.5.2.2 认定程序

(1)检验检测机构资质认定程序分为一般程序和告知承诺程序。除法律、行政法规或者国务院规定必须采用一般程序或者告知承诺程序的外,检验检测机构可以自主选择资质认定程序。

检验检测机构资质认定推行网上审批,有条件的市场监督管理部门可以颁发资质认定电子证书。

(2)检验检测机构资质认定一般程序:

①申请资质认定的检验检测机构(简称申请人),应当向市场监管总局或者省级市场监督管理部门(统称资质认定部门)提交书面申请和相关材料,并对其真实性负责。

②资质认定部门应当对申请人提交的申请和相关材料进行初审,自收到申请之日起 5 个

工作日内作出受理或者不予受理的决定,并书面告知申请人。

③资质认定部门自受理申请之日起,应当在 30 个工作日内,依据检验检测机构资质认定基本规范、评审准则的要求,完成对申请人的技术评审。技术评审包括书面审查和现场评审(或者远程评审)。技术评审时间不计算在资质认定期限内,资质认定部门应当将技术评审时间告知申请人。由于申请人整改或者其他自身原因导致无法在规定时间内完成的情况除外。

④资质认定部门自收到技术评审结论之日起,应当在 10 个工作日内,作出是否准予许可的决定。准予许可的,自作出决定之日起 7 个工作日内,向申请人颁发资质认定证书。不予许可的,应当书面通知申请人,并说明理由。

(3)采用告知承诺程序实施资质认定的,按照市场监管总局有关规定执行。

资质认定部门作出许可决定前,申请人有合理理由的,可以撤回告知承诺申请。告知承诺申请撤回后,申请人再次提出申请的,应当按照一般程序办理。

2.5.2.3　资质认定证书

资质认定证书有效期为 6 年。需要延续资质认定证书有效期的,应当在其有效期届满 3 个月前提出申请。

资质认定部门根据检验检测机构的申请事项、信用信息、分类监管等情况,采取书面审查、现场评审(或者远程评审)的方式进行技术评审,并作出是否准予延续的决定。

对上一许可周期内无违反市场监管法律、法规、规章行为的检验检测机构,资质认定部门可以采取书面审查方式,对于符合要求的,予以延续资质认定证书有效期。

有下列情形之一的,检验检测机构应当向资质认定部门申请办理变更手续:

(1)机构名称、地址、法人性质发生变更的;

(2)法定代表人、最高管理者、技术负责人、检验检测报告授权签字人发生变更的;

(3)资质认定检验检测项目取消的;

(4)检验检测标准或者检验检测方法发生变更的;

(5)依法需要办理变更的其他事项。

检验检测机构申请增加资质认定检验检测项目或者发生变更的事项影响其符合资质认定条件和要求的,依照《检验检测机构资质认定管理办法》规定的程序实施。

资质认定证书内容包括发证机关、获证机构名称和地址、检验检测能力范围、有效期限、证书编号、资质认定标志。

检验检测机构资质认定标志,由 China Inspection Body and Laboratory Mandatory Approval 的英文缩写 CMA 形成的图案和资质认定证书编号组成,如图 2-9 所示。

检验检测机构应当定期审查和完善管理体系,保证其基本条件和技术能力能够持续符合资质认定条件和要求,并确保质量管理措施有效实施。

检验检测机构不再符合资质认定条件和要求的,不得向社会出具具有证明作用的检验检测数据和结果。

检验检测机构应当在资质认定证书规定的检验检测能力范围内,依据相关标准或者技术规范规定的程序和要求,出具

图 2-9　检验检测机构资质认定标志

检验检测数据、结果。

检验检测机构不得转让、出租、出借资质认定证书或者标志;不得伪造、变造、冒用资质认定证书或者标志;不得使用已经过期或者被撤销、注销的资质认定证书或者标志。

检验检测机构向社会出具具有证明作用的检验检测数据、结果的,应当在其检验检测报告上标注资质认定标志。

2.5.3 技术评审管理

资质认定部门根据技术评审需要和专业要求,可以自行或者委托专业技术评价机构组织实施技术评审。资质认定部门或者其委托的专业技术评价机构组织现场评审(或者远程评审)时,应当指派两名以上与技术评审内容相适应的评审人员组成评审组,并确定评审组组长。必要时,可以聘请相关技术专家参加技术评审。

评审组应当严格按照资质认定基本规范、评审准则开展技术评审活动,在规定时间内出具技术评审结论。专业技术评价机构、评审组应当对其承担的技术评审活动和技术评审结论的真实性、符合性负责,并承担相应法律责任。

评审组在技术评审中发现有不符合要求的,应当书面通知申请人限期整改,整改期限不得超过30个工作日。逾期未完成整改或者整改后仍不符合要求的,相应评审项目应当判定为不合格。评审组在技术评审中发现申请人存在违法行为的,应当及时向资质认定部门报告。

资质认定部门应当建立并完善评审人员专业技能培训、考核、使用和监督制度。资质认定部门应当对技术评审活动进行监督,建立责任追究机制。资质认定部门委托专业技术评价机构组织技术评审的,应当对专业技术评价机构及其组织的技术评审活动进行监督。

专业技术评价机构、评审人员在评审活动中有下列情形之一的,资质认定部门可以根据情节轻重,对其进行约谈、暂停直至取消委托其从事技术评审活动:

(1)未按照资质认定基本规范、评审准则规定的要求和时间实施技术评审的;

(2)对同一检验检测机构既从事咨询又从事技术评审的;

(3)与所评审的检验检测机构有利害关系或者其评审可能对公正性产生影响,未进行回避的;

(4)透露工作中所知悉的国家秘密、商业秘密或者技术秘密的;

(5)向所评审的检验检测机构谋取不正当利益的;

(6)出具虚假或者不实的技术评审结论的。

2.5.4 监督检查

市场监管总局对省级市场监督管理部门实施的检验检测机构资质认定工作进行监督和指导。

检验检测机构有下列情形之一的,资质认定部门应当依法办理注销手续:

(1)资质认定证书有效期届满,未申请延续或者依法不予延续批准的;

(2)检验检测机构依法终止的;

(3)检验检测机构申请注销资质认定证书的;

(4)法律、法规规定应当注销的其他情形。

以欺骗、贿赂等不正当手段取得资质认定的,资质认定部门应当依法撤销资质认定。被撤销资质认定的检验检测机构,三年内不得再次申请资质认定。

检验检测机构申请资质认定时提供虚假材料或者隐瞒有关情况的,资质认定部门应当不予受理或者不予许可。检验检测机构在一年内不得再次申请资质认定。

检验检测机构未依法取得资质认定,擅自向社会出具具有证明作用的数据、结果的,依照法律、法规的规定执行;法律、法规未作规定的,由县级以上市场监督管理部门责令限期改正,处3万元罚款。

检验检测机构有下列情形之一的,由县级以上市场监督管理部门责令限期改正;逾期未改正或者改正后仍不符合要求的,处1万元以下罚款。

(1)未按照《检验检测机构资质认定管理办法》规定办理变更手续的;

(2)未按照《检验检测机构资质认定管理办法》规定标注资质认定标志的。

检验检测机构有下列情形之一的,法律、法规对撤销、吊销、取消检验检测资质或者证书等有行政处罚规定的,依照法律、法规的规定执行;法律、法规未作规定的,由县级以上市场监督管理部门责令限期改正,处3万元罚款:

(1)基本条件和技术能力不能持续符合资质认定条件和要求,擅自向社会出具具有证明作用的检验检测数据、结果的;

(2)超出资质认定证书规定的检验检测能力范围,擅自向社会出具具有证明作用的数据、结果的。

检验检测机构违反《检验检测机构资质认定管理办法》规定,转让、出租、出借资质认定证书或者标志,伪造、变造、冒用资质认定证书或者标志,使用已经过期或者被撤销、注销的资质认定证书或者标志的,由县级以上市场监督管理部门责令改正,处3万元以下罚款。

对资质认定部门、专业技术评价机构以及相关评审人员的违法违规行为,任何单位和个人有权举报。相关部门应当依据各自职责及时处理,并为举报人保密。

从事资质认定的工作人员,在工作中滥用职权、玩忽职守、徇私舞弊的,依法予以处理;构成犯罪的,依法追究刑事责任。

 **思考题**

2.1 公路水运行业对检验检测机构及人员的信用评价方法是什么?

2.2 试验检测记录表编制要求是什么?

2.3 试验检测类报告编制要求是什么?

2.4 试验检测综合评价类报告编制要求是什么?

2.5 检验检测机构资质认定的条件和程序是什么?

第3章 材料性能检测基础知识

本章提要

本章主要介绍材料性能检测基础知识,包括材料检测抽样技术,测量数据量值溯源、测量误差及不确定度、数据处理,通过本章的学习要求掌握随机抽样的方法,熟悉随机抽样的方案制定步骤,断面和测点的确定方法,了解量值溯源有关概念,掌握计量溯源方式;了解测量误差来源,掌握误差表示方法;了解测量不确定度定义;掌握测量不确定度的评定;熟悉数据处理中数据保留位数、数据的表达方法;掌握数据统计计算与分析、数值修约规则和极限数值的表示和判定。

3.1 抽 样 技 术

抽样技术(Sampling Techniques)是统计学的重要分支,是当今世界最重要的统计方法。抽样技术的概念应包括对样本的调查和对总体数据的估计两个方面。总体(Population)是包含所研究的全部个体(数据)的集合。样本(Sample)是根据随机原则从总体中抽取的部分单位。样本指标,也称抽样指标,它是由样本总体各单位标志值计算的、用以估计和推断相应总体指标的综合指标。样本指标的数值是一个随机变量,它的不同取值取决于不同的样本。总体、总体指标、样本、样本指标、概率估计等概念构成了抽样技术的最基本范畴。其关系如图3-1所示。

3.1.1 抽样检验

要检验产品的质量,首先要抽取样品。取样是指从总体中抽取个体或样品的过程。

从统计学角度看,取样的方法有随机抽样和非随机抽样两种。随机抽样法是指调查对象总体中每个部分都有同等被抽中的可能,是一种完全依照机会均等的原则进行的抽样调查方法。随机抽样法不带有人为的主观因素,所抽取的数据具

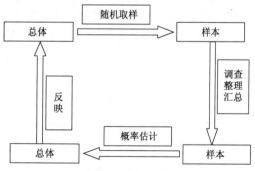

图3-1 抽样技术关系图

有代表性,能客观地反映总体的质量状况,因而被广泛使用。非随机抽样法是指抽样时不是遵循随机原则,而是按照研究人员的主观经验或其他条件来抽取样本的一种抽样方法。

按照取样数量,取样方法可分为全数检验和抽样检验两大类。在多数情况下,如破坏性检

验、批量大、检验项目多、检验时间长或检验费用高等情况的产品,一般不采用全数检验的方式。抽样检验又称抽样检查,是根据数理统计原理,从一批待检产品中随机抽取一定数量的产品(样本)进行全数检验,据以判断该批产品是否合格的一种检验方法。抽样检验示意图如图3-2所示。抽样检验与全数检验的不同之处在于,全数检验要对整个批量逐一检验,剔除不合格品,而抽样检验是根据部分产品的检验结果推断整批的质量状况。难免犯两类错误,第一类是将合格批错判为不合格,使生产方蒙受损失,称为生产者风险;第二类错误是将不合格批错判为合格,使用户蒙受损失,称为用户风险。

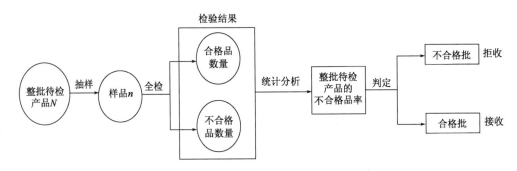

图 3-2 抽样检验示意图

单位产品是指为了实施抽样检验而划分的基本单元。离散产品一般可以自然划分,对于按件制造的产品来说,一件产品就是一个单位产品,如一批灯泡中的每个灯泡,一批螺钉中的每个螺钉。连续产品一般采用人工划分,比如一米钢带、一尺❶布匹等。对液态产品和散装产品,可按包装单位划分,比如一瓶硫酸、一袋糖等。由于需要不同,钢水可以将一炉作为单位产品,也可以将一勺作为单位产品。

为实施抽样检验,从基本相同条件下的产品中汇集起来的众多单位产品统称为批。提交检验的一批产品称为交验批,也叫检验批。批中所包含的单位产品的数量称为批量,通常用符号 N 表示。从检验批中抽出供检验用的单位产品称为样本单位,也称为样品。样本单位的全体称为样本。样本中包含的单位产品数为样本大小,通常用符号 n 表示。

抽样检验方案(简称抽样方案)是指在抽样检验中规定样本量和有关接收准则的一个具体方案。抽样检验涉及3个参数,产品的批量 N、样本大小 n 和不合格判定数 A_c,这3个参数就确定了一个抽样方案。对于一个不合格品率 P 已知的产品批,按给定的抽样方案(N, n, A_c)判断产品为合格品的概率称为批合格概率,用 $L(p)$ 表示。批不合格品率是指批中不合格品总数 D 占批量 N 的百分比,一般用 p 表示。由于实行抽样检验时,D 是未知的,因此一般用抽样检验结果进行估计。

3.1.2 随机抽样的方法

适合于公路工程质量检验的随机抽样方法一般有3种,包括单纯随机抽样、系统抽样和分层抽样。

---

❶ 一尺约为 0.33m。

（1）单纯随机抽样

在总体中直接抽样的方法称为单纯随机抽样。随机抽样并不意味着随便地、任意地取样，而是应采取一定的方式获取随机数，以确保抽样的随机性。如利用随机数表、掷骰子和抽签等方式。单纯随机抽样适合于公路工程质量验收，如路面宽度、高程、横坡检测断面随机取样等计算。

（2）系统抽样

系统抽样主要有 3 种方式：

①将总体分为若干部分，在每部分按比例进行单纯随机抽样，将各部分抽取的样品组成一个样本；

②间隔定时法：每隔一定的时间，从工作面抽取一个或若干个样品；

③间隔定量法：每隔一定数量，抽取一个或若干个样品。

以上 3 种方法主要适合于工序质量控制，如《公路工程质量检验评定标准　第一册　土建工程》（JTG F80/1—2017）规定：浇筑基础、墩台等结构物时，每一单元应抽取 2 组试件；连续浇筑大体积混凝土时，每 80 ~ 200m³ 或每一工作班应取 2 组；16m 以下的梁取 1 组，16 ~ 30m 取 2 组，31 ~ 50m 取 3 组等；小型构件每批或每工作班至少取 2 组等等，都是按以上方式确定的。

（3）分层抽样

分层抽样是将一项工程或工序分成若干层或工序进行施工，按一定比例确定每层应抽取的样品数，如路基施工，是由若干层组成路基分项工程，《公路工程质量检验评定标准　第一册　土建工程》（JTG F80/1—2017）规定：按密度法每层每 2000m² 测 4 处（双车道）。

3.2 量值溯源

量值溯源是通过一条具有规定不确定度的不间断的比较链，使测量结果或测量标准的值能够与规定的参考标准（通常是国家计量基准或国际计量基准）联系起来的特性。计量溯源是为保证检测数据的准确可靠，《检验检测机构资质认定能力评价　检验检测机构通用要求》（RB/T 214—2017）规定对检验检测结果有重要影响的仪器的关键量或值，应制定校准计划。设备（包括用于抽样的设备）在投入服务前应进行校准或核查，以证实其能够满足检验检测的规范要求和相应标准的要求。

3.2.1　计量溯源的有关概念

计量标准：指为了定义、实现、保存或复现量的单位或一个或多个量值依据一定标准技术文件，建立的一套用作参考的实物量具测量仪器、参考（标准）物质或测量系统。

计量参数：指除外观质量等目测、手感项目外的影响仪器设备量值准确性的技术参数。当依据标准为计量检定规程及校准规范时，列出依据标准文件中的全部计量技术参数；当依据标准为其他公开发布的技术文件，或者尚无明确的技术文件时，则根据公路水运工程试验检测专业特点，列出推荐检验的技术参数。

《公路工程试验检测仪器设备服务手册（2019 版）》文件中所列计量参数，是对仪器设备质量、功能及性能的全面衡量。在实际校准、测试工作中,还应根据具体试验检测工作的需要有选择地检验,以免造成不必要的资源浪费。如土工试验用烘箱:一般检验温度偏差湿度偏差、温度均匀度 3 项计量参数,即可满足试验检测工作需求。而相应依据标准列出的温度波动度、湿度波动度等参数,虽然也是衡量烘箱质量性能的技术参数,但并不影响土工试验检测结果,可不检验。

量值传递:是通过测量仪器的校准或检定,将国家测量标准所实现的单位量值通过各等级的测量标准传递到工作测量仪器的活动,以保证测量所得量值的准确统一。

计量溯源性:是指通过文件规定的不间断校准链,将测量结果与参照对象联系起来的特性。每次校准均会引入测量不确定的度。

计量溯源链:简称溯源链,用于将测量结果与参照对象联系起来的测量标准和校准次序;是通过校准等级关系规定的,用于建立测量结果的计量溯源性。如果用于对其中一台测量标准进行核查以及必要时修正量值并给出测量不确定度,则可视为一次校准。

3.2.2 计量溯源方式

常见的计量溯源方式有检定、校准及验证三类。

3.2.2.1 检定

计量器具和测量仪器的检定简称计量检定。检定是查明和确认测量仪器符合法定要求的活动,它包括检查、加标记和出具检定证书。仪器检定是指任何一个测量结果或计算标准的值,都能通过一条具有规定不确定度的比较链,与计量基准(国家基准或国际基准)联系起来,从而使准确性和一致性得到保证。对仪器设备进行检定时,一般应检验列出的全部计量参数。

准确性:是指测量结果与被测真值的一致程度。

仪器设备计量检定的依据是计量检定规程。计量检定规程是指为评定计量器具的计量特性,规定了计量性能、法制计量控制要求,检定条件和检定方法以及检定周期等内容,并对计量器具作出合格与否的判定的计量技术法规。

凡列入《中华人民共和国依法管理的计量器具目录》,直接用于贸易结算安全防护、医疗卫生、环境检测方面的工作计量器具,必须定点、定期送检,如玻璃液体温度计、天平、流量计、压力表等实行强制检定,取得检定证书的设备均为合格设备。

《中华人民共和国计量法实施细则》规定:计量检定工作应符合经济合理、就地就近的原则,不受行政区划和部门管辖的限制。

3.2.2.2 校准

校准是在规定条件下进行的一组操作,其第一步是确定由测量标准提供的量值与相应示值之间的关系;第二步是用此信息确定由示值获得测量结果的关系,这里测量标准提供的量值与相应示值都具有测量不确定度。

校准可以用文字说明、校准函数、校准图、校准曲线或以校准表格的形式表示。某些情况下,可以包含示值的具有测量不确定度的修正值或修正因子。校准不应与测量系统的调整(常被错误称作"自校准")相混淆,也不应与校准的验证相混淆。对仪器设备进行校准时,可根据仪器设备使用场合的实际需要,检验必要的全部或部分计量参数。

（1）设备校准的基本要求

《测量设备校准周期的确定和调整方法指南》（CNAS-TRL-004：2017）中规定，试验室应制定设备校准方案，校准方案应包括设备的准确度要求、校准参量、校准点/校准范围、校准周期等信息。

设备送校准时，试验室应对校准服务机构进行评价，校准服务机构应满足《测量结果的计量溯源性要求》（CNAS-CL01-G002：2018）的相关规定，试验室应将校准方案的详细需求传达校准服务机构。

收到校准证书后，试验室应进行计量确认，确认的内容包括校准结果的完整性、校准结果与所开展项目方法要求及使用要求的符合性判定等。

（2）设备校准目的和校准周期的确定

①试验室对设备进行定期校准的目的主要有以下几点：

A.改善设备测量值与参考值之间的偏差及不确定度；

B.提高设备不确定度的可信性；

C.确定设备是否发生变化，该变化可能引起试验室对之前所出具结果的准确性产生怀疑。

②设备初始校准周期的确定。

设备初始校准周期的确定应由具备相关测量经验，设备校准经验或了解其他试验室设备校准周期的一个或多个人完成。确定设备初始校准周期时，试验室可参考计量检定规程/校准规范。此外，试验室可综合考虑以下因素：

A.预期使用的程度和频次；

B.环境条件的影响；

C.测量所需的不确定度；

D.最大允许误差；

E.设备调整（或变化）；

F.被测量的影响（如高温对热电偶的影响）；

G.相同或类似设备汇总或已发布的测量数据。

（3）设备后续校准周期的调整

过长的校准周期，会导致设备失准或失效；过短的校准周期，会增加校准费用及成本。因此，合理的校准周期非常有必要。设备的校准周期以及后续校准周期的调整，一般均应由试验室（设备使用者）自己来确定，即使校准证书给出了校准周期的建议，也不宜直接采用。

并非试验室的每台设备都需要校准。试验室应评估该设备对最终结果的影响，分析其不确定度对总不确定度的贡献，合理地确定是否需要校准。对不需要校准的设备，试验室应核查其状态是否满足使用要求；对需要校准的设备，试验室应在校准前确定该设备校准的参数、范围、不确定度等，以便送校时提出明确的、针对性的要求。试验室应根据校准证书的信息，判断设备是否满足试验方法或试验规程要求。

自校准一般是利用测量设备自带的校准程序或功能（比如智能仪器的开机自校准程序）或设备厂商提供的没有溯源证书的标准样品进行的校准活动。通常情况下，其不是有效的量值溯源活动，但特殊领域另有规定除外。

内部校准与自校准是不同的术语。

自校验(内部校准)是指在实验室或其所在组织内部实施的,使用自有的设施和测量标准,为实现获认可的检测活动相关的测量设备的量值溯源而实施的校准。校准结果仅用于内部需要。《测量结果的计量溯源性要求》(CNAS-CL01-C002:2018)规定,在内部实施的,使用自有人员、设备及环境等条件,为保证仪器量值准确、可靠而开展的校准活动。

3.2.2.3 验证

所谓验证是指"提供客观证据证明测量仪器满足规定的要求"(VIM)。仪器设备进行验证的基本条件是已知规定和使用要求,其次是获得是否满足要求的客观证据。在此基础上对所用仪器设备进行是否满足要求的认定。

交通行业试验室常用仪器或试验检测的辅助工具,如脱模器、摇筛机、取芯机等属于功能性验证。验证功能正常者贴绿色标识。

玻璃器皿作为特殊器具,当被用作量具提供数据时,必须通过检定合格;当作为器具用作盛水等用途,不传输数据时,可不必检定。考虑量筒、滴定管等有刻度的玻璃器皿易碎的特殊性,检定周期可采取首次检定终身使用。

3.2.3 检定和校准的区别

(1)校准不具法制性,是企业的自愿行为;检定具有法制性,属于计量管理范畴的执法行为。

(2)校准主要确定测量器具的示值误差;检定是对测量器具的计量特性及技术要求的全面评定。

(3)校准的依据是校准规范校准方法,可作统一规定也可自行制定;检定的依据是检定规程。

(4)校准不判定测量器具合格与否,但当需要时,可确定测量器具的某一性是否符合预期的要求;检定要对所检测量器具做出合格与否的结论。

(5)校准结果通常是发校准证书或校准报告;检定结果合格的发检定证书,不合格的发不合格通知书。

3.3 测量误差及不确定度

3.3.1 测量误差及其分类

3.3.1.1 测量误差

在一定的环境条件下,材料的某些物理量应当具有一个确定的值。但在实际测量中,要准确测定这个值是十分困难的。因为尽管测量环境条件、测量仪器和测量方法都相同,但由于测量仪器计量不准、测量方法不完善以及操作人员水平等各种因素的影响,各次各人的测量值之间总有不同程度的偏离,不能完全反映材料物理量的确定值(真值)。测量值 X 与真值 X_0 之

间存在的这一差值 Y,称为测量误差,其关系为:

$$X_0 = X + Y \tag{3-1}$$

大量实践表明,一切实验测量结果都具有测量误差。

了解误差基本知识的目的在于分析这些误差产生的原因,以便采取一定的措施,最大限度地加以消除,同时,科学地处理测量数据,使测量结果最大限度地反映真值。因此,由各测量值的误差积累,计算出测量结果的精确度,可以鉴定测量结果的可靠程度和测量者的实验水平;根据生产、科研的实际需要,预先定出测量结果的允许误差,可以选择合理的测量方法和适当的仪器设备,规定必要的测量条件,可以保证测量工作的顺利完成。因此,不论是测量操作或数据处理,树立正确的误差概念是很有必要的。

3.3.1.2　测量误差的分类

根据误差产生的原因,按照误差的性质,可以把测量误差分为系统误差、过失误差和随机误差。

(1)系统误差

系统误差是指人机系统产生的误差,是由一定原因引起的,在相同条件下多次重复测量同一物理量时,使测量结果总是朝一个方向偏离,其绝对值大小和符号保持恒定,或按一定规律变化,因此有时称之为恒定误差。

系统误差主要由下列原因引起:

①仪器误差

仪器误差是指由于测量工具、设备、仪器结构上的不完善,电路的安装、布置、调整不得当,仪器刻度不准或刻度的零点发生变动,样品不符合要求等原因所引起的误差。

②人为误差

人为误差是指由观察者感官的最小分辨力和某些固有习惯引起的误差。例如,由于观察者感官的最小分辨力不同,在测量玻璃软化点和玻璃内应力消除时,不同人观测就有不同的误差。某些人的固有习惯,例如在读取仪表读数时总是把头偏向一边等,也会引起误差。

③外界误差

外界误差也称环境误差,是由于外界环境(如温度、湿度等)的影响而造成的误差。

④方法误差

方法误差是指由于测量方法的理论根据有缺点,或引用了近似公式,或试验室的条件达不到理论公式所规定的要求等造成的误差。

⑤试剂误差

在材料的成分分析及某些性质的测定中,有时要用一些试剂,当试剂中含有被测成分或含有干扰杂质时,也会引起测试误差,这种误差称为试剂误差。

一般地说,系统误差的出现是有规律的,其产生原因往往是可知的或可掌握的。只要仔细观察和研究各种系统误差的具体来源,就可设法消除或降低其影响。

(2)随机误差

随机误差是由不能预料、不能控制的原因造成的。例如:试验者对仪器最小分度值的估读,很难每次严格相同;测量仪器的某些活动部件所指示的测量结果,在重复测量时很难每次完全相同,尤其是使用年久的或质量较差的仪器时更为明显。

无机非金属材料的许多物化性能都与温度有关。在试验测定过程中,温度应控制恒定,但温度恒定有一定的限度,在此限度内总有不规则的变动,导致测量结果发生不规则的变动。此外,测量结果与室温、气压和湿度也有一定的关系。由于上述因素的影响,在完全相同的条件下进行重复测量时,测量值或大或小,或正或负,起伏不定。这种误差的出现完全是偶然的,无规律性,所以有时称之为偶然误差。

误差偶然(随机误差)特点就个体而言是不确定的,产生的这种误差的原因是不固定的,它的来源往往也一时难以察觉,可能是由于测定过程中外界的偶然波动、仪器设备及检测分析人员某些微小变化等所引起的,误差的绝对值和符号是可变的,检测结果时大时小、时正时负,带有偶然性。但当进行很多次重复测定时,误差偶然(随机误差、不定误差)具有统计规律性,即服从于正态分布。

(3)过失误差

过失误差,也叫错误,是一种与事实不符的显然误差。这种误差是由于实验者粗心,不正确的操作或测量条件突然变化所引起的。例如:仪器放置不稳,受外力冲击产生故障;测量时读错数据、记错数据;数据处理时单位搞错、计算出错等。显然,过失误差在实验过程中是不允许的。

3.3.1.3　误差表示方法

为了表示误差,工程上引入了精密度、准确度和精确度的概念。精密度表示测量结果的重演程度,精密度高表示随机误差小;准确度指测量结果的正确性,准确度高表示系统误差小;精确度(又称精度)包含精密度和准确度两者的含义,精确度高表示测量结果既精密又可靠。根据这些概念,误差的表示方法有三种。

(1)极差

极差是指测量最大值与最小值之差,即:

$$R = X_{\max} - X_{\min} \tag{3-2}$$

式中:R——极差,表示测量值的分布区间范围;

　　$X_{\max}$——同一物理量的最大测量值;

　　$X_{\min}$——同一物理量的最小测量值。

极差可以粗略地说明数据的离散程度,既可以表征精密度,也可以用来估算标准偏差。

(2)绝对误差

绝对误差是指测量值与真值间的差异,即:

$$\Delta X_i = X_i - X_0 \tag{3-3}$$

式中:ΔX_i——绝对误差;

　　X_i——第 i 次测量值;

　　X_0——真值。

绝对误差反映测量的准确度,同时含有精密度的意思。

(3)相对误差

相对误差是指绝对误差与真值的比值,一般用百分数表示,即:

$$\varepsilon = \frac{\Delta X_i}{X_0} \tag{3-4}$$

相对误差 ε 既反映测量的准确度,又反映测量的精密度。

绝对误差和相对误差是误差理论的基础,在测量中已广泛应用,但在具体使用时要注意它们之间的差别与使用范围。在某些实验测量及数据处理中,不能单纯从误差的绝对值来衡量数据的精确程度,因为精确度与测量数据本身的大小也很有关系。例如,在称量材料的质量时,如果质量接近 10t,准确到 100kg 就够了,这时的绝对误差虽然是 100kg,但相对误差只有 1%;而称量的量总共不过 20kg,即使准确到 0.5kg 也不能算精确,因为这时的绝对误差虽然是 0.5kg,相对误差却有 5%;经对比可见,后者的绝对误差虽然比前者小 200 倍,相对误差却比前者大 5 倍。相对误差是测量单位所产生的误差。因此,不论是比较各测量值的精度还是评定测量结果的质量,采用相对误差更为合理。

在实验测量中应当注意到,虽然用同一仪表对同一物质进行重复测量时,测量的可重复性越高就越精密,但不能肯定准确度一定高,还要考虑到是否有系统误差存在(如仪表未经校正等);否则,虽然测量很精密也可能不准确。因此,在实验测量中要获得很高的精确度,必须有高的精密度和高的准确度来保证。

3.3.2 测量不确定度

3.3.2.1 测量不确定度的定义

测量不确定度:根据所用到的信息,表征赋予被测量量值分散性的非负参数。

测量结果会受许多因素的影响,因此,测量方法包括:测量原理、测量仪器、测量环境条件、测量程序、测量人员以及数据处理方法等。通常不确定度由多个分量组成,测量的不确定度表示在重复性或复杂性条件下,被测量之值的分散性,因测量不确定度仅与测量方法有关,而与具体测得的数值大小无关。

3.3.2.2 测量不确定度的来源

测量中,可能导致测量不确定度的因素很多,主要来源如下:

(1)被测量的定义不完整。如测量烘箱的温度,不同位置烘箱的温度是不同的,当要求测温的准确度较高时,需给出明确定义。

(2)复现被测量的测量方法不理想。

(3)取样的代表不够,即被测样本不能完全代表所定义的被测量。

(4)对测量过程受环境影响的认识不恰如其分,或对环境参数的测量与控制不完善。

(5)对测量仪表的读数存在人为的偏倚。由于观测者的读数习惯和位置的不同,也会引入与观测者有关的不确定分量。

(6)测量仪器的计量性能(如灵敏度、鉴别力阈、分辨力、死区及稳定性等)的局限性。

(7)测量标准或标准物质的不确定度。通常的测量是将被测量与测量标准或标准物质所提供的标准测量值进行比较而实现的,因此测量标准或标准物质所提供标准量值的不确定度将直接影响测量结果。

(8)引用的数据或参数的不确定度。物理学常数,以及某些材料的特性参数,例如密度、

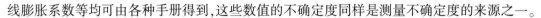

线膨胀系数等均可由各种手册得到,这些数值的不确定度同样是测量不确定度的来源之一。

(9)测量方法和测量程序的近似和假设。例如:用于计算测量结果的计算公式的近似程度等所引入的不确定度。

(10)在相同条件下被测量在复现观测中的变化。由于各种随机效应的影响,无论在实验中如何精确地控制实验条件,所得到的测量结果总会存在一定的分散性,即重复性条件下的各个测量结果不可能完全相同。除非测量仪器的分辨力太低,这几乎是所有测量不确定度评定中都会存在的一种不确定度来源。

测量中可能导致不确定的来源很多,一般说来其主要原因是测量设备、测量人员、测量方法和被测对象的不完善引起的。上面只是列出了测量不确定度可能来源的几个方面,供读者分析和寻找测量不确定度来源时参考。它们既不是寻找不确定度来源的全部依据,也不表示每一个测量不确定度评定必须同时存在上述几方面的不确定度分量。

对于那些尚未认识到的系统误差效应,显然在测量不确定度评定中是无法考虑的,但它们可能导致测量结果的误差。对于那些已经分辨出的系统误差,需对测量结果加以修正,此时应考虑修正值的不确定度。

3.3.2.3　测量不确定度的评定

(1)测量不确定度的分类

测量不确定度按照评定方法分标准不确定度和扩展不确定度。标准不确定度又分为 A、B 及合成标准不确定度,如图 3-3 所示。

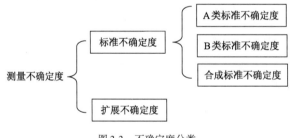

图 3-3　不确定度分类

(2)测量不确定度的评定方法

①A 类评定

A 类评定是指用对观测列进行统计分析的方法进行的评定,其标准不确定度用实验标准差表征。

当以单次测量作为被测量的测量结果时,其标准不确定度为:

$$U(x_i) = s(x_i) = \sqrt{\frac{\sum\limits_{i=1}^{n}(x_i - \bar{x})^2}{n-1}} \tag{3-5}$$

当以算术平均值$\bar{x}$作为被测量的测量结果时,其标准不确定度为:

$$U(\bar{x}) = s(\bar{x}) = \sqrt{\frac{\sum\limits_{i=1}^{n}(x_i - \bar{x})^2}{n(n-1)}} \tag{3-6}$$

自由度是指在方差的计算中,和的项数减去对和的限制数。A 类标准不确定度的自由度为:

$$v = n - 1 \qquad (3\text{-}7)$$

自由度越大,不确定度的可靠程度越高。

A 类评定的特点:

A. A 类评定首先由实验量得到被测量的观测列,并根据需要由观测列计算单次测量结果或平均值的标准偏差;

B. 对观测值的影响量的随机变化,导致每次观测值 x 不一定相同。对于某一次观测而言,其结果具有随机性。对于大量的观测值,可发现它们服从正态分布;

C. A 类评定的自由度,可以由测量次数、被测量的个数和其他约束条件的个数算出。

②B 类评定

B 类不确定度的评定标准一般是由系统效应导致的。凡是用非统计方法评定出的标准不确定度都是 B 类标准不确定度。与随机或系统没有对应关系。评定的依据可以是可靠的说明书、检定书或校验证书、测试报告等相关技术资料,也可以是测试人员的个人技术经验和知识。获得 B 类不确定度的信息来源一般有:

A. 以前的观测数据;

B. 对有关技术资料和测量仪器特性的了解和经验;

C. 生产部门提供的技术说明文件;

D. 核准证书、鉴定证书或其他文件提供的数据准确度的级别;

E. 手册或某些资料给出的参考数据及其不确定度等;

F. 规定的试验方法和国家标准或行业标准中给出的复现性限 R 或重复性限 r 情况。

B 类不确定度评定的特点:

A. B 类评定是通过其他已有信息进行评估,如上面所列不确定度的信息来源存在重复观测列;

B. 根据极限值和被测量分布的信息直接估计出标准偏差或由检定证书或校准证书提供的扩展不确定度导出标准不确定度。

可以说,所有与 A 类评定不同的其他评定方法均为 B 类评定。其标准不确定度以标准差表示。

对于 B 类评定的不确定度,给出其标准不确定度的主要信息来源为各种标准和规程等技术性文件对产品和材料性能的规定以及生产部门提供的技术文件,有时还来源于测量人员对有关技术资料和测量仪器特性的了解和经验。因此,在测量不确定度的 B 类评定中,往往会在一定程度上带有某种主观的因素,如何恰当并合理地给出 B 类评定的标准不确定度是不确定度的关键问题之一。

B 类评定不确定度分量的信息来源大体上可以分为由检定证书或校准证书得到以及由其他各种资料得到两类。

A 类和 B 类标准不确定度的评定方法虽然不同,但它们是处于同等地位的。不少人认为,A 类评定有计算公式作为依据,应该是最可靠的了,其实不然。当评定 A 类不确定度时,可适当增加观测次数,但是观测次数增加很多时,费时费力,得不偿失。

B 类不确定度的可靠程度取决于测试人员或数据处理人员的专业知识水平和数据处理能力,受主观因素影响较大。但是,这种评估大都是以事实为依据的,其可靠程度往往是很高的。无论采用 A 类评定或 B 类评定,最后均用标准偏差来表示标准不确定度,并且合成不确定度时,两者的合成方法相同。

③合成标准不确定度的评定

当测量结果是由若干个其他量的值求得时,按其他各量的方差和协方差计算所得的标准不确定度称为合成标准不确定度。

合成标准不确定度仍然是标准不确定度,它表征了测量结果的分散性。所用的合成方法,常被称为不确定度传播律。合成不确定度的自由度称为有效自由度,它表明所评定的可靠程度。

用合成不确定度的倍数表示的测量不确定度称扩展不确定度。它是确定测量结果区间的量,合理赋予被测量之值分布的大部分希望含于此区间。

(3)不确定度的评定步骤

测量的参数确定后,测量结果的不确定度仅和测量方法有关,测量方法包括测量原理、测量仪器、测量条件、测量程序和数据处理程序。

根据标准不确定度的定义,方差即是标准不确定度的平方,故得:

$$u^2(y) = u^2(x_i) + u^2(x_2) + \cdots + u^2(x_0) \tag{3-8}$$

根据方差的性质可得:

$$u^2(y) = u^2(c_1 x_1) + u^2(c_2 x_2) + \cdots + u^2(c_0 x_0)$$
$$= c_1^2 u^2(x_1) + c_2^2 u^2(x_2) + \cdots + c_0^2 u^2(x_0)$$
$$= u_1^2(y) + u_2^2(y) + \cdots + u_0^2(y)$$

式中 $u_i(y) = c_i u(x_i)$,即为不确定度分量:

$$u(x_i) = s(x_i) = \sqrt{\frac{\sum_{i=1}^{n}(x_i - \bar{x})^2}{n - 1}} \tag{3-9}$$

测量结果 y 的标准不确定度通常由若干个测量不确定度分量合成得到,用 $u_c(y)$ 表示,在对测量结果进行不确定度评定时,需给出测量结果的扩展不确定度 U:

$$U = k u_c(y) \tag{3-10}$$

①测量不确定度评定步骤

A.找出所有影响测量不确定度的影响量;

B.建立满足测量不确定度评定所需的数学模型;

C.确定各影响因素的估计值以及对应的标准不确定度;

D.确定对应于各影响因素标准不确定度分量;

E.列出不确定度分量汇总表;

F.将各标准不确定度分量合成标准不确定度;

G.确定测量可能值分布的包含因子;

H.确定扩展不确定度;

I.给出测量不确定度报告。

将上述评定步骤汇总可得到如图3-4所示流程图。

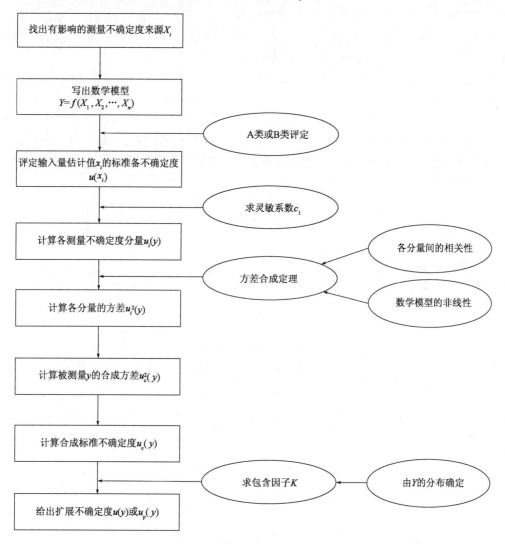

图3-4 测量不确定度评定流程图

交通建设工程质量的控制是通过大量的试验检测工作来实现的,试验检测机构依据相关的规范、标准、规程,使用仪器设备对原材料或产品进行试验、检测,用其测量结果来判定原材料或产品是否符合规定的要求。理论上讲,测量结果位于规范区内就应判定合格规范,标准有单侧规范和双侧规范两类,对于交通工程的大量规范和标准,如压实度、平整度、无侧限抗压强度等,却属单侧规范限。

②合格与否的判定

合格与否的判定是一个看似简单的事情,日常的大量试验检测工程,只要测量结果位于规

45

范区内,就判为合格,反之就不合格。实际上,任何测量结果的测量都存在缺陷,所有的测量结果都会或多或少地偏离被测量的真值,测量结果不等于真值。测量的可能误差范围表明了测量结果的可疑程度,称为不确定度。不确定度是近真值的可能误差的量度,不确定度越小,测量结果越准确。

测量结果可能是单次测量的结果,也可能由多次测量所得,是指对测得值经过恰当的处理或经过必要的计算而得到的最后量值。测量结果的定义是,由测量所得的赋予被测量的值,因此测量结果是通过测量得到的被测量的最佳估计值。

因此,简单地判定测量结果是否合格是不完善的,还必须考虑测量结果不确定度的存在。可以说,合格与否的判定与不确定度的情况有关。合格度与不合格度的大小与估计的测量结果与扩展不确定度有关。

由于测量结果具有不确定度,当测量结果位于规范限两侧以扩展不确定为半宽的区域内时,就无法判断其是否合格。只有当测量结果全部处于扩展不确定度区域的外侧时,才能判定其测量结果为不合格,如图 3-5 所示。

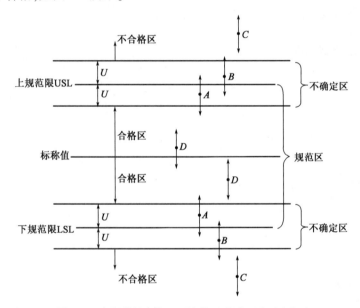

图 3-5 双侧规范的合格区、不合格区、规范区和不确定区

3.3.2.4 测量误差与测量不确定度的主要区别

(1)误差表示测量结果对真值的偏离量,在数轴上表示为一个点。而测量不确定度表示被测量之值的分散性,在数轴上表示一个区间。

(2)在测量结果中,只能得到随机误差和系统误差的估计值;而不确定度则是根据对标准不确定度的评定方法不同而分成 A 类评定和 B 类评定两类。

(3)误差的概念和真值相联系,是无法测得的;而不确定度可根据试验、资料经验等信息,进行评定,是可以定量操作的。

(4)测量结果的不确定度表示在重复性或复现性条件下被测量之值的分散性,因此,测量不确定度仅与测量方法有关,而与具体测的数值大小无关。测量方法应包括测量原理、测量仪器、测量环境条件、测量程序、测量人员以及数据处理方法等。测量结果的误差仅与测量结果以及真值有关,而与测量方法无关。

（5）测量结果的误差与测量结果的不确定度两者在数值上没有确定的关系。

（6）误差和不确定度是两个不同的概念,测量得到的误差肯定会有不确定度。反之也是一样,评定得到的不确定度可能存在误差。

（7）对观测列进行统计分析得到的试验标准差表示该观测列中任一个被测量估计值的标准不确定度,而并不表示被测量估计值的随机误差。

（8）自由度是表示测量不确定度评定可靠程度的指标,它与评定得到的不确定度的相对标准不确定度有关,而误差则没有自由度的概念。

（9）当了解被测量的分布时,可以根据置信概率求出置信区间,而置信区间的半宽度则可以用来表示不确定度,而误差则不存在置信概率的概念。

3.3.2.5　检测试验室中常用不确定度评定方法及符合原则

（1）精密度法

在测量系统偏倚受控情况下,检测方法规定了测量不确定度主要来源的值的极限,并规定了计算结果的表示方式,试验室只要遵守该检测方法和报告说明,其测量不确定度可以由技术指标或规定的文件评定。

（2）控制图法

控制图法适用于存储完整,用量充足的稳定和均匀的物质,其物理或化学特性近似于测量系统的常规样品,测量结果的偏倚受控且符合正态分布,则统计控制下的测量过程的 A 类不确定可以用合并标准偏差表征。

（3）线性拟合法

工作曲线的偏倚和测量工程受控时,输入量的估计值是由试验数据用最小二乘法拟合的曲线上得到时,曲线上任何一点和表征曲线拟合参数的标准不确定度,可用有关的统计程序评定。如果被测量估计值在多次观测中呈现与时间有关的随机变化,则采用适当方法去除相关性,将引起相关的量作为独立的附加输入量进入测量模型,在计算合成不确定度时,就不需要再引入协方差或相关系数。

（4）经验模型法

在可能的情况下,合理的评定应依据对方法特性的理解和测量范围,并尽可能利用按长期积累的数据建立起的经验模型,提出目标不确定度,并作出测量不确定度预先分析报告,论证目标不确定度的可行性。该方法适用于测量偏倚受控情况下,化学检测试验室不确定度的评定。

3.4　数　据　处　理

3.4.1　数据保留位数

为了使试验检测数据记录、计算规范化,保证数据的精确性,数据处理应遵循一定规则。

在测量和数值计算中,确定取几位数字来代表测量或计算的结果时涉及有效数字问题。有效数字的位数越多,相对(绝对)误差就越小。在记录测量结果时,只允许末位由估读得来的不确定数字,其余数字均为准确数字,这些所记的数字称为有效数字。在量测或计算中应按照有效数字有关判定准则合理确定有效数字的位数。

当试验结果由于计算或其他原因位数较多时,需采用数字修约的规则进行凑整。为了保证试验检测数据计算结果的精度,还应遵循计算法则的规定。

3.4.2　数值修约规则

工程质量的评价是以试验检测数据为依据的,在试验检测过程中,任何测量的准确度都是有限的,只能以一定的近似值来表示测量结果。因此,测量结果数值计算的准确度就不应该超过测量的准确度,如果任意地将近似值保留过多的位数,反而会歪曲测量结果的真实性。在测量和数字运算中,必须对原始数据进行分析处理,才能得到可靠的试验检测结果。确定该用几位数字来代表测量值或计算结果,是一件很重要的事情。关于有效数字和计算规则介绍如下。

数值修约是指通过省略原数值的最后若干位数字,调整所保留的末位数字,使最后所得到的值最接近原数值的过程。经数值修约后的数值称为(原数值的)修约值。

修约间隔是指修约值的最小数值单位。修约间隔的数值一经确定,修约值即为该数值的整数倍,举例如下。

例 3-1　如指定修约间隔为 0.1,修约值应在 0.1 的整数倍中选取,相当于将数值修约到一位小数。

例 3-2　如指定修约间隔为 100,修约值应在 100 的整数倍中选取,相当于将数值修约到"百"数位。

3.4.2.1　数值修约规则

(1)确定修约间隔

①指定修约间隔为 10^{-n}(n 为正整数),或指明将数值修约到 n 位小数;

②指定修约间隔为 1,或指明将数值修约到个数位;

③指定修约间隔为 10^n(n 为正整数),或指明将数值修约到 10^n 位数位,或指明将数值修约到十、百、千……数位。

(2)进舍规则

①拟舍弃数字的最左一位数字小于 5,则舍去,保留其余各位数不变。

例 3-3　将 12.1498 修约到个数位,得 12;将 12.14988 修约到一位小数,则得 12.1。

例 3-4　某沥青针入度测试值为 70.1、69.5、70.8(0.1mm),则该沥青试验结果为:先算得平均值为 70.1,然后进行取整(即修约到个数位),得针入度试验结果是 70(0.1mm)。

②拟舍弃数字的最左一位数字大于 5,则进一,即保留数字的末位数字加 1。

例 3-5　将 1268 修约到百数位,得 13×10^2(特定场合可写为 1300);将 1268 修约到十数位,得 12.7×10^2(特定场合可写为 1270)。

说明:"特定场合"系指修约间隔明确时。

③拟舍弃数字的最左一位数字是 5,且其后有非零数字时进一,即保留数字的末位数字加 1。

例3-6 将 10.5002 修约到个数位,得 11。

④拟舍弃数字的最左一位数字为 5,且其后无数字或皆为 0 时,若所保留的末位数字为奇数(1、3、5、7、9)则进一,即保留数字的末位数字加 1;若所保留的末位数字为偶数(0、2、4、6、8),则舍去。即"奇进偶不进"。

例3-7 将 12.500 修约到个位数,得 12。

将 13.500 修约到个位数,得 14。

例3-8 修约间隔为 0.1(或 10^{-1})。

拟修约数值	修约值
1.050	10×10^{-1}(特定场合可写成为 1.0)
0.35	4×10^{-1}(特定场合可写成为 0.4)

例3-9 修约间隔为 1000(或 10^3)。

拟修约数值	修约值
2500	2×10^3(特定场合可写成为 2000)
3500	4×10^3(特定场合可写成为 4000)

例3-10 数值准确至三位小数(修约间隔为 0.001 或 10^{-3})。

某沥青密度试验测试值分别为 1.034、1.031(g/cm^3),则该沥青密度试验结果为:先算得平均值为 1.0325,修约后试验结果是 1.032g/cm^3。

⑤负数修约时,先将它的绝对值按上述的规定进行修约,然后在所得值前面加上负号。

例3-11 将下列数值修约到十数位。

拟修约数值	修约值
-355	-36×10(特定场合可写为 -360)
-325	-32×10(特定场合可写为 -320)

例3-12 将下列数值修约到三位小数,即修约间隔为 10^{-3}。

拟修约数值	修约值
-0.0365	-36×10^{-3}(特定场合可写为 -0.036)

(3)不允许连续修约

①拟修约数字应在确定修约间隔或指定修约数位后一次修约获得结果,不得多次按 2 规则连续修约。

例3-13 修约 97.46,修约间隔为 1。

正确的做法:97.46→97。

不正确的做法:97.46→97.5→98。

例3-14 修约 15.4546,修约间隔为 1。

正确的做法:15.454 6→15。

不正确的做法:15.454 6→15.455→15.46→15.5→16。

表明已进行过舍、进或未舍未进。

②在具体实施中,有时测试与计算部门先将获得数值按指定的修约数位多一位或几位报出,而后由其他部门判定。为避免产生连续修约的错误,应按下述步骤进行。

报出数值最右的非零数字为 5 时,应在数值右上角加" + "或加" - "或不加符号,分别表明已进行过舍、进或未舍未进。

例3-15 16.50$^+$表示实际值大于16.50,经修约舍弃为16.50;16.50$^-$表示实际值小于16.50,经修约进一为16.50。

如对报出值需进行修约,当拟舍弃数字的最左一位数字为5,且其后无数字或皆为0时,数值右上角有"+"者进一,有"−"者舍去,其他仍按进舍规则的规定进行。

例3-16 将下列数值修约到个数位(报出值多留一位至一位小数)。

实测值	报出值	修约值
15.4546	15.5$^-$	15
−15.4546	−15.5$^-$	−15
16.5203	16.5$^+$	17
−16.5203	−16.5$^+$	−17
17.5000	17.5	18

(4)0.5单位修约与0.2单位修约

在对数值进行修约时,若有必要,也可采用0.5单位修约或0.2单位修约。

①0.5单位修约(半个单位修约)

0.5单位修约是指按指定修约间隔对拟修约的数值0.5单位进行的修约。

0.5单位修约方法如下:将拟修约数值X乘以2,按指定修约间隔对$2X$依进舍规则的规定修约,所得数值($2X$修约值)再除以2。

例3-17 将下列数字修约到个数位的0.5单位修约。

拟修约数值X	$2X$	$2X$修约值	X修约值
60.25	120.50	120	60.0
60.38	120.76	121	60.5
60.28	120.56	121	60.5
−60.75	−121.50	−122	−61.0

例3-18 某沥青软化点试验测试值为:48.2℃、48.7℃,结果准确至0.5℃。则该沥青软化点试验结果为:先算得平均值为48.45℃,修约后试验结果如下。

拟修约数值X	$2X$	$2X$修约值	X修约值
48.45	96.90	97	48.5

②0.2单位修约

0.2单位修约是指按指定修约间隔对拟修约的数值0.2单位进行的修约。

0.2单位修约方法如下:将拟修约数值X乘以5,按指定修约间隔对$5X$依进舍规则的规定修约,所得数值($5X$修约值)再除以5。

例3-19 将下列数字修约到百数位的0.2单位修约。

拟修约数值X	$5X$	$5X$修约值	X修约值
830	4150	4200	840
842	4210	4200	840
832	4160	4200	840
−930	−4650	−4600	−920

3.4.2.2 有效数字运算规则

在运算中,经常有不同有效位数的数据参加运算。在这种情况下,需将有关数据进行适当的处理。

①加减运算

当几个数据相加或相减时,它们的小数点后的数字位数及其和或差的有效数字的保留,应以小数点后位数最少(即绝对误差最大)的数据为依据,如下所示:

如果数据的运算量较大,为了使误差不影响结果,可以对参加运算的所有数据多保留一位数字进行运算。

②乘除运算

几个数据相乘相除时,各参加运算数据所保留的位数,以有效数字位数最少的为标准,其积或商的有效数字也依此为准。例如,当 $0.0121 \times 30.64 \times 2.05782$ 时,其中 0.0121 的有效数字位数最少,所以,其余两数应修约成 30.6 和 2.06 与之相乘,即:$0.0121 \times 30.6 \times 2.06 = 0.763$。

3.4.3 极限数值的表示和判定

3.4.3.1 极限数值的定义与书写极限数值的一般原则

(1)极限数值定义:标准(或技术规范)中规定考核的以数量形式给出且符合该标准(或技术规范)要求的指标数值范围的界限值。

(2)标准(或其他技术规范)中规定考核的以数量形式给出的指标或参数等,应当规定极限数值。极限数值表示符合该标准要求的数值范围的界限值,它通过给出最小极限值和(或)最大极限值,或给出基本数值与极限偏差值等方式表达。

(3)标准中极限数值的表示形式及书写位数应适当,其有效数字应全部写出。书写位数表示的精确程度,应能保证产品或其他标准化对象应有的性能和质量。

3.4.3.2 表示极限数值的用语

(1)表达极限数值的基本用语及符号见表3-1。

表达极限数值的基本用语及符号

表3-1

基本用语	符　号	特定情况下的基本用语		注
大于 A	$>A$	多于 A	高于 A	测定值或计算值恰好为 A 值时不符合要求
小于 A	$<A$	少于 A	低于 A	测定值或计算值恰好为 A 值时不符合要求

基本用语	符 号	特定情况下的基本用语			注
大于或等于 A	$\geqslant A$	不小于 A	不少于 A	不低于 A	测定值或计算值恰好为 A 值时符合要求
小于或等于 A	$\leqslant A$	不大于 A	不多于 A	不高于 A	测定值或计算值恰好为 A 值时不合要求

注:1. A 为极限数值。

    2. 允许采用以下惯用语表达极限数值:

        ①"超过 A",指数值大于 $A(>A)$;

        ②"不足 A",指数值小于 $A(<A)$;

        ③"A 及以上"或"至少 A",指数值大于或等于 $A(\geqslant A)$;

        ④"A 及以下"或"至多 A",指数值小于或等于 $A(\leqslant A)$。

例 3-20 钢中磷的残量 $<0.035\%$, $A=0.035\%$ 。

例 3-21 钢丝绳抗拉强度 $\geqslant 22\times10^2$ MPa , $A=22\times10^2$ MPa。

例 3-22 一组沥青混合料试件马歇尔稳定度分别为:13.10、12.38、16.95、10.77、12.98、11.33(kN),求该组试件马歇尔稳定度试验结果。

答:首先求得稳定度的平均值为 12.92kN,由于试件数为 6,则 k 值取 1.82,标准差为 2.18,若每个测定值与平均值之差大于标准差的 k 倍,则该测定值应予舍弃,因此,16.95 超出范围,被舍弃。

(2)基本用语可以组合使用,表示极限值范围。

对特定的考核指标 X,允许采用下列用语和符号(表 3-2)。同一标准中一般只应使用一种符号表示方式。

对特定的考核指标 X,允许采用表达极限数值的组合用语及符号   表 3-2

组合基本用语	组合允许用语	符 号		
		表示方式 I	表示方式 II	表示方式 III
大于或等于 A 且小于或等于 B	从 A 到 B	$A\leqslant X\leqslant B$	$A\leqslant\cdot\leqslant B$	$A\sim B$
大于 A 且小于或等于 B	超过 A 到 B	$A<X\leqslant B$	$A<\cdot\leqslant B$	$>A\sim B$
大于或等于 A 且小于 B	至少 A 不足 B	$A\leqslant X<B$	$A\leqslant\cdot<B$	$A\sim<B$
大于 A 且小于 B	超过 A 不足 B	$A<X<B$	$A<\cdot<B$	

A. 带有极限偏差值的数值。

基本数值 A 带有绝对极限上偏差值 $+b_1$ 和绝对极限下偏差值 $-b_2$,指从 $A-b_2$ 到 $A+b_1$ 符号要求,记为 $A_{+b_1-b_2}$ 。

注:当 $b_1=b_2=b$ 时, $A_{+b_1-b_2}$ 可简记为 $A\pm b$ 。

例 3-23 80_{+2-1} mm,指从 79mm 到 82mm 符合要求。

B. 基本数值 A 带有相对极限上偏差值 $+b_1\%$ 和相对极限下偏差值 $-b_2\%$,指实测值或其计算值 R 对于 A 的相对偏差值 $[(R-A)/A]$ 从 $-b_2\%$ 到 $+b_1\%$ 符合要求,记为 $A_{+b_1-b_2}\%$ 。

注:当 $b_1=b_2=b$ 时, $A_{+b_1-b_2}\%$ 可记为 $A(1\pm b\%)$ 。

例 3-24 $510\Omega(1\pm5\%)$,指实测值或其计算值 $R(\Omega)$ 对于 510Ω 的相对偏差值 $[(R-$

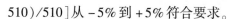

510)/510]从 −5% 到 +5% 符合要求。

C. 对基本数值 A，若极限上偏差值 $+b_1$ 和（或）极限下偏差值 $-b_2$ 使得 $A+b_1$ 和（或）$A-b_2$ 不符合要求，则应附加括号，写成 $A_{+b_1-b_2}$（不含 b_1 和 b_2）或 $A_{+b_1-b_2}$（不含 b_1）、$A_{+b_1-b_2}$（不含 b_2）。

例3-25　80_{+2-1}（不含2）mm，指从 79mm 到接近但不足 82mm 符合要求。

例3-26　$510\Omega(1\pm5\%)$（不含5%），指实测或其计算值 $R(\Omega)$ 对于 510Ω 的相对偏差 $[(R-510)/510]$ 从 −5% 到接近但不足 +5% 符合要求。

3.4.3.3　测定值或其计算值与标准规定的极限数值做比较的方法

（1）总则

在判定测定值或计算值是否符合标准要求时，应将测试所得的测定值或其计算值与标准规定的极限数值做比较，比较的方法可采用全数值比较法、修约值比较法。

当标准或有关文件对极限值（包括带有极限偏差值的数值）无特殊规定时，均应使用全数值比较法。如规定采用修约值比较法，应在标准中加以说明。

若标准或有关文件规定了使用其中一种比较方法时，一经确定，不得改动。

（2）全数值比较法

将测试所得的测定值或计算值不经修约处理（或虽经修约处理，但应标明它是经舍、进或未进未舍而得），用该数值与规定的极限数值做比较，只要超出极限数值规定的范围（不论超出程度大小），都判定为不符合要求，示例见表3-3。

全数值比较法和修约值比较法的示例与比较　　表3-3

项　目	极限数值	测定值或其计算值	按全数值比较是否符合要求	修约值	按修约值比较是否符合要求
中碳钢抗拉强度（MPa）	$\geq14\times100$	1349	不符合	13×100	不符合
		1351	不符合	14×100	符合
		1400	符合	14×100	符合
		1402	符合	14×100	符合
NaOH 的质量分数（%）	≥97.0	97.01	符合	97.0	符合
		97.00	符合	97.0	符合
		96.96	不符合	97.0	符合
		96.94	不符合	96.9	不符合
中碳钢中硅的质量分数（%）	≤0.5	0.452	符合	0.5	符合
		0.500	符合	0.5	符合
		0.549	不符合	0.5	符合
		0.551	不符合	0.6	不符合
中碳钢中锰的质量分数（%）	$1.2\sim1.6$	1.151	不符合	1.2	符合
		1.200	符合	1.2	符合
		1.649	不符合	1.6	符合
		1.651	不符合	1.7	不符合

项　目	极 限 数 值	测定值 或其计算值	按全数值比较 是否符合要求	修　约　值	按修约值比较 是否符合要求
盘条直径 （mm）	10.0±0.1	9.89	不符合	9.9	符合
		9.85	不符合	9.8	不符合
		10.10	符合	10.1	符合
		10.16	不符合	10.2	不符合
盘条直径 （mm）	10.0±0.1 （不含0.1）	9.94	符合	9.9	不符合
		9.96	符合	10.0	符合
		10.06	符合	10.1	不符合
		10.05	符合	10.0	符合
盘条直径 （mm）	10.0±0.1 （不含+0.1）	9.94	符合	9.9	符合
		9.86	不符合	9.9	符合
		10.06	符合	10.1	不符合
		10.05	符合	10.0	符合
盘条直径 （mm）	10.0±0.1 （不含-0.1）	9.94	符合	9.9	不符合
		9.86	不符合	9.9	不符合
		10.06	符合	10.1	符合
		10.05	符合	10.0	符合

注：表中的示例并不表明这类极限数值都应采用全数值比较法或修约值比较法。

（3）修约值比较法

①将测定值或其计算值进行修约，修约数位应与规定的极限数值数位一致。

当测试或计算精度允许时，应先将获得的数值按指定的修约数位多一位或几位报出，然后按程序修约至规定的数位。

②将修约后的数值与规定的极限数值进行比较，只要超出极限数值规定的范围（不论超出程度大小），都判定为不符合要求，示例见表3-3。

（4）两种判定方法的比较

对测定值或其计算值与规定的极限数值在不同情形用全数值比较法和修约值比较法的比较结果见表3-3。对同样的极限数值，若它本身符合要求，则全数值比较法比修约值比较法相对较严格。

3.4.4　数据的表达方法和分析

如何对通过试验检测获得的一系列数据进行深入的分析，以便得到各参数之间的关系，甚至用数学解析的方法，导出各参数之间的函数关系，这是数据处理的任务之一。测量数据的表达方法通常有表格法、图示法和经验公式法三种。

3.4.4.1　表格法

对试验中的一系列测量数据都是首先列成表格，然后再进行其他的处理。列成表格可表

示出测量结果,也便于以后的计算,同时也是图示法和经验公式法的基础。

表格一般分为两种:一种是试验检测数据记录表,另一种是试验检测结果表。

试验检测数据记录表是该项试验检测的原始记录表,它包括的内容应有试验检测目的、内容摘要、试验日期、环境条件、检测仪器设备原始数据、测量数据、结果分析以及参加人员和负责人等。

试验检测结果表只反映试验检测结果的最后结论,一般只有几个变量之间的对应关系。试验检测结果表应力求简明扼要,能说明问题。

3.4.4.2 图示法

图示法的最大优点是一目了然,即从图形中可非常直观地看出测量值的变化规律,如递增性或递减性、最大值或最小值、是否具有周期性变化规律等。

图示法的基本要点如下:

(1)在直角坐标系中绘制测量数据的图形时,应以横坐标为自变量,纵坐标为对应的测量值。例如,分析平整度检测结果随路面纵向的变化情况,可设横坐标为桩号,纵坐标为国际平整度指数(IRI)。

(2)坐标纸的大小与分度的选择应与测量数据的精度相适应。坐标分度值不一定自零起,可用低于试验数据的某一数值作起点、高于试验数据的某一数值作终点,曲线以基本占满全幅坐标纸为宜。

(3)坐标轴应注明分度值的有效数字和名称、单位,必要时还应标明试验条件,坐标的文字书写方向应与该坐标轴平行,在同一图上表示不同数据时应该用不同的符号加以区别。

(4)将每个试验数据在坐标系中标出成为一个点,然后用直线将这些点相连接,即可大致看出一组试验数据的变化特点。

3.4.4.3 经验公式法

运用最小二乘法原理,通常可利用统计分析软件,对一组试验数据进行曲线拟合或回归分析得到经验公式,使测量数据不仅可用一条直线或曲线表示,而且可用与图形对应的一个经验公式来表示。应通过检验其相关性,明确所建立经验公式的准确性。精度达到一定要求的经验公式才能用于工程中。

3.4.5 数据的统计计算与分析

在路基路面工程质量检验中,通常通过检测一定数量的点位或断面的质量指标,来评价大面积的工程总体质量是否符合要求,即通过抽取总体中的一小部分样本加以检测,以便了解和分析总体质量状况,也就是抽样检验。

样本容量的大小,直接关系到判断结果的可靠性。一般来说,样本容量越大,可靠性越好,但检测所耗费的工作量亦越大,成本也就越高。因此,路基路面工程施工控制和质量检验中,都规定了试验检测的频率。

按照我国路基路面工程有关施工技术规范和质量检验评定标准规定,需要对每个检测或评定路段内的测定值计算平均值、标准差、变异系数等统计量;按照数理统计原理计算检测或评定路段内的测定值的代表值,用代表值评价总体质量。

3.4.5.1 数据的统计量计算

一个检测或评定路段内某项检测指标的测定值有 N 个,分别为 $X_1,X_2,\cdots,X_n$,其中任一个测定值表示为 X_i,可按下列方法计算其统计量。

(1)平均值 $\overline{X}$

算术平均值是表示一组数据集中位置最有用的统计特征量,经常用样本的算术平均值来代表总体的平均水平。算术平均值可按式(3-11)计算:

$$\overline{X} = \frac{\sum\limits_{i=1}^{n} X_i}{n} \tag{3-11}$$

(2)标准差 S

标准差是衡量样本数据离散程度的指标。标准差可按式(3-12)计算:

$$S = \sqrt{\frac{\sum\limits_{i}^{n}(X_i - \overline{X})^2}{n-1}} \tag{3-12}$$

(3)变异系数 C_v

变异系数反映样本数据的波动的大小。变异系数是标准差 S 与算术平均值 $\overline{X}$ 的比值,即:

$$C_v = \frac{S}{\overline{X}} \times 100\% \tag{3-13}$$

(4)中位数 $\tilde{X}$

将 $X_1,X_2,\cdots,X_n$ 按其大小次序排序,以排在正中间的一个数表示总体的平均水平,称之为中位数,或称中值。n 为奇数时,正中间的数只有一个;n 为偶数时,正中间的数有两个,取这两个数的平均值作为中位数。

(5)极差 R

极差 R 表示数据波动范围的大小,是 $X_1,X_2,\cdots,X_n$ 数据中的最大值 X_{max} 与最小值 X_{min} 之差。

3.4.5.2 可疑数据的剔除

在一组条件完全相同的重复试验中,个别的测量值可能会出现异常,如测量值过大或过小,这些过大或过小的测量数据是不正常的,或称为可疑的。对于这些可疑数据应该用数理统计的方法判别其真伪,并决定取舍。

可疑数据的舍弃可按照 k 倍标准差作为舍弃标准,即在数据分析中,舍弃那些在 $\overline{X} \pm kS$ 范围以外的实测值。当试验数据 n 为 3、4、5、6 个时,k 值分别为 1.15、1.46、1.67、1.82;n 大于或等于 7 时,k 值采用 3。

取 $3S$ 的理由是:根据随机变量的正态分布规律,在多次试验中,测量值落在 $\overline{X} - 3S$ 与 $\overline{X} + 3S$ 之间的概率为 99.73%,出现在此范围之外的概率仅为 0.27%。

舍弃可疑值后,应重新计算平均值、标准差、变异系数等统计量,并分析测量值出现异常的原因,对路基路面质量检测出现异常测量值的测点及区域进行妥善处理。

3.4.5.3 代表值

代表值的确定与测定值的概率分布有关。实践表明,公路路基路面工程试验检测项目的测定值的大小所出现的频率分布大多服从正态分布或 t 分布。

在公路工程质量检验与评价中,对有些指标限定下限,例如压实度路面结构层厚度、半刚性基层和底基层材料强度;对有的指标限定上限,例如弯沉值。某个质量指标只规定了低限 L 时,其代表值取平均值的单边置信下限,应满足 $X \geq L$ 的要求。某个质量指标只规定了高限 U 时,其代表值取平均值的单边置信上限,应满足 $X \leq U$ 的要求。

一般来说,对于测点数 N 大于 30 时,按正态分布计算试验检测数据的代表值,测点数 N 较少时,则按 t 分布计算代表值。

(1)服从正态分布数据的代表值

公路路基路面工程质量检验评定方法中,对于服从正态分布的检测数据,计算代表值时考虑保证率 α,用 Z_α 表示保证率系数。

当限定上限时,代表值 X 的评定标准为:

$$X = \overline{X} + Z_\alpha S \leq U \tag{3-14}$$

当限定下限时,代表值 X 的评定标准为:

$$X = \overline{X} - Z_\alpha S \geq L \tag{3-15}$$

当保证率为90%时,$Z_\alpha = 1.282$;当保证率为93%时,$Z_\alpha = 1.5$;当保证率为95%时,$Z_\alpha = 1.645$;当保证率为97.72%时,$Z_\alpha = 2.0$;当保证率为99.87%时,$Z_\alpha = 3.0$。

(2)服从 t 分布数据的代表值

对于服从 t 分布的检测数据,计算代表值时考虑保证率 α。

当限定上限时,代表值 X 的评定标准为:

$$X = \overline{X} + t_\alpha \frac{S}{\sqrt{N}} \leq U \tag{3-16}$$

当限定下限时,代表值 X 的评定标准为:

$$X = \overline{X} - t_\alpha \frac{S}{\sqrt{N}} \geq L \tag{3-17}$$

式中 t_α 的数值不仅与保证率 α 有关,还随测点数 N 的不同而变。其计算复杂,有专用表格可查用。

思考题

3.1 抽样检验有哪几类？公路工程适合的抽样类型是什么？说明原因。

3.2 何为计量溯源链是什么？它与计量溯源性有何关系？

3.3 计量溯源的方式有哪几种？各自的区别与联系是什么？

3.4 测量的误差有哪几种？材料性能检测中主要考虑哪几类误差？

3.5 相对误差与绝对误差的表示方法及区别与联系是什么？

3.6 测量不确定度的评定方法中 A 类评定方法与特点是什么?

3.7 测量误差与测量不确定度的主要区别是什么?

3.8 数据的表达方法和分析的方法有哪几类? 各自的优缺点是哪些?

3.9 统计数据的特征参数有哪些? 如何计算?

3.10 求出以下混凝土抗压强度的统计特征参数值(单位:MPa)。

32.5、37.5、35.6、32.5、37.8、40.2、36.5、39.2、37.6、38.6。

3.11 极限数值的定义与书写极限数值的一般原则是什么?

3.12 某沥青软化点试验测试值为:63.8℃、64.2℃,结果准确至0.5℃,计算修约结果。

第4章 工程材料常规力学性能测试

本章主要介绍工程材料常规力学性能测试,包括材料压缩性能、拉伸性能、弯曲性能、剪切性能、冲击韧性、硬度性能等。通过本章的学习,掌握材料性能测试方法,熟悉材料性能测试的主要测试仪器设备、试件制作、测试步骤和数据处理。

4.1 材料压缩性能测试

压缩试验是测定材料在轴向静压力作用下的力学性能试验,是材料机械性能试验的基本方法之一。土木工程中许多构件在使用期间承受压缩荷载,比如混凝土柱、桩基础、承重墙体等。根据受力形式不同,压缩试验可分为单向压缩、双向压缩和三向压缩。工程中最常见的是单向压缩,本节主要介绍材料的单向压缩试验。单向压缩试验是通过对试样施加轴向压力,在其变形和断裂的过程中,测定材料的强度和塑性等力学性能指标。试样破坏时的最大压缩荷载除以试样的横截面面积,称为压缩强度极限或抗压强度。

塑性材料在压缩时通常只发生压缩而不会断裂,因此,塑性材料很少进行压缩试验。压缩试验主要适用于脆性材料,如砖、石材、陶瓷、玻璃、混凝土、铸铁等。脆性材料在压缩试验时,能产生一定的塑性变形,并沿与轴线成45°方向产生切断,例如灰铸铁及高强度低塑性材料。

压缩试验应力-应变曲线如图4-1所示。水泥混凝土等脆性材料和低塑性材料通过压缩试验可测定抗压强度和弹性模量,而低碳钢等塑性材料在压缩过程中不能被破坏,负荷变形曲线呈上升趋势,主要用于测定抗压弹性模量、比例极限或弹性极限等指标。在压缩试验过程中,对产生明显屈服现象的材料,还可测定压缩屈服点,也可通过最大变形量比较材料的塑性性能。

对于脆性材料,抗压试件破坏一般沿着对角面或锥形(圆柱体试件)或者呈金字塔形(立方体试件)破坏。这些类型基本上是属于受剪切而破坏。

土木工程材料中,受压构件多为无机非金属材料,如水泥混凝土、石材、无机结合料稳定材料等。

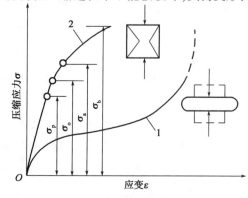

图4-1 压缩应力-应变曲线
1-塑性材料;2-脆性材料

4.1.1 混凝土抗压强度试验

参考《混凝土物理力学性能试验方法标准》（GB/T 50081—2019）。

4.1.1.1 主要测试设备

（1）压力试验机

压力试验机应具有加荷速度指示装置或加荷速度控制装置，并应能均匀、连续地加荷。试验时，试件破坏荷载宜大于压力机全量程的20%且宜小于压力机全量程的80%；示值相对误差应为±1%。板面应光滑、平整。

压力试验机主要由主机、液压系统和测力单元等组成。主机部分包括球面座、上承压板、下承压板、活塞、工作油缸等。液压系统由液压泵、送油阀、回油阀、油箱及油管等组成。操纵送油阀手轮，可调节油缸进油量，以达所需加荷速率。打开回油阀，可使油缸内和油泵来的油全部流回油箱。测力单位包括测控系统、打印机和压力传感器等。

试验前，应对试件的最大破坏荷载进行估计，选定相应的测力范围。使用前，应先将回油阀打开，关闭送油阀，接通电源，按下启动按钮，油泵开始工作，然后关闭回油阀，徐徐打开送油阀，并注意观察压力机活塞，控制送油阀使其缓慢上升；压力机活塞上升2~5mm后，关闭送油阀，按下"清零"键。将试样放在下承压板上，注意按下承压板的线框对中。转动手轮，使上承压板下降至与试样即将接触。调控送油阀，按规定加荷速度加荷，至试件破坏。试件破坏后，将送油阀关闭，慢慢打开回油阀，使油缸内的油回到油箱。送油时，回油阀必须关紧，以免油漏回，但也不能过紧，以免损坏油针尖梢。操作过程中，禁止将手等人体任何部分置于上下压板之间，并注意试件在破碎时碎片崩出伤人。

（2）振动台及试模

振动台应符合《混凝土试验用振动台》（JG/T 245—2009）的有关规定，振动频率为50Hz±2Hz，空载时振动台面中心点的垂直振幅应为0.5mm±0.02mm。

试模按制作材料可分为铸铁或铸钢试模、塑料试模。当混凝土强度等级不低于C60时，宜采用铸铁或铸钢试模成型。

捣棒直径应为16mm±0.2mm，长度应为600mm±5mm，端部应呈半球形。

4.1.1.2 试件制作与养护

普通混凝土抗压强度测定以3块试件为一组，每组试件所用的拌合物应从同一盘混凝土或同一车混凝土中取样。取样或实验室拌制的混凝土应尽快成型，一般不宜超过15min。

（1）试件尺寸

混凝土立方体抗压强度试验的标准试件为边长150mm的立方体试件，非标准试件为边长100mm和200mm的立方体试件。混凝土轴心抗压强度试验的标准试件为150mm×150mm×300mm的棱柱体试件，非标准试件为边长100mm×100mm×300mm和200mm×200mm×400mm的棱柱体试件。

混凝土抗压强度（包括立方体抗压强度和轴心抗压强度）试件的最小横截面尺寸应根据混凝土中骨料的最大粒径按表4-1选用。

抗压强度试件的最小横截面尺寸　　　　　　　表4-1

骨料最大粒径(mm)	试件最小横截面尺寸(mm×mm)
31.5	100×100
37.5	150×150
63.0	200×200

试件的边长和高度宜采用游标卡尺进行测量,应精确至1mm。

(2)试件成型

装料前,应将试模擦拭干净,在其内壁上均匀地涂刷一薄层矿物油或其他不与混凝土发生反应的隔离剂,试模内壁隔离剂应均匀分布,不应有明显沉积。混凝土拌合物在入模前,应保证均匀。宜根据混凝土拌合物的稠度或试验目的确定适宜的成型方法,混凝土应充分密实,避免分层离析。

试件的制作一般有振动台振实、人工插捣、插入式振捣棒振实、自密实混凝土成型、干硬性混凝土成型5种成型方法。本节主要介绍振动台振实和人工插捣两种成型方法。

选用振动台振实制作试件时,将混凝土拌合物一次性装入试模,装料时应用抹刀沿试模内壁插捣,并使混凝土拌合物高出试模上口;将试模附着或固定在振动台上,振动时应防止试模在振动台上自由跳动,振动应持续到表面出浆且无明显大气泡溢出为止,不得过振。

选用人工插捣制作试件时,混凝土拌合物应分两层装入模内,每层的装料厚度应大致相等。插捣应按螺旋方向从边缘向中心均匀进行。在插捣底层混凝土时,捣棒应达到试模底部;插捣上层时,捣棒应贯穿上层后插入下层20~30mm;插捣时,捣棒应保持垂直,不得倾斜,插捣后应用抹刀沿试模内壁插拔数次。每层插捣次数按100mm×100mm截面面积内不得少于12次。插捣后应用橡皮锤或木槌轻轻敲击试模四周,直至插捣棒留下的空洞消失为止。

试件成型后,刮除试模上口多余的混凝土,待混凝土临近初凝时,用抹刀沿着试模口抹平。试件表面与试模边缘的高度差不得超过0.5mm。制作的试件应有明显和持久的标记,且不破坏试件。

制作混凝土试件时,应采取劳动保护措施。由于水泥遇水释放出碱,具有一定的碱腐蚀性,因此,应佩戴劳动保护用品等措施。一方面,避免皮肤长时间直接接触新拌混凝土;另一方面,避免水泥或其他粉尘进入眼睛、口腔和鼻子,如果水泥或混凝土进入眼睛,应立即用清水冲洗干净。

(3)试件养护

试件成型抹面后,应立即用塑料薄膜覆盖表面,或采取湿布覆盖等其他保持试件表面湿度的方法,以防水分蒸发。试件成型后,应在温度为20℃±5℃、相对湿度大于50%的室内静置1~2d,试件静置期间应避免受到振动和冲击,静置后编号标记、拆模,当试件有严重缺陷时,应按废弃处理。试件拆模后,应立即放入温度为20℃±2℃、相对湿度为95%以上的标准养护室中养护。标准养护室内的试件应放在支架上,间隔至少10~20mm,试件表面应保持一层水膜,并避免用水直接冲淋。当无标准养护室时,将试件放入温度20℃±2℃的饱和氢氧化钙溶液中养护。试件养护龄期从搅拌加水开始计时,养护临期的允许偏差宜符合表4-2的要求。

养护龄期允许偏差　　　　　　　　　　表4-2

养护龄期(d)	1	3	7	28	56或60	≥84
允许偏差(h)	±0.5	±5	±6	±20	±24	±48

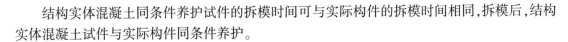

结构实体混凝土同条件养护试件的拆模时间可与实际构件的拆模时间相同,拆模后,结构实体混凝土试件与实际构件同条件养护。

4.1.1.3　测试步骤

(1)至试验龄期时,自养护室取出试件,应尽快试验,避免其湿度变化。在条件许可时,宜采用湿毛巾等覆盖试件,保持试件处于潮湿状态进行试验。

(2)取出试件,检查其尺寸及形状,相对两面应平行。量出棱边长度,精确至1mm。试件受力截面积按其与压力机上下接触面的平均值计算。试件放置试验机前,应将试件表面与上、下承压板面擦拭干净。

(3)以试件成型时的侧面为承压面,应将试件安放在试验机的下压板或垫板上,试件的中心应与试验机下压板中心对准。试件应避免偏心受压,偏心受压对试件抗压强度影响较大,导致试验结果不准确。

(4)启动试验机,试件表面与上、下承压板或钢垫板应均匀接触,保证试件受压均匀。

(5)试验过程中,应连续均匀加荷,加荷速度应取0.3 ~ 1.0MPa/s。当立方体抗压强度小于30MPa时,加荷速度宜取0.3 ~ 0.5MPa/s;当立方体抗压强度30 ~ 60MPa时,加荷速度宜取0.5 ~ 0.8MPa/s;当立方体抗压强度不小于60MPa时,加荷速度宜取0.8 ~ 1.0MPa/s。

(6)当试件接近破坏而开始迅速变形时,应停止调整试验机油门,直至试件破坏,记下破坏极限荷载。

4.1.1.4　数据处理

混凝土立方体试件抗压强度计算公式如式(4-1)所示。

$$f_{cc} = \frac{F}{A} \qquad\qquad (4\text{-}1)$$

式中:f_{cc}——混凝土立方体试件抗压强度(MPa),精确至0.1MPa;

F——试件破坏荷载(N);

A——试件承压面积(mm^2)。

取3个试件测值的算术平均值作为该组试件的强度值,精确至0.1MPa;当3个测值中的最大值与最小值中有一个与中间值的差值超过中间值的15%时,则应把最大及最小值剔除,取中间值作为该组试件的抗压强度值;当最大值和最小值与中间值的差值均超过中间值的15%时,则该组试件的试验结果无效。

混凝土的抗压强度以边长150mm的立方体抗压强度为标准,其他尺寸试件测试结果,均应换算成标准试件的抗压强度值。混凝土强度等级小于C60时,非标准试件抗压强度换算系数如表4-3所示。当混凝土强度等级不小于C60时,宜采用标准试件。

非标准试件抗压强度换算系数　　　　　　　　　　　表4-3

立方体抗压强度试件尺寸(mm × mm × mm)	轴心抗压强度试件尺寸(mm × mm × mm)	换 算 系 数
100 × 100 × 100	100 × 100 × 300	0.95
150 × 150 × 150	150 × 150 × 300	1
200 × 200 × 200	200 × 200 × 400	1.05

4.1.1.5 试验检测记录表和试验检测报告的编制

水泥混凝土抗压强度试验检测记录表和试验检测报告的编制见表4-4和表4-5。

水泥混凝土抗压强度试验检测记录表

表4-4

第1页,共1页

检测单位名称:×××检测中心   记录编号:×××××

工程名称	×××至×××高速公路建设项目								
工程部位/用途	×××大桥左幅2-1号墩柱								
样品信息	样品名称:水泥混凝试件;样品编号:YP-2021-TYH-0001;样品数量:1组;样品状态:表面平整、无蜂窝麻面、无缺损;来样时间:2021年10月18日								
试验检测日期	2021年10月18日		试验条件			温度:18℃;相对湿度:76%			
检测依据	JTG 3420—2020		判定依据			设计文件			
主要仪器设备名称及编号	压力试验机(×××)、游标卡尺(×××)								

试件编号	成型日期	强度等级	龄期(d)	试验日期	试件尺寸(mm×mm×mm)	极限荷载(kN)	抗压强度测值(MPa)	抗压强度平均值(MPa)	换算成标准试件抗压强度值(MPa)
YP-2021-TYH-0001-1	2021年9月20日	C30	28	2021年10月18日	150×150×150	813.50	36.2	36.7	36.7
YP-2021-TYH-0001-2					150×150×150	841.75	37.4		
YP-2021-TYH-0001-3					150×150×150	818.30	36.4		
—	—	—	—	—	—	—	—	—	—
						—	—		
—	—	—	—	—	—	—	—	—	—
						—	—		
—	—	—	—	—	—	—	—	—	—
						—	—		
—	—	—	—	—	—	—	—	—	—
						—	—		
—	—	—	—	—	—	—	—	—	—
						—	—		

附加声明:

检测: 记录: 复核: 日期: 年   月   日

水泥混凝土抗压强度试验检测报告

表 4-5

第 1 页, 共 1 页

检测单位名称(专用章):×××检测中心　　　　　　　　　报告编号:××××××

委托单位	×××建设集团有限公司	工程名称	×××至×××高速公路建设项目
工程部位/用途		×××大桥左幅 2-1 号墩柱	
样品信息		样品名称:水泥混凝试件;样品编号:YP-2021-TYH-0001;样品数量:1 组;样品状态:表面平整、无蜂窝麻面、无缺损;来样时间:2021 年 10 月 18 日	
检测依据	JTG 3420—2020	判定依据	设计文件
主要仪器设备名称及编号		压力试验机(×××)、游标卡尺(×××)	
委托编号	WT-1800802	检测类别	委托检测
混凝土种类	普通混凝土	强度等级	C30
规格尺寸(mm×mm×mm)	150×150×150	养护条件	标准养护

试件编号	成型日期	龄期(d)	试验日期	技术要求(MPa)	检测结果(MPa)
YP-2021-TYH-0001-1 YP-2021-TYH-0001-2 YP-2021-TYH-0001-3	2021 年 9 月 20 日	28	2021 年 10 月 18 日	≥30	36.7
	—	—		—	—
	—	—		—	—
	—	—		—	—
	—	—		—	—

检测结论:经检测,该组混凝土试件 28d 抗压强度值达到设计要求。

附加声明:报告无本单位"检测专用章"无效;报告签名不全无效;报告改动、换页无效;本样品由委托方提供,报告结果仅适用于接收到的样品。未经本单位批准,不得部分复制本报告;若对本报告有异议,应于收到报告××个工作日内向本单位提出书面复议申请,逾期不予受理。

机构地址:　　　　　　　　　　　联系电话:

检测:　　　　审核:　　　　批准:　　　　日期:　　年　月　日

4.1.1.6 抗压强度主要影响因素

(1)端部约束

压缩试验时,试样端部的摩擦力对试验结果有极大的影响(图 4-2)。不同的材料对试样与承压板的端部摩擦力要求不同。混凝土试件表面与上、下承压板面擦拭干净。对于水泥胶砂试件抗压强度试验前要求清除试件受压面与加压板间的砂粒或杂物。端部的摩擦力越大,测的抗压强度值越大。

(2)端部平整度

试件的受压表面必须是平滑的,并与试件轴线垂直。如果试件表面不平整,将产生局部应力集中,使抗压强度显著降低。对混凝土试件,尤其应注意检查由于试模变形引起的表面不平整,从而使抗压强度降低。正常破坏的混凝土试块与承压板接触的两端面应是完整无损的,如出现破裂则可能是由于试件表面不平整所引起的。

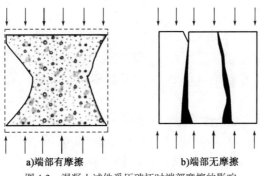

a)端部有摩擦　　　　b)端部无摩擦

图4-2　混凝土试件受压破坏时端部摩擦的影响

（3）截面形状及尺寸

材料抗压强度的测定通常采用立方体、棱柱体或圆柱体试件,受力截面多为正方形或圆形。不同截面的试件在压力作用时,其截面应力分布有较大的差别。相比于其他截面,圆形截面能得到均匀的抗压应力。但为了制作方便等原因,又常使用正方形截面的试件。

压缩试验时,试件尺寸越小,测定出的抗压强度越高。

（4）加荷控制

试验时,加荷速度同样影响材料的抗压强度。加荷速度越快,测得强度越高;加荷速度越慢,测得强度越低。因此,试验时,应严格按照规定的速度加荷。

（5）含水状态

不同含水率时,测得的材料抗压强度是不同的。土木工程材料性能测试时常常根据工程中实际使用情况确定含水率大小,比如作为桥墩等基础材料的石材,其抗压强度按饱水状态测定;水泥胶砂和混凝土的试块按照从标准养护室取出后的湿度进行测试。

4.1.2　混凝土静力受压弹性模量试验

4.1.2.1　主要测试设备

压力试验机,同混凝土抗压强度试验。

微变形测量仪器,可采用千分表(图4-3)、电阻应变片、激光测长仪、引伸仪或位移传感器等。当采用千分表和位移传感器时,其测量精度应为±0.001mm;当采用电阻应变片、激光测长仪或引伸仪时,其测量精度应为±0.001%。标距为150mm。

4.1.2.2　试件制作

混凝土静力受压弹性模量试验标准试件的边长为150mm×150mm×300mm的棱柱体试件,非标准试件为边长100mm×100mm×300mm和200mm×200mm×400mm的棱柱体试件。每次试验应制备6个试件,其中3个用于测定轴心抗压强度,另外3个用于测定静力受压弹性模量。

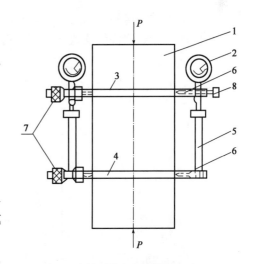

图4-3　框式千分表座示意图(一对)

1-试件;2-量表;3-上金属环;4-下金属环;5-接触杆;6-刀口;7-金属环;8-千分表紧固螺钉

4.1.2.3 测试步骤

（1）试件取出后，用湿毛巾覆盖并及时进行试验，保持试件干湿状态不变。选一组（3 个试件）测定混凝土轴心抗压强度（f_{cp}），另一组测定混凝土静力受压弹性模量。

（2）擦净试件，量出尺寸并检查外形，尺寸量测精确至 1mm。试件不得有明显缺损，端面不平时须预先抹平。

（3）在试件两侧的中线上安装微变形测量仪，并对称于试件的两端。

当采用千分表或位移传感器时，应将千分表或位移传感器固定在变形测量架上，试件的测量标距为 150mm，由标距定位杆定位，将变形测量架通过紧固螺钉固定。

当采用电阻应变仪测量变形时，应变片的标距为 150mm，处理贴应变片区域的试件表面的缺陷，可采用电吹风吹干试件表面后，在试件的两侧中部用 502 胶水粘贴应变片。

（4）试件放置试验机前，应将试件表面与上、下承压板面擦拭干净。将试件直立放置在试验机的下压板或钢垫板上，并应使试件轴心与下压板中心对准。开启试验机，试件表面与上下承压板或钢垫板应均匀接触。

（5）加荷至基准应力为 0.5MPa 的初始荷载值 F_0，保持恒载 60s 并在以后的 30s 内记录两侧变形量测仪的读数 $\varepsilon_0^{左}$、$\varepsilon_0^{右}$。然后立即以 0.6MPa/s ± 0.4MPa/s 的加荷速度连续均匀地加荷至应力为轴心抗压强度 f_{cp} 的 1/3 时的荷载值 F_a，保持恒载 60s 并在以后的 30s 内记录两侧变形量测仪的读数 $\varepsilon_a^{左}$、$\varepsilon_a^{右}$。

（6）当试件两侧的变形值之差与它们平均值之比大于 20% 时，应重新对中试件后按（4）重复试验。若无法降低到 20% 以下时，则试验无效。

（7）预压。满足两侧变形值之差与平均值之比小于 20% 后，以与加荷速度相同的速度卸荷至基准应力 0.5MPa（F_0），并持荷 60s；然后以相同的速度加荷至荷载值 F_a，再保持 60s 恒载，最后卸载至初始荷载值 F_0，至少进行两次预压循环。

（8）测试。在最后一次预压完成后，在基准应力 0.5MPa（F_0），持荷 60s 并在以后的 30s 内记录两侧变形量测仪的读数 $\varepsilon_0^{左}$、$\varepsilon_0^{右}$；再用同样的加荷速度加荷至 F_a，持荷 60s 并在以后的 30s 内记录两侧变形量测仪的读数 $\varepsilon_a^{左}$、$\varepsilon_a^{右}$，如图 4-4 所示，图中，90s 包括 60s 持荷时间和 30s 读数时间。

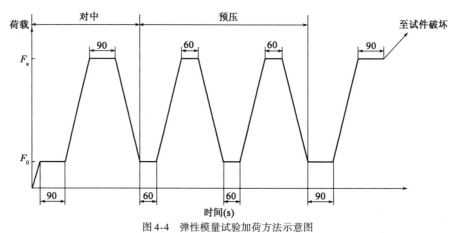

图 4-4 弹性模量试验加荷方法示意图

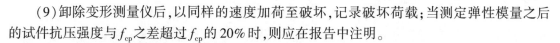

（9）卸除变形测量仪后，以同样的速度加荷至破坏，记录破坏荷载；当测定弹性模量之后的试件抗压强度与f_{cp}之差超过f_{cp}的20％时，则应在报告中注明。

4.1.2.4　数据处理

混凝土静压受力弹性模量按式（4-2）和式（4-3）计算，精确至100MPa。

$$E_c = \frac{F_a - F_0}{A} \times \frac{L}{\Delta n} \tag{4-2}$$

$$\Delta n = \varepsilon_a - \varepsilon_0 \tag{4-3}$$

式中：E_c——混凝土静压受力弹性模量，MPa；

$\quad\ \ F_a$——应力为1/3轴心抗压强度时的荷载，N；

$\quad\ \ F_0$——应力为0.5MPa时的初始荷载，N；

$\quad\ \ A$——试件承压面积，mm^2；

$\quad\ \ L$——测量标距，mm；

$\quad\ \Delta n$——最后一次从F_0加荷至F_a时试件两侧变形的平均值，mm；

$\quad\ \ \varepsilon_a$——F_a时试件两侧变形的平均值，mm；

$\quad\ \ \varepsilon_0$——F_0时试件两侧变形的平均值，mm。

3个试件测值的算术平均值作为该组试件的弹性模量值，精确至100MPa。当其中有一个试件在测定弹性模量后的轴心抗压强度值与用于确定检验控制荷载的轴心抗压强度值相差超过后者的20％时，则弹性模量值按另两个试件测值的算术平均值计算；当有两个试件在测定弹性模量后的轴心抗压强度值与用于确定检验控制荷载的轴心抗压强度值相差超过后者的20％时，则此次试验无效。

4.1.3　水泥胶砂强度试验

参考《公路工程水泥及水泥混凝土试验规程》（JTG 3420—2020）。

4.1.3.1　主要测试设备

（1）胶砂搅拌机

胶砂搅拌机属行星式，其搅拌叶片和搅拌锅做相反方向的转动。叶片和锅由耐磨的金属材料制成，叶片与锅底、锅壁之间的间隙为叶片与锅壁最近的距离。制造质量应符合现行《行星式水泥胶砂搅拌机》（JC/T 681）的规定。

（2）振动台

振动台应符合现行《水泥胶砂试体成型振实台》（JC/T 682）的规定。由装有两个对称偏心轮的电动机产生振动，使用时固定于混凝土基座上。座高约400mm，混凝土的体积约0.25m^3，质量约600kg。为防止外部振动影响振实效果，可在整个混凝土基座下放一层厚约5mm的天然橡胶弹性衬垫。将仪器用地脚螺丝固定在基座上，安装后设备成水平状态，仪器底座与基座之间要铺一层砂浆以确保它们的完全接触。

（3）试模及下料漏斗

试模为可装卸的三联模，由隔板、端板、底座等部分组成，制造质量应符合现行《水泥胶砂试模》（JC/T 726）的规定。可同时成型3条截面为40mm×40mm×160mm的棱形试件。

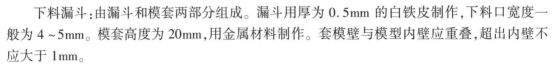

下料漏斗：由漏斗和模套两部分组成。漏斗用厚为 0.5mm 的白铁皮制作，下料口宽度一般为 4~5mm。模套高度为 20mm，用金属材料制作。套模壁与模型内壁应重叠，超出内壁不应大于 1mm。

（4）抗压试验机和抗压夹具

抗压试验机：以 200~300kN 为宜。抗压试验机，在较大的五分之四量程范围内使用时，记录的荷载应有 ±1.0% 的精度，并具有按 2400N/s±200N/s 速率加荷的能力，应具有一个能指示试件破坏时荷载的指示器。压力机的活塞竖向轴应与压力机的竖向轴重合，而且活塞作用的合力要通过试件中心。压力机的下压板表面应与该机的轴线垂直并在加荷过程中一直保持不变。

抗压夹具：应由硬质钢材制成，受压面积为 40mm×40mm，并应符合现行《40mm×40mm 水泥抗压夹具》(JC/T 683) 的规定。

4.1.3.2 试件制作与养护

（1）成型前将试模擦净，四周的模板与底座的接触面上应涂黄油，紧密装配，防止漏浆，内壁均匀地刷一薄层机油。

（2）水泥与 ISO 砂的质量比为 1:3，水灰比为 0.5。每成型 3 条试件需称量的材料及用量为：水泥 450g±2g；ISO 砂 1350g±5g；水 225mL±1mL。

（3）搅拌。把水加入锅里，再加入水泥，把锅放在固定架上，上升至固定位置，立即开动机器，低速搅拌 30s 后，在第二个 30s 开始的同时均匀地将砂加入。把机器转至高速再拌 30s。停拌 90s，在停拌中的第一个 15s 内用一胶皮刮具将叶片和锅壁上的胶砂刮入锅中间。高速下继续搅拌 60s。各个搅拌阶段时间偏差在 ±1s 以内。

（4）用振实台成型。胶砂制备后立即进行成型，将空试模和模套固定在振实台上，用一个适当勺子直接从搅拌锅里将胶砂分两层装入试模，装第一层时，每个槽里约放 300g 胶砂，用大播料器垂直架在模套顶部沿每个模槽来回一次将料层播平，接着振实 60 次。再装入第二层胶砂，用小播料器播平，再振实 60 次，移走模套，从振实台上取下试模，用一金属直尺以近似 90°的角度架在试模顶的一端，然后沿试模长度方向以横向锯割动作慢慢向另一端移动，一次将超过试模部分的胶砂刮去，并用同一直尺以近乎水平的状态将试件表面抹平。

（5）在试模上作标记或加字条表明试件的编号和试件相对于振动台的位置。两个龄期以上的试件，编号时应将同一试模中的 3 条试件分在两个以上的龄期内。

（6）编号后，将试模放入养护箱养护，养护箱内箅板必须水平。水平放置时刮平面应朝上。养护时，不应将试模放在其他试模上。一直养护到规定的脱模时间时取出脱模。脱模前，用防水墨汁或颜料笔对试件进行编号。对于 24h 龄期的应在破型试验前 20min 内脱模；对于 24h 以上龄期的，应在成型后 20~24h 之间脱模。脱模时要非常小心，应防止试件损伤。

（7）水中养护。将作好标记的试件立即水平或竖直放在 20℃±1℃ 水中养护，水平放置时刮平面应朝上。试件放在不易腐烂的箅子上，并彼此间保持一定距离，让水与试件的 6 个面接触，养护期间试件之间间隔或试件上表面的水深不得小于 5mm。

每个养护池只养护同类型的水泥试件。最初用自来水装满养护池，随后随时加水，保持适当的恒定水位，不允许在养护期间全部换水。

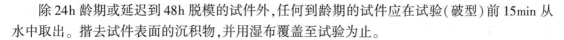

除24h龄期或延迟到48h脱模的试件外,任何到龄期的试件应在试验(破型)前15min从水中取出。揩去试件表面的沉积物,并用湿布覆盖至试验为止。

4.1.3.3　测试步骤

水泥胶砂强度试验包括抗折强度试验和抗压强度试验。先取3条试件进行抗折强度试验,然后再进行6条试件的抗压强度试验。试件龄期是从水泥加水搅拌开始试验时算起。由于水泥的强度随时间而增长,因此各龄期的试件强度测试要严格控制,水泥胶砂强度测试时间应满足:24h±15min、3d±45min、7d±2h、28d±8h。

本节主要介绍水泥胶砂试件的抗压强度试验。

(1)抗折试验后的6个断块应立即进行抗压试验。抗压试验必须用抗压夹具进行,试件受压面为试件成型时的两个侧面,面积为40mm×40mm。试验前应清除试件受压面与加压板间的砂粒或杂物。试验时,试件的底面靠紧夹具定位销,并使夹具对准压力机压板中心。

(2)压力机加荷速度应控制在2400N/s±200N/s,均匀加荷直至破坏。

4.1.3.4　数据处理

水泥胶砂抗压强度按式(4-4)计算。

$$R_c = \frac{F_c}{A} \tag{4-4}$$

式中:R_c——抗压强度,MPa;

$\quad\quad F_c$——破坏时的最大荷载,N;

$\quad\quad A$——受压部分面积,mm^2,$40mm×40mm=1600mm^2$。

以一组3个棱柱体上得到的6个抗压强度测定值的算术平均值作为试验结果,精确至0.1MPa。

如6个测定值中有一个超出6个平均值的±10%,就应剔除这个结果,而以剩下5个的平均数为结果;如果5个测定值中再有超过它们平均数±10%的,则此组试件无效。

4.1.4　石材单轴抗压强度试验

石材是一种建筑装饰材料、公路工程结构及其附属物砌筑及铺面材料。常用抗压强度表示石材的力学性质。参考《公路工程岩石试验规程》(JTG E41—2005)。

4.1.4.1　主要测试设备

(1)压力试验机或万能试验机。

(2)钻石机、切石机、磨石机等岩石试件加工设备。

4.1.4.2　试件制作与养护

(1)建筑地基的岩石试验,采用圆柱体作为标准试件,直径为50mm±2mm,高径比为2:1。每组试件共6个。

(2)桥梁工程用的石料试验,采用立方体试件,边长为70mm±2mm。每组试件共6个。

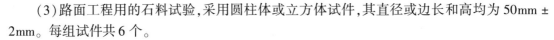

（3）路面工程用的石料试验,采用圆柱体或立方体试件,其直径或边长和高均为50mm±2mm。每组试件共6个。

有显著层理的岩石,分别沿平行和垂直层理方向各取试件6个。试件上、下端面应平行和磨平,试件端面的平面度公差应小于0.05mm,端面对于试件轴线垂直度偏差不应超过0.25°。

4.1.4.3　测试步骤

（1）用游标卡尺量取试件尺寸（精确至0.1mm）,对立方体试件在顶面和底面上各量取其边长,以各个面上相互平行的两个边长的算术平均值计算其承压面积;对于圆柱体试件在顶面和底面分别测量两个相互正交的直径,并以其各自的算术平均值分别计算底面和顶面的面积,取其顶面和底面面积的算术平均值作为计算抗压强度所用的截面面积。

（2）试件的含水状态可根据需要选择烘干状态、天然状态、饱和状态、冻融循环后状态。

（3）按岩石强度性质,选定合适的压力机。将试件置于压力机的承压板中央,对正上、下承压板,不得偏心。

（4）以0.5~1.0MPa/s的速率进行加荷直至破坏,记录破坏荷载及加荷过程中出现的现象。抗压试件试验的最大荷载记录以N为单位,精度1%。

4.1.4.4　数据处理

岩石的抗压强度和软化系数分别按式（4-5）、式（4-6）计算。

$$R = \frac{P}{A} \tag{4-5}$$

式中：R——岩石的抗压强度,MPa;

　　　P——试件破坏时的荷载,N;

　　　A——试件的截面面积,mm^2。

$$K_p = \frac{R_w}{R_d} \tag{4-6}$$

式中：K_p——软化系数;

　　　R_w——岩石饱和状态下的单轴抗压强度,MPa;

　　　R_d——岩石烘干状态下的单轴抗压强度,MPa。

软化系数计算值精确至0.01,3个试件平行测定,取算术平均值;3个值中最大与最小之差不应超过平均值的20%,否则,应另取第4个试件,并在4个试件中取最接近的3个值的平均值作为试验结果,同时在报告中将4个值全部给出。

4.1.5　粗集料压碎值试验

4.1.5.1　主要测试仪器设备

（1）石料压碎值试验仪:由内径150 mm、两端开口的钢制圆形试筒、压柱和底板组成,其形状和尺寸如图4-5所示。试筒内壁、压柱的底面及底板的上表面等与石料接触的表面都应进行热处理,使表面硬化,达到维氏硬度HV65,并保持光滑状态。

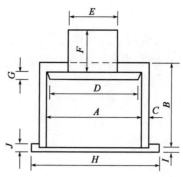

试筒、压柱和底板尺寸

部位	符号	名称	尺寸(mm)
试筒	A	内径	150 ± 0.3
	B	高度	125 ~ 128
	C	壁厚	≥12
压柱	D	压头直径	149 ± 0.2
	E	压杆直径	100 ~ 149
	F	压柱总长	100 ~ 110
	G	压头厚度	≥25
底板	H	直径	200 ~ 220
	I	厚度(中间部分)	6.4 ± 0.2
	J	边缘厚度	10 ± 0.2

图4-5　压碎指标值测定仪(尺寸单位:mm)

(2)金属棒:直径 10mm,长 450 ~ 600mm,一端加工成半球形。

(3)天平:称量 2 ~ 3kg,感量不大于 1g。

(4)标准筛:筛孔尺寸 13.2mm、9.5mm、2.36mm 方孔筛各 1 个。

(5)压力机:500kN,应能在 10min 内达到 400kN。

(6)金属筒:圆柱形,内径 112.0mm,高 179.4mm,容积 1767cm^3。

4.1.5.2　试验准备

采用风干石料用 13.2mm 和 9.5mm 标准筛过筛,取 9.5 ~ 13.2mm 的试样 3 组各 3000g。如过于潮湿需加热烘干时,烘箱温度不得超过 100℃,烘干时间不超过 4h。试验前,石料应冷却至室温。

每次试验的石料数量应满足夯击后石料在试筒内的深度为 100mm。

在金属筒中确定石料数量的方法如下:将试样分 3 次(每次数量大体相同)均匀装入试模中,每次均将试样表面整平,用金属棒的半球面端在石料表面均匀捣实 25 次。最后用金属棒作为直刮刀将表面仔细整平。称取量筒中试样质量 m_0。以相同质量的试样进行压碎值的平行试验。

4.1.5.3 测试步骤

(1)将试筒安放在底板上。将要求质量的试样分 3 次(每次数量大体相同)均匀装入试模中,每次均将试样表面整平,用金属棒的半球面端在石料表面均匀捣实 25 次。最后用金属棒作为直刮刀将表面仔细整平。

(2)将装有试样的试模放到压力机上,同时加压头放入试筒内石料面上,注意使压头摆平,勿楔挤试模侧壁。

(3)开动压力机,均匀地施加荷载,在 10min 左右的时间内达到总荷载 400kN,稳压 5s,然后卸荷。

(4)将试模从压力机上取下,取出试样。

(5)用 2.36mm 标准筛筛分经压碎的全部试样,可分几次筛分,均需筛到在 1min 内无明显的筛出物为止。称取通过 2.36mm 筛孔的全部细料质量 m_1,准确至 1g。

4.1.5.4 数据处理

粗集料压碎值按式(4-7)计算,精确至 0.1%。

$$Q'_a = \frac{m_1}{m_0} \times 100\% \tag{4-7}$$

式中:Q'_a——粗集料压碎值;

m_0——试验前试样质量,g;

m_1——试验后通过 2.36mm 筛孔的细料质量,g。

以 3 个试样平行试验结果的算术平均值作为压碎值的测定值。

4.1.6 无机结合料稳定材料无侧限抗压强度试验

参考《公路工程无机结合料稳定材料试验规程》(JTG E51—2009)。无机结合料主要指水泥、石灰、粉煤灰及其他工业废渣。在各种粉碎或原状松散的土、碎(砾)石、工业废渣中,掺入适当数量的无机结合料和水,经拌和得到的混合料在压实与养护后,抗压强度符合规定要求的材料称为无机结合料稳定类混合料。采用此类材料修筑的路面基层或底基层称为无机结合料稳定基层或无机结合料稳定底基层。

无机结合料稳定材料的强度比较高、稳定性好、抗冻性能强、结构本身自成板体,但其耐磨性差、易发生干缩开裂和温缩开裂、养护期长。

与无机结合料稳定材料无侧限抗压强度试验相关的内容见 4.1.6.1~4.1.6.4。

4.1.6.1 击实试验

(1)适用范围

在规定的试筒内,对水泥稳定材料(在水泥水化前)、石灰稳定材料及石灰(或水泥)粉煤灰稳定材料进行击实试验,以绘制稳定材料的含水率-干密度关系曲线,从而确定其最佳含水率和最大干密度。

集料的公称最大粒径宜控制在 37.5mm 以内(方孔筛)。

无机结合料稳定材料击实试验方法分三类,各类击实方法的主要参数列于表 4-6 中。

击实试验方法类别表

表 4-6

类别	锤的质量（kg）	锤击面直径（cm）	落高（cm）	试筒尺寸			锤击层数	每层锤击次数	平均单位击实功（J）	容许最大公称粒径（mm）
				内径（cm）	高（cm）	容积（cm³）				
甲	4.5	5.0	45	10.0	12.7	997	5	27	2.687	19.0
乙	4.5	5.0	45	15.2	12.0	2177	5	59	2.687	19.0
丙	4.5	5.0	45	15.2	12.0	2177	3	98	2.677	37.5

（2）仪器设备

击实筒：小型，内径 100mm、高 127mm 的金属圆筒，套环高 50mm，底座；大型，内径 152mm、高 170mm 的金属圆筒，套环高 50mm，直径 151mm 和高 50mm 的筒内垫块，底座。

多功能自控电动击实仪：击锤的底面直径 50mm，总质量 4.5kg。击锤在导管内的总行程为 450mm。可设置击实次数，并保证击锤自由垂直落下，落高应为 450mm，锤迹均匀分布于试样面。

脱模器。

（3）试验准备

①将具有代表性的风干试料（必要时，也可以在 50℃烘箱内烘干）用木锤捣碎或用木碾碾碎。土团均应破碎到能通过 4.75mm 的筛孔。但应注意不使粒料的单个颗粒破碎或不使其破碎程度超过施工中拌和机械的破碎率。

②如试料是细粒土，将已破碎的具有代表性的土过 4.75mm 筛备用（用甲法或乙法做试验）。如试料中含有粒径大于 4.75mm 的颗粒，则先将试料过 19mm 筛；如存留在 19mm 筛上的颗粒的含量不超过 10%，则过 26.5mm 筛，留作备用（用甲法或乙法做试验）。如试料中粒径大于 19mm 的颗粒含量超过 10%，则将试料过 37.5mm 筛；如果存留在 37.5mm 筛上的颗粒的含量不超过 10%，则过 53mm 的筛备用（用丙法试验）。

③在预定做击实试验的前一天，取有代表性的试料测定其风干含水率。对于细粒土，试样应不少于 100g；对于中粒土，试样应不少于 1000g；对于粗粒土的各种集料，试样应不少于 2000g。

④在试验前用游标卡尺准确测量试模的内径、高和垫块的厚度，以计算试筒的容积。

（4）试验步骤

在试验前，应将试验所需要的各种仪器设备准备齐全，测量设备应满足精度要求；调试击实仪器，检查其运转是否正常。

①甲法

A. 将已筛分的试样用四分法逐次分小，至最后取出约 10 ~ 15kg 试料。再用四分法将已取出的试料分成 5 ~ 6 份，每份试料的干质量为 2.0kg（对于细粒土）或 2.5kg（对于各种中粒土）。

B. 预定 5 ~ 6 个不同含水率，依次相差 0.5% ~ 1.5%，且其中至少有两个大于和两个小于最佳含水率。

C. 按预定含水率制备试样。将 1 份试料平铺于金属盘内，将事先计算得的该份试料中应加的水量均匀地喷洒在试料上，用小铲将试料充分拌和到均匀状态（如为石灰稳定材料、石灰粉煤灰综合稳定材料、水泥粉煤灰综合稳定材料和水泥石灰综合稳定材料，可将石灰或粉煤灰和试料一起拌匀),然后装入密闭容器或塑料口袋内浸润备用。

浸润时间要求:黏质土 12~24h,粉质土 6~8h,砂类土、砂砾土、红土砂砾、级配砂砾等可以缩短到 4h 左右,含土很少的未筛分碎石、砂砾和砂可缩短到 2h。浸润时间一般不超过 24h。

应加水量可按式(4-8)计算。

$$m_w = \left(\frac{m_n}{1 + 0.01w_n} + \frac{m_c}{1 + 0.01w_c} \right) \times 0.01w - \frac{m_n}{1 + 0.01w_n} \times 0.01w_n - \frac{m_c}{1 + 0.01w_c} \times 0.01w_c$$

(4-8)

式中:m_w——混合料中应加的水量,g;

m_n——混合料中素土(或集料)的质量,g;其原始含水率为 w_n,即风干含水率,%;

m_c——混合料中水泥或石灰的质量,g;其原始含水率为 w_c,%;

w——要求达到的混合料的含水率,%。

D.将所需要的稳定剂水泥加到浸润后的试样中,并用小铲、泥刀或其他工具充分拌和到均匀状态。水泥应在土样击实前逐个加入。加有水泥的试样拌和后,应在 1h 内完成下述击实试验。拌和后超过 1h 的试样,应予作废(石灰稳定材料和石灰粉煤灰稳定材料除外)。

E.试筒套环与击实底板应紧密连接。将击实筒放在坚实地面上,用四分法取制备好的试样 400~500g(其量应使击实后的试样等于或略高于筒高的 1/5)倒入筒内,整平其表面并稍加压紧,然后将其安装到多功能自控电动击实仪上,设定所需锤击次数,进行第 1 层试样的击实。第 1 层击实完后,检查该层高度是否合适,以便调整以后几层的试样用量。用刮土刀或螺丝刀将已击实层的表面拉毛,然后重复上述做法,进行其余 4 层试样的击实。最后一层试样击实后,试样超出筒顶的高度不得大于 6mm,超出高度过大的试件应该作废。

F.用刮土刀沿套环内壁削挖(使试样与套环脱离)后,扭动并取下套环。齐筒顶细心刮平试样,并拆除底板。如试样底面略突出筒外或有孔洞,则应细心刮平或修补。

最后用工字形刮平尺刮齐筒顶和筒底将试样刮平。擦净试筒的外壁,称其质量 m_1。

G.用脱模器推出筒内试样。从试样内部从上至下取两个有代表性的样品(可将脱出试件用锤打碎后,用四分法采取),测定其含水率,计算至 0.1%。两个试样的含水率的差值不得大于 1%。所取样品的数量见表 4-7(如只取一个样品测定含水率,则样品的质量应为表列数值的 2 倍)。擦净试筒,称其质量 m_2。

测稳定材料含水率的样品质量 表 4-7

公称最大粒径(mm)	样品质量(g)
2.36	约 50
19	约 300
37.5	约 1000

烘箱的温度应事先调整到 110℃左右,以使放入的试样能立即在 105~110℃的温度下烘干。

H.按上述步骤进行其余含水率下稳定材料的击实和测定工作。凡已用过的试样,一律不再重复使用。

②乙法

在缺乏内径 10cm 的试筒时,以及在需要与承载比等试验结合起来进行时,采用乙法进行

击实试验。本法更适宜于公称最大粒径达 19mm 的集料。与甲法的不同之处主要有两点：

A. 将已过筛的试料用四分法逐次分小,至最后取出约 30kg 试料。再用四分法将所取的试料分成 5 ~ 6 份,每份试料的干质量约为 4.4kg(细粒土)或 5.5kg(中粒土)。

B. 乙法应该将垫块放入筒内底板上,然后加料并击实。所不同的是,每层需取制备好的试样约 900g(对于水泥或石灰稳定细粒土)或 1100g(对于稳定中粒土),每层的锤击次数为 59 次。

③丙法

与甲法或乙法的不同之处主要有三点：

A. 将已过筛的试料用四分法逐次分小,至最后取约 33kg 试料。再用四分法将所取的试料分成 6 份(至少要 5 份),每份质量约 5.5kg(风干质量)。

B. 击实筒应放在坚实地面上,取制备好的试样 1.8kg 左右[其量应使击实后的试样略高于(高出 1 ~ 2mm)筒高的 1/3]倒入筒内,整平其表面,并稍加压紧。

C. 测含水率时,所取样品的数量应不少于 700g,如只取一个样品测定含水率,则样品的数量应不少于 1400g。

(5)数据处理

①稳定材料湿密度计算

按式(4-9)计算每次击实后稳定材料的湿密度：

$$\rho_w = \frac{m_1 - m_2}{V} \tag{4-9}$$

式中:ρ_w——稳定材料的湿密度,g/cm^3;

$\quad m_1$——试筒与湿试样的总质量,g;

$\quad m_2$——试筒的质量,g;

$\quad V$——试筒的容积,cm^3。

②稳定材料干密度计算

按式(4-10)计算每次击实后稳定材料的干密度：

$$\rho_d = \frac{\rho_w}{1 + 0.01w} \tag{4-10}$$

式中:ρ_d——试样的干密度,g/cm^3;

$\quad w$——试样的含水率,%。

③制图

以干密度为纵坐标、含水率为横坐标,绘制含水率-干密度曲线。曲线必须为凸形,如试验点不足以连成完整的凸形曲线,则应该进行补充试验。

将试验各点采用二次曲线方法拟合曲线,曲线的峰值点对应的含水率及干密度即为最佳含水率和最大干密度。

击实试验应做两次平行试验,取两次试验的平均值作为最大干密度和最佳含水率。两次重复性试验最大干密度的差不应超过 0.05g/cm^3(稳定细粒土)和 0.08g/cm^3(稳定中粒土和粗粒土),最佳含水率的差不应超过 0.5%(最佳含水率小于 10%)和 1.0%(最佳含水率大于 10%)。超过上述规定值,应重做试验,直到满足精度要求。

混合料密度计算应保留小数点后 3 位有效数字,含水率应保留小数点后 1 位有效数字。

4.1.6.2 振动压实试验

（1）适用范围

适用于在室内对水泥、石灰、石灰粉煤灰稳定粒料土基层材料进行振动压实试验，以确定材料在振动压实条件下的含水率-干密度曲线，确定其最佳含水率和最大干密度。

（2）仪器设备

钢模：内径152mm、高170mm、壁厚10mm；钢模套环：内径152mm、高50mm、壁厚10mm；筒内垫块：直径151mm、厚20mm；钢模底板：直径300mm、厚10mm。以上各部件如图4-6所示，可用螺栓固定成一体。

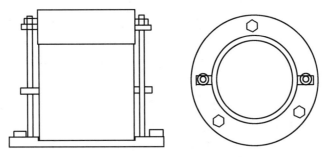

图4-6 钢模、钢模套环及钢模底座示意图

振动压实机：配有 ϕ150mm 的压头，静压力、激振力和频率可调。

（3）试验准备

①对集料进行筛分，按预定级配配好集料。如果集料的最大公称粒径不大于37.5mm，则直接备料；如果大于37.5mm的粒径含量超过10%，则过37.5mm筛备用，筛分后记录超尺寸颗粒的百分率。

②在预定做击实试验的前一天，取有代表性的试料测定其风干含水率。对于细料，试样应不少于100g；对于中粒料，试样应不少于1000g；对于粗粒料，试样应不少于2000g。同时测定石灰和水泥的含水率。

（4）试验步骤

①调节振动压实机上下车的配重块数、偏心块夹角和变频器的频率。对无机结合料稳定粒料一般选用面压力约为0.1MPa，激振力约6800N，振动频率为28～30Hz的振实条件。

②将准备好的各种粗、细集料按照预定的混合料级配配制5～6份，每份试料的干质量约为5.5～6.5kg。

③预定5～6个不同含水率，依次相差1%～2%，且其中至少有两个大于和两个小于最佳含水率。

④按预定含水率制备试样。

将1份试料平铺于金属盘内，将事先计算得到的该份试料中应加的水量均匀地喷洒在试料上，用小铲将试料充分拌和到均匀状态，然后装入密闭容器或塑料口袋内浸润备用。

⑤将所需要的结合料，如水泥加到浸润后的试料中，并用小铲、泥刀或其他工具充分拌和到均匀状态。加有水泥的试料拌和后，应在1h内完成振实试验。拌和后超过1h的试样，应予作废（石灰稳定和石灰粉煤灰稳定除外）。

⑥将钢模套环、钢模及钢模底板紧密连接,然后将其放在坚实地面上。将拌和好的混合料按四分法分成 4 份,将对角的两份依次倒入筒内,一边倒一边用直径 2cm 左右的木棒插捣。混合料应分两次装完,整平其表面并稍加压紧,然后将钢模连同混合料放在振动压实机的钢模底板上,用螺栓将钢模底板与振动压实机底板固定在一起。

⑦将振动压头对准钢模后,拉动手动葫芦放下振动器,使振动压头与钢模内的混合料紧密接触,然后取下手动葫芦吊钩,放好手动葫芦拉链。检查振动压实机上的螺栓及相关连接处,确定没有任何物品放在振动压实机上。

⑧启动振动压实机开关,开始振动压实。仔细观察振实压实情况,在振动压头回弹跳起时关闭机器,记下振动压实时间。

⑨用手动葫芦拉起振动压头。用刮土刀或螺丝刀将已振实层的表面拉毛,然后将剩下的混合料加入试模中,一边倒一边用直径 2cm 左右的木棒插捣,整平其表面并稍加压紧,重复上述振动试验。

⑩振动完毕后,用手动葫芦拉起振动压头。松开钢模底板的螺栓,将钢模连同经过振实的混合料一起卸下。用刮土刀沿套环内壁稍稍挖松振实后的混合料,以便使混合料与套环脱离,松开螺栓后小心扭动并取下钢模套环,然后检查钢模内振实后的材料高度是否合适。经过振实的混合料不能低于钢模的边缘,同时,振实后的混合料也不能高出钢模边缘 10mm,否则作废。

齐钢模顶用刮土刀仔细刮平混合料,如混合料顶面略突出筒外或有孔洞,则应仔细刮平或修补。拆除底板,擦净钢模外壁,称取钢模与混合料的质量 m_1。

用脱模器推出钢模内混合料。用锤将经过振实的混合料打碎后,从其中心部分取 2000 ~ 2500g 的混合料,装入金属盆中。将金属盆连同混合料一起放入 110℃ 的烘箱中烘干 12h,测定其含水率,并计算相应的干密度。擦净试筒,称其质量 m_2。

(5)数据处理

参照无机结合料稳定材料击实试验方法的计算方法、制图方法计算出稳定材料的湿密度和干密度,并绘制含水率-干密度曲线。

(6)注意事项

①振动击实法适用于粗集料含量较大的稳定材料。一般来说,振动压实试验确定的最佳含水率小于击实试验确定的最佳含水率,最大干密度大于击实试验确定的最大干密度。由于还未建立起振动压实试验测试的干密度与击实试验和工程现场振动压实效果的相关关系,因此该试验方法主要用于室内研究。

②对于水泥稳定类材料,从加水拌和到进行压实试验间隔的时间愈长,水泥的水化作用和结硬程度就愈大,因此要求以水泥为结合料的试验拌和后要在 1h 内完成试验。

③振动容易对仪器造成损伤,在振动压实前需仔细检查仪器螺栓的紧固程度,操作时一定要遵守操作规程,不可疏忽大意。振动压实过程较短,应认真观察振动压实机压头是否达到跳起的状态,不要使振动压实机长时间在回弹跳起状态运行。

④由于振动压实中水分的影响作用显著,高含水率下压头回弹跳起现象很难出现,振动时间太长会使试料大量挤出。因此,确定不同含水率下的压实效果时,中等或较低含水率下以压头回弹跳起为控制条件;高含水率下以试料挤出为停止振动压实的控制条件。

⑤含有砾石或碎石颗粒的中粒料特别是粗粒料难于刮平。在整平过程中可允许某些大颗粒

露出表面,但同时要取出某些颗粒使表面有些空洞,尽可能使突出的体积与空洞的体积相等。

4.1.6.3　试件制作方法

（1）适用范围

本方法适用于无机结合料稳定材料的无侧限抗压强度、间接抗拉强度、室内抗压回弹模量、动态模量、劈裂模量等试验的圆柱形试件。

（2）仪器设备

试模:细粒土,试模的直径×高=ϕ50mm×50mm;中粒土,试模的直径×高=ϕ100mm×100mm;粗粒土,试模的直径×高=ϕ150mm×150mm。适用于下列不同土的试模尺寸如图4-7所示。

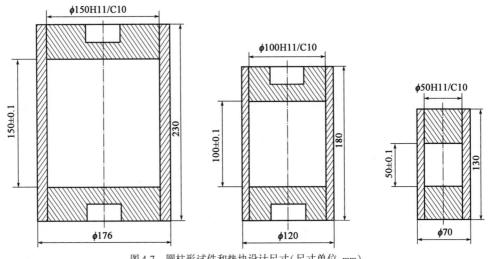

图4-7　圆柱形试件和垫块设计尺寸(尺寸单位:mm)

电动脱模器;

反力架:反力为400kN以上;

液压千斤顶:200~1000kN;

压力试验机:可替代千斤顶和反力架,量程不小于2000kN,行程、速度可调。

（3）试验准备

①试件的径高比一般为1∶1,根据需要也可成型1∶1.5或1∶2的试件。试件的成型根据需要的压实度水平,按照体积标准,采用静力压实法制备。

②将具有代表性的风干试料(必要时,可以在50℃烘箱内烘干),用木锤捣碎或用木碾碾碎,但应避免破坏粒料的原粒径。按照公称最大粒径的大一级筛,将土过筛并进行分类。

③在预定做试验的前一天,取有代表性的试料测定其风干含水率。对于细粒土,试样应不少于100g;对于中粒土,试样应不少于1000g;对于粗粒土,试样应不少于2000g。

④按照击实试验法或振动压实试验法确定无机结合料稳定材料的最佳含水率和最大干密度。

⑤根据最大干密度的大小,称取一定质量的风干土,其质量随试件大小而变。对ϕ50mm×50mm的试件,1个试件约需干土180~210g;对于ϕ100mm×100mm的试件,1个试件约需干

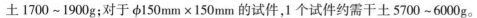

土 1700～1900g;对于 ϕ150mm×150mm 的试件,1 个试件约需干土 5700～6000g。

对于细粒土,一次可称取 6 个试件的土;对于中粒土,一次宜称取一个试件的土;对于粗粒土,一次只称取一个试件的土。

⑥将准备好的试料分别装入塑料袋中备用。

(4)试验步骤

①调试成型所需要的各种设备,检查是否运行正常;将成型用的模具擦拭干净,并涂抹机油。成型中、粗粒土时,试模筒的数量应与每组试件的个数相配套。上、下垫块应与试模筒相配套,上、下垫块能够刚好放入试筒内上下自由移动(一般来说,上、下垫块直径比试筒内径小约 0.2mm)且上、下垫块完全放入试筒后,试筒内未被上、下垫块占用的空间体积能满足径高比为 1:1 的设计要求。

②对于无机结合料稳定细粒土,至少应该制备 6 个试件;对于无机结合料稳定中粒土和粗粒土,至少应该分别制备 9 个和 13 个试件。

③根据最大干密度、最佳含水率、无机结合料的配合比、压实度来计算每份料的加水量、无机结合料的质量。

④将称好的土放在长方盘(约 400mm×600mm×70mm)内。向土中加水拌料、闷料。对于石灰稳定材料、水泥和石灰综合稳定材料、石灰粉煤灰综合稳定材料、水泥粉煤灰综合稳定材料,可将石灰或粉煤灰和土一起拌和,而水泥则不参与拌和以及随后的闷料过程。将拌和均匀后的试料放在密闭容器或塑料袋(封口)内浸润备用。

对于细粒土(特别是黏质土),浸润时的含水率应比最佳含水率小 3%;对于中粒土和粗粒土,可按最佳含水率加水;对于水泥稳定类材料,加水量应比最佳含水率小 1%～2%。

浸润时间要求为:黏质土 12～24h,粉质土 6～8h,砂类土、砂砾土、红土砂砾、级配砂砾等可以缩短到 4h 左右,含土很少的未筛分碎石、砂砾及砂可以缩短到 2h。浸润时间一般不超过 24h。

⑤在试件成型前 1h 内,加入预定数量的水泥并拌和均匀。在拌和过程中,应将预留的水(对于细粒土为 3%,对于水泥稳定类为 1%～2%)加入土中,使混合料达到最佳含水率。拌和均匀的加有水泥的混合料应在 1h 内按下述方法制成试件,超过 1h 的混合料应该作废。其他结合料稳定材料,混合料虽不受此限,但也应尽快制成试件。

⑥用反力架和液压千斤顶,或采用压力试验机制件。

将试模配套的下垫块放入试模的下部,但外露 2cm 左右。将称量的规定数量的稳定材料混合料分 2～3 次灌入试模中,每次灌入后用夯棒轻轻均匀插实。如制取 ϕ50mm×50mm 的小试件,则可以将混合料一次倒入试模中,然后将与试模配套的上垫块放入试模内,也应使其外露 2cm 左右(即上、下垫块露出试模外的部分应该相等)。

⑦将整个试模(连同上、下垫块)放到反力架内的千斤顶上(千斤顶下应放一扁球座)或压力机上,以 1mm/min 的加荷速率加压,直到上、下压柱都压入试模为止。维持压力 2min。

⑧解除压力后,取下试模,并放到脱模器上将试件顶出。用水泥稳定有黏结性的材料(如黏质土)时,制件后可以立即脱模;用水泥稳定无黏结性细粒土时,最好过 2～4h 再脱模;对于中、粗粒土的无机结合料稳定材料,也最好过 2～6h 脱模。

⑨在脱模器上取试件时,应用双手抱住试件侧面的中下部,然后沿水平方向轻轻旋转,待感觉到试件移动后,再将试件轻轻捧起,放置到试验台上。切勿直接将试件向上捧起。

⑩称试件的质量 m_2,小试件精确至 $0.01g$,中试件精确至 $0.01g$,大试件精确至,$0.1g$。然后用游标卡尺测量试件高度 h,精确至 $0.1mm$。检查试件的高度和质量,不满足成型标准的试件作为废件。

⑪试件称量后应立即放在塑料袋中封闭,并用潮湿的毛巾覆盖,移放至养护室。

(5)数据处理

单个试件的标准质量:

$$m_0 = V \times \rho_{max} \times (1 + 0.01 w_{opt}) \times \gamma \tag{4-11}$$

考虑到试件成型过程中的质量损耗,实际操作过程中每个试件的质量可增加 0% ~ 2%,即:

$$m'_0 = m_0 \times (1 + \delta) \tag{4-12}$$

每个试件的干料(包括干土和无机结合料)总质量:

$$m_1 = \frac{m'_0}{1 + 0.01 w_{opt}} \tag{4-13}$$

每个试件中的无机结合料质量:

外掺法

$$m_2 = m_1 \times \frac{\alpha}{1 + \alpha} \tag{4-14}$$

内掺法

$$m_2 = m_1 \times \alpha \tag{4-15}$$

每个试件中的干土质量:

$$m_3 = m_1 - m_2 \tag{4-16}$$

每个试件中的加水量:

$$m_w = (m_2 + m_3) \times 0.01 w_{opt} \tag{4-17}$$

验算:

$$m'_0 = m_2 + m_3 + m_w \tag{4-18}$$

式中:V——试件体积,cm^3;

 ρ_{max}——混合料最大干密度,g/cm^3;

 w_{opt}——混合料最佳含水率,%;

 γ——混合料压实度标准,%;

m_0、m'_0——混合料质量,g;

 m_1——干混合料质量,g;

 m_2——无机结合料质量,g;

 m_3——干土质量,g;

 δ——计算混合料质量的冗余量,%;

 α——无机结合料的掺量,%;

 m_w——加水质量,g。

小试件的高度误差范围应为 $-0.1 \sim 0.1cm$,中试件的高度误差范围应为 $-0.1 \sim 0.15cm$,

大试件的高度误差范围应为 $-0.1\sim0.2\text{cm}$。

质量损失:小试件应不超过标准质量5g,中试件应不超过25g,大试件应不超过50g。

4.1.6.4 养护试验方法

(1)适用范围

本方法适用水泥稳定材料类和石灰、二灰稳定材料类的养护。

标准养护方法是指无机结合料稳定类材料在规定的标准温度和湿度环境下强度增长的过程。快速养护是为了提高试验效率,采用提高养护温度缩短养护时间的养护方法。

本方法规定了无机结合料稳定材料的标准养护和快速养护的试验方法和步骤。在采用快速养护时,应建立快速养护条件下与标准养护条件下,混合料的强度发展的关系曲线,并确定标准养护的长龄期强度对应的快速养护短龄期。

(2)仪器设备

标准养护室:标准养护室温度为 $20℃\pm2℃$,相对湿度在95%以上。

高温养护室:能保持试件养护温度为 $60℃\pm1℃$,相对湿度在95%以上。容积能满足试验要求。

(3)试验步骤

①标准养护方法

A.试件从试模内脱出并量高、称质量后,中试件和大试件应装入塑料袋内。试件装入塑料袋后,将袋内的空气排除干净,扎紧袋口,将包好的试件放入养护室。

B.标准养护的温度为 $20℃\pm2℃$,标准养护的湿度为≥95%。试件宜放在铁架或木架上,间距至少 $10\sim20\text{mm}$。试件表面应保持一层水膜,并避免用水直接冲淋。

C.对无侧限抗压强度试验,标准养护龄期是7d,最后一天浸水。对弯拉强度、间接抗拉强度,水泥稳定材料类的标准养护龄期是90d,石灰稳定材料类的标准养护龄期是180d。

D.在养护期的最后一天,将试件取出,观察试件的边角有无磨损和缺块,并量高、称质量,然后将试件浸泡于 $20℃\pm2℃$ 水中,应使水面在试件顶上约2.5cm。

②快速养护方法

A.快速养护龄期的确定

将一组无机结合料稳定材料在标准养护条件下养护180d(石灰稳定类材料养护180d,水泥稳定类材料养护90d)测试抗压强度值。

将同样的一组无机结合料稳定材料,在高温养护条件下($60℃\pm1℃$,湿度≥95%)下养护7d、14d、21d、28d 等,进行不同龄期的抗压强度试验,建立高温养护条件下强度-龄期的相关关系。

在强度-龄期关系曲线上,找出标准养护长龄期强度对应的高温养护的短龄期,并以此作为快速养护的龄期。

B.快速养护试验步骤

将高温养护室的温度调至规定的温度($60℃\pm1℃$),湿度也保持在95%以上,并能自动控温控湿。

将制备的试件量高、称质量后,小心装入塑料袋内。试件装入塑料袋后,将袋内的空气排除干净,并将袋口扎紧,将包好的试件放入养护箱中。

养护期的最后一天,将试件从高温养护室内取出,晾至室温(约2h),再打开塑料袋取出试

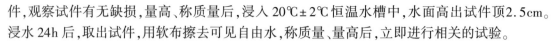

件,观察试件有无缺损,量高、称质量后,浸入 20℃±2℃ 恒温水槽中,水面高出试件顶 2.5cm。浸水 24h 后,取出试件,用软布擦去可见自由水,称质量、量高后,立即进行相关的试验。

(4)结果整理

如养护期间有明显的边角缺损,试件应该作废。

对于养护 7d 的试件,在养护期间,试件质量损失应符合下列规定:小试件不超过 1g;中试件不超过 4g;大试件不超过 10g。质量损失超过此规定的试件,应予作废。

对于养护 90d 和 180d 的试件,在养护期间,试件质量的损失应符合下列规定:小试件不超过 1g;中试件不超过 10g;大试件不超过 20g。质量损失超过此规定的试件,应予作废。

4.1.6.5　无侧限抗压强度试验

(1)主要测试仪器设备

①压力机或万能试验机。

②电子天平:量程 15kg,感量 0.1g;量程 4000g,感量 0.01g。

(2)试件制作与养护

①细粒土,试模的直径 × 高 = ϕ50mm × 50mm;中粒土,试模的直径 × 高 = ϕ100mm × 100mm;粗粒土,试模的直径 × 高 = ϕ150mm × 150mm。

②按照规定方法成型径高比为 1:1 的圆柱形试件。

③按照标准养护方法养护 7d。

④将试件两顶面用刮刀刮平,必要时可用快凝水泥砂浆抹平试件顶面。

⑤为保证试验结果的可靠性和准确性,每组试件的数目要求为:小试件不少于 6 个、中试件不少于 9 个、大试件不少于 13 个。

(3)测试步骤

①根据试验材料的类型和一般的工程经验,选择合适量程的测力计和压力机,试件破坏荷载应大于测力量程的 20% 且小于测力量程的 80%。球形支座和上下顶板涂上机油,使球形支座能够灵活转动。

②将已浸水 24h 的试件从水中取出,用软布吸去试件表面的水分,并称试件的质量。

③用游标卡尺测量试件的高度精确至 0.1mm。

④将试件放在路面材料强度试验仪或压力机上,并在升降台上先放一扁球座,进行抗压试验。试验过程中,应保持加荷速率为 1mm/min,记录试件破坏时的最大压力 P(N)。

⑤从试件内部取有代表性的样品(经过打破),按照规定方法,测定其含水率。

(4)数据处理

试件的无侧限抗压强度按式(4-19)计算。

$$R_c = \frac{P}{A} \tag{4-19}$$

式中:R_c——试件的无侧限抗压强度,MPa;

　　　P——试件破坏时的最大压力,N;

　　　A——试件的截面面积,mm^2;

抗压强度保留 1 位小数。

同一组试件试验中,采用3倍均方差方法剔除异常值,小试件可以允许有1个异常值,中试件1~2个异常值,大试件2~3个异常值。异常值数量超过上述规定的试验重做。

同一组试验的变异系数 $C_v(\%)$ 符合下列规定,方为有效试验:小试件 $C_v(6\%)$、中试件 $C_v(10\%)$、大试件 $C_v(15\%)$。如不能保证试验结果的变异系数小于规定的值,则应按允许误差10%和90%概率重新计算所需的试件数量,增加试件数量并另做新试验。新试验结果与老试验结果一并重新进行统计评定,直到变异系数满足上述规定。

4.1.7 无机结合料稳定材料抗压回弹模量试验

参考《公路工程无机结合料稳定材料试验规程》(JTG E51—2009)。抗压回弹模量是指试件轴向承受一定压力时产生单位变形所需的应力。

4.1.7.1 主要测试设备

(1)杠杆式压力仪或其他合适的仪器:荷载量程大于1.5kN。

(2)承载板:直径37.4mm,面积11cm²。

(3)千分表(1/1000mm):两只。

(4)电子天平:量程15kg,感量0.1g;量程4000g,感量0.01g。

4.1.7.2 试件制作

(1)采用 $\phi150\text{mm} \times 150\text{mm}$ 试件进行试验。

(2)将具有代表性的风干试料(必要时,也可以在50℃烘箱内烘干)用木锤捣碎或用木碾碾碎,但应避免破碎粒料的原粒径。将土过筛并进行分类,除去大于4.75mm的颗粒备用。

(3)在预定做试验的前一天,取有代表性的试料测定其风干含水率。对于细粒土,试样应不少于100g。

(4)按照规定的击实试验确定无机结合料稳定材料的最佳含水率和最大干密度。

(5)稳定细粒土应做13个试件,并使试验结果的变异系数不超过15%。

(6)按照规定方法制备试件及养护。

4.1.7.3 测试步骤

(1)承载板上单位压力的选定值:对于无机结合料稳定基层材料,用0.5~0.7MPa;对于无机结合料稳定底基层材料,用0.2~0.4MPa。实际加荷的最大单位压力应略大于选定值。

(2)将试件浸水24h后从水中取出,并用布擦干后放在杠杆式压力仪上,用小圆板将试件中心部分磨平(必要时用0.25~0.5mm的细砂填充表面细小孔隙)后,安置承载板。调平杠杆,使加砝码端略向下倾。安置千分表。

(3)预压:先用拟施加的最大荷载的一半进行两次加荷卸载预压试验,使承载板与试件顶面紧密接触。第2次卸载后等待1min,然后将千分表的短指针调到中间位置,长指针调到0。记录千分表的原始读数。

(4)回弹变形测量:将预定的单位压力分成5~6等份,作为每次施加的压力值。实际施加的荷载应较预定级数增加1级。施加第1级荷载(如为预定最大荷载的1/6),待荷载作用达1min时,记录千分表的读数。同时卸去荷载,让试件的弹性变形恢复。到0.5min时记录千

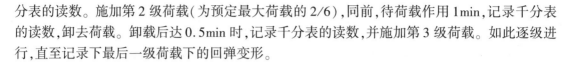

分表的读数。施加第 2 级荷载(为预定最大荷载的 2/6),同前,待荷载作用 1min,记录千分表的读数,卸去荷载。卸载后达 0.5min 时,记录千分表的读数,并施加第 3 级荷载。如此逐级进行,直至记录下最后一级荷载下的回弹变形。

4.1.7.4 数据处理

(1)按式(4-20)计算每级荷载下的回弹变形 L。

$$L = 加荷时平均读数 - 卸载后平均读数 \tag{4-20}$$

(2)以单位压力 p 为横坐标(向右)、回弹变形 L 为纵坐标(向下),绘制 p 与 L 关系曲线。若曲线开始段出现下凹现象,需进行修正。修正时,一般情况下将第 1 个和第 2 个试验点取成直线,并延长此直线与纵坐标轴相交,此交点即为新原点。

(3)按式(4-21)计算抗压回弹模量。

$$E_c = \frac{\pi p d}{4l}(1 - \mu^2) \tag{4-21}$$

式中:E_c——抗压回弹模量,MPa;

p——单位压力,MPa;

d——承载板直径,mm;

l——相应单位压力 p 的回弹变形,mm;

μ——泊松系数,可取 0.25。

(4)计算全部试件的算术平均值、标准差和变异系数。

抗压回弹模量用整数表示。

同一组试件试验中,采用 3 倍均方差方法剔除异常值,大试件可以有 2～3 个异常值。异常值数量超过上述规定的试验重做。

对于无机结合料稳定细粒土,要求模量试验结果的变异系数不超过 15%;如不能保证变异系数小于上述规定,则还应按允许误差 10% 和 90% 概率重新计算增加试件数量,并另做新试验。新试验结果与老试验结果一并重新进行统计评定,直到变异系数满足上述规定。

4.1.8　砖抗压强度试验

砖是指建筑用的人造小型块材,分烧结砖(主要指黏土砖)和非烧结砖(灰砂砖、粉煤灰砖等),俗称砖头。砖是最传统的砌体材料。中国在春秋战国时期陆续创制了方形和长形砖,秦汉时期制砖的技术和生产规模、质量和花式品种都有显著发展,世称"秦砖汉瓦"。凡以黏土、页岩、煤矸石或粉煤灰为原料,经成型和高温焙烧而制得的用于砌筑承重和非承重墙体的砖统称为烧结砖。烧结砖按主要原料分为黏土砖(N)、页岩砖(Y)、煤矸石砖(M)、粉煤灰砖(F)、建筑渣土砖(Z)、淤泥砖(U)、污泥砖(W)、固体废弃物砖(G)。黏土砖以黏土(包括页岩、煤矸石等粉料)为主要原料,经泥料处理、成型、干燥和焙烧而成。烧结普通砖的强度等级分为五级:MU10、MU15、MU20、MU25、MU30,如表4-8 所示。砖的外形为直角六面体,其公称尺寸为:长 240mm、宽 115mm、高 53mm。

按孔洞率分实心砖、多孔砖(≥28%)、多孔砌块(≥33%)和空心砖(≥40%)。

蒸压灰砂砖是以石灰和砂为主要原料,经胚料制备、压制成型,高压蒸汽养护而成的实心砖。参考《蒸压灰砂实心砖和实心砌块》(GB/T 11945—2019)。

烧结普通砖强度等级 表4-8

强度等级	MU10	MU15	MU20	MU25	MU30
抗压强度平均值 f(MPa)	≥10.0	≥15.0	≥20.0	≥25.0	≥30.0
强度标准值 f_k(MPa)	≥6.5	≥10.0	≥14.0	≥18.0	≥22.0

混凝土实心砖是以水泥、集料,以及根据需要加入的掺合料、外加剂等,经加水搅拌、成型、养护制成的。混凝土实心砖的抗压强度分为 MU15、MU20、MU25、MU30、MU35MU40 六个等级。主要规格为 240mm × 115mm × 53mm。混凝土实心砖强度等级如表4-9所示。

混凝土实心砖强度等级 表4-9

强度等级	抗压强度(MPa)	
	平均值	单块最小值
MU15	≥15.0	≥12.0
MU20	≥20.0	≥16.0
MU25	≥25.0	≥21.0
MU30	≥30.0	≥26.0
MU35	≥35.0	≥30.0
MU40	≥40.0	≥35.0

4.1.8.1 烧结普通砖抗压强度试验

(1)主要测试设备

压力试验机,示值相对误差不超过 ±1%,其上、下加压板至少应有一个球铰支座,预期最大破坏荷载应在量程的 20% ~80% 之间;切割设备。

(2)试样制备

试样数量为 10 块。

①一次成型制样

一次成型制样适用于采用样品中间部位切割,交错叠加灌浆制成强度试验试样的方式。将试样锯成两个半截砖,两个半截砖用于叠合部分的长度不得小于100mm,如图4-8所示。如果不足 100mm,应另取备用试样补足。

将已切割开的半截砖放入室温的净水中浸 20~30min 后取出,在铁丝网架上滴水 20~30min,以断口相反方向装入制样模具中。用插板控制两个半砖间距不应大于 5mm,砖大面与模具间距不应大于 3mm,砖断面、顶面与模具间垫以橡胶垫或其他密封材料,模具内表面涂油或脱膜剂。一次成型制样模具及插板如图4-9所示。

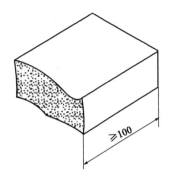

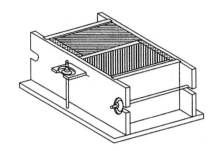

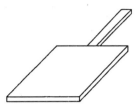

图 4-8　半截砖长度示意图　　　　　　　图 4-9　一次成型制样模具及插板
　　　　　（尺寸单位：mm）

②二次成型制样

二次成型制样适用于采用整块样品上下表面灌浆制成强度试验试样的方式。

将整块试样放入室温的净水中浸 20～30min 后取出，在铁丝网架上滴水 20～30min。

按照净浆材料配制要求，置于搅拌机中搅拌均匀。

模具内表面涂油或脱膜剂，加入适量搅拌均匀的净浆材料，将整块试样一个承压面与净浆接触，装入制样模具中，承压面找平层厚度不应大于 3mm。接通振动台电源，振动 0.5～1min，停止振动，静置至净浆材料初凝（约 15～19min）后拆模。按同样方法完成整块试样另一承压面的找平。二次成型制样模具如图 4-10 所示。

③非成型制样

非成型制样适用于试样无须进行表面找平处理制样的方式。

将试样锯成两个半截砖，两个半截砖用于叠合部分的长度不得小于 100mm。如果不足 100mm，应另取备用试样补足。

两半截砖切断口相反叠放，叠合部分不得小于 100mm，如图 4-11 所示，即为抗压强度试样。

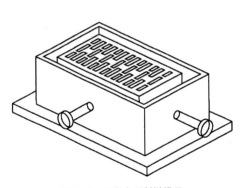

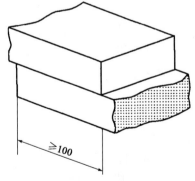

图 4-10　二次成型制样模具　　　　图 4-11　半砖叠合示意图（尺寸单位：mm）

（3）试样养护

一次成型制样、二次成型制样在不低于 10℃ 的不通风室内养护 4h。

非成型制样不需养护，试样气干状态直接进行试验。

（4）试验步骤

测量每个试样连接面或受压面的长、宽尺寸各两个，分别取其平均值，精确至1mm。

将试样平放在加压板的中央，垂直于受压面加荷，应均匀平稳，不得发生冲击或振动。加荷速度以2~6kN/s为宜，直至试样破坏为止，记录最大破坏荷载P。

（5）数据处理

每块试样的抗压强度R_p按式（4-22）计算。

$$R_p = \frac{P}{L \times B} \tag{4-22}$$

式中：R_p——抗压强度，MPa；

　　　P——最大破坏荷载，N；

　　　L——受压面（连接面）的长度，mm；

　　　B——受压面（连接面）的宽度，mm。

试验结果以试样抗压强度的算术平均值和标准值或单块最小值表示。

根据《烧结普通砖》（GB/T 5101—2017）规定，抗压强度试验的试样数量为10块，加荷速度为5kN/s±0.5kN/s，强度标准差s按式（4-23）计算。

$$s = \sqrt{\frac{1}{9} \sum_{i=1}^{10} (f_i - \bar{f})^2} \tag{4-23}$$

式中：s——10块试样的抗压强度标准差，MPa，精确至0.01；

　　　f_i——单块试样抗压强度值，MPa，精确至0.01；

　　　$\bar{f}$——10块试样的抗压强度平均值，MPa，精确至0.1。

按表4-8中抗压强度平均值$\bar{f}$、强度标准值f_k评定砖的强度等级。样本量$n=10$时，强度标准值按式（4-24）计算。

$$f_k = \bar{f} - 1.83s \tag{4-24}$$

式中：f_k——强度标准值，MPa，精确至0.01。

4.1.8.2　混凝土路面砖抗压强度试验

（1）主要测试设备

压力试验机，示值相对误差不超过±1%，其下加压板应为球铰支座，预期最大破坏荷载应在量程的20%~80%之间。

（2）试样制备

①高度>40mm且<90mm的混凝土砖试样制备

将试样切断或锯成两个半截砖，断开的半截砖长不得小于90mm，如图4-12所示。如果不足90mm，应另取备用试样补足。

在试样制备平台上，将已断开的两个半截砖的坐浆面用不滴水的湿抹布擦拭后，以断口相反方向叠放，两者中间抹以厚度不超过3mm、用42.5级的普通硅酸盐水泥调制成稠度适宜的水泥净浆，水灰比不大于0.3，上、下两面用厚度不超过3mm的同种水泥浆抹平。制成的试件上、下两面须相互平行,并垂直于侧面,如图 4-13 所示。

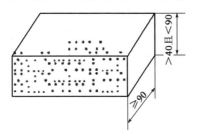

图 4-12　半截砖长度示意图(尺寸单位:mm)

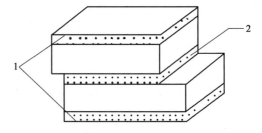

图 4-13　水泥净浆层厚度示意图
1-净浆层厚 <3mm;2-净浆层厚 <5mm

②高度 290mm 的混凝土砖的试样制备

试样制作采用坐浆法,即将玻璃板置于试样制备平台上,其上铺一张湿的垫纸,纸上铺一层厚度不超过 3mm 的 42.5 级的普通硅酸盐水泥调制成稠度适宜的水泥净浆,再将试样的坐浆面用湿抹布湿润后,将受压面平稳地坐放在水泥浆上,在另一受压面上稍加压力,使整个水泥层与砖受压面相互黏结,砖的侧面应垂直于玻璃板。待水泥浆适当凝固后,连同玻璃板翻放在另一铺纸放浆的玻璃板上,再进行坐浆,用水平尺校正好玻璃板的水平。

(3)试样养护

制成的抹面试样应置于不低于 20℃±5℃ 的不通风室内养护不少于 3d 再进行试验。

(4)试验步骤

测量每个试样连接面或受压面的长、宽尺寸各两个,分别取其平均值,精确至 1mm。

将试样平放在加压板的中央,垂直于受压面加荷,应均匀平稳,不得发生冲击或振动。加荷速度以 4 ~6kN/s 为宜,直至试样破坏为止,记录最大破坏荷载 P。

(5)数据处理

混凝土路面砖每块试样的抗压强度按式(4-22)计算,精确至 0.01MPa。

4.2　材料拉伸性能测试

拉伸试验是指在承受轴向拉伸荷载下测定材料特性的试验方法,是材料机械性能试验的基本方法之一。单向静拉伸试验是指在试样两端缓慢地施加荷载,使试样的工作部分受轴向拉力,引起试样沿轴向伸长,直至拉断为止。单向静拉伸试验的种类包括室温拉伸试验、高温拉伸试验、低温拉伸试验和液氮温度拉伸试验。本节主要介绍材料的室温拉伸试验。

所谓拉伸力学性能实质为拉伸应力-应变曲线各变形阶段的特征点对应的特征应力和应变值。条件屈服极限、强度极限、伸长率和断面收缩率是拉伸试验经常要测定的四项性能指标。此外还可测定材料的弹性模量、比例极限、弹性极限等。

强度通常是指材料在外力作用下抵抗产生弹性变形、塑性变形和断裂的能力。材料在承受拉伸载荷时,当荷载不增加而仍继续发生明显塑性变形的现象叫作屈服。产生屈服时的应力,称屈服点或称屈服强度,用 σ_s(Pa)表示。工程上有许多材料没有明显的屈服点,通常把材料产生的残余塑性变形为 0.2% 时的应力值作为屈服强度,称条件屈服极限或条件屈服强度,用 $\sigma_{0.2}$ 表示。材料在断裂前所达到的最大应力值,称抗拉强度或强度极限,用 $\sigma_{b}(Pa)$ 表示。

塑性是指金属材料在荷载作用下产生塑性变形而不致破坏的能力,常用的塑性指标是延伸率和断面收缩率。延伸率又叫伸长率,是指材料试样受拉伸荷载折断后,总伸长度同原始长度比值的百分数,用 δ 表示。断面收缩率是指材料试样在受拉伸荷载拉断后,断面缩小的面积同原截面面积比值的百分数,用 ψ 表示。

土木结构工程中,常用钢材承担拉应力,如混凝土中的钢筋、钢结构中的受拉杆件等。因此,钢材的抗拉强度是其最为重要的力学性能。混凝土主要作为受压构件,设计时一般不考虑其抗拉强度,因为混凝土承受拉应力时的极限强度远比混凝土抗压强度小,只有立方体抗压强度的 1/17 ~ 1/8。但在个别如筒仓、储罐及水池等结构中,混凝土的抗拉强度高有助于提升结构的抗裂性。

不同种类的材料其拉伸性能差异很大,如图 4-15 所示,绝大多数无机材料的变形行为如图 4-14 中曲线 a 所示,即在弹性变形后没有塑性变形(或塑性变形很小),随之断裂,总弹性应变能非常小,这是脆性材料的特征;对于延性材料,如碳钢,开始为弹性形变,随后发生弹塑性形变,最后断裂,总变形能很大,如图 4-14 中曲线 b 所示。橡胶类的高分子材料具有极大的弹性形变,如图 4-14 中曲线 c 所示,称为弹性材料。

拉伸试验时,应力-应变曲线起始段是一条直线。作为斜率的弹性模量 E 反映了材料的刚性,E 值越大,表明要达到相同应变所需的应力越大,即材料刚度越大,亦即在一定应力作用下,发生弹性变形越小。弹性模量是工程材料重要的性能参数,从宏观角度来说,弹性模量是衡量物体抵抗弹性变形能力大小的尺度,从微观角度来说,则是原子、离子或分子之间键合强度的反映。

图 4-14 仅是三大类材料的典型应力-应变曲线,实际上每一大类不同材料的应力-应变曲线差异也很大。

如图 4-15 所示为不同含碳量钢材的应力-应变曲线。根据曲线的特征,低碳钢在受拉过程中有明显的弹性、屈服、强化和颈缩 4 个阶段,而高碳钢则没有明显的屈服点。

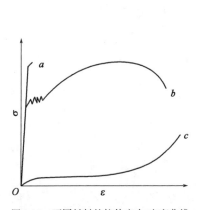

图 4-14　不同材料的拉伸应力-应变曲线

a-无机非金属材料;b-金属材料;c-高分子材料

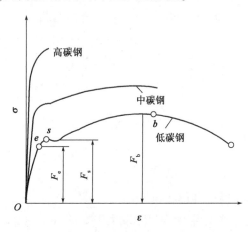

图 4-15　不同钢材的应力-应变曲线

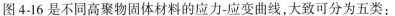

图 4-16 是不同高聚物固体材料的应力-应变曲线,大致可分为五类:

①软而弱,拉伸强度低,弹性模量小,且延伸率也不大,如溶胀凝胶等;

②刚而脆,弹性模量高、抗拉强度大、没有屈服点、断裂延伸率一般低于 2%,如室温下的聚苯乙烯塑料等;

③刚而强,弹性模量高、抗拉强度大、断裂延伸率可达 5%,如室温下的有机玻璃等;

④软而韧,模量低,屈服点低或者没有明显的屈服点,延伸率很大,为 20%～100%,断裂强度较高,如各种橡胶材料;

⑤刚而韧,弹性模量高、有明显的屈服点,屈服强度和抗拉强度都高,断裂延伸率较大,因而应力-应变曲线包围的面积大,表明这种材料是良好的韧性材料,如室温下的聚碳酸酯、尼龙和双轴扭伸定向有机玻璃等工程塑料。

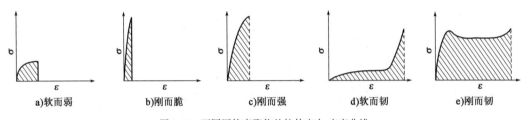

图 4-16　不同固体高聚物的拉伸应力-应变曲线

4.2.1　金属材料拉伸试验

参考《金属材料拉伸试验　第 1 部分:室温试验方法》(GB/T 228.1—2010)。金属材料拉伸试验系用拉力拉伸试样,一般拉至断裂,测定弹性模量、屈服强度、极限抗拉强度、伸长率和截面收缩率等指标。除非另有规定,试验一般在室温 10～35℃ 范围内进行。

4.2.1.1　主要测试设备

试验机的测力系统应按照《静力单轴试验机的检验　第 1 部分　拉力和(或)压力试验机测力系统的检验与校准》(GB/T 16825.1—2008)进行校准,并且其准确度应为 1 级或优于 1 级。

引伸计的准确度级别应符合《金属材料　单轴试验用引伸计系统的标定》(GB/T 12160—2019)的要求。测定上屈服强度、下屈服强度、屈服点延伸率、规定塑性延伸强度、规定总延伸强度、规定残余延伸强度,以及规定残余延伸强度的验证试验,应使用不劣于 1 级准确度的引伸计;测定其他具有较大延伸率的性能,例如抗拉强度、最大力总延伸率和最大力塑性延伸率、断裂总延伸率,以及断后伸长率,应使用不劣于 2 级准确度的引伸计。

计算机控制拉伸试验机应满足《静力单轴试验机用计算机数据采集系统的评定》(GB/T 22066—2008)。

4.2.1.2　试样

(1)试件形状与尺寸

试样的形状与尺寸取决于要被试验的金属产品的形状与尺寸。通常从产品、压制坯或铸件切取样坯经机加工制成试样。但具有恒定横截面的产品(型材、棒材、线材等)和铸造试样(铸铁和铸造非铁合金)可以不经机加工而进行试验。

试样横截面可以为圆形、矩形、多边形、环形,特殊情况下可以为某些其他形状。

原始标距与横截面面积有 $L_0 = K\sqrt{S_0}$ 关系的试样称为比例试样。国际上使用的比例系数 k 的值为 5.65。原始标距应不小于 15mm。当试样横截面面积太小,以致采用比例系数 k 为 5.65 的值不能符合这一最小标距要求时,可以采用较高的值(优先采用 11.3 的值)或采用非比例试样。需要注意的是,选用小于 20mm 标距的试样,测量不确定度可能增加。非比例试样其原始标距 L_0 与原始横截面面积 S_0 无关。

(2)试件类型

按产品的形状规定了试样的主要类型,见表4-10。

试样的主要类型 表4-10

产品类型			
薄板-板材-扁材 厚度 a	线材	棒材	型材 直径或边长
$0.1\text{mm} \leqslant a < 3\text{mm}$	—		
—		<4mm	
$a \geqslant 3\text{mm}$		$\geqslant 4\text{mm}$	
管材			

(3)试件制备

应按照相关产品标准或《钢及钢产品力学性能试验取样位置及试样制备》(GB/T 2975—2018)的要求切取样坯和制备试样。

4.2.1.3 原始横截面面积的测定与原始标距的标记

宜在试样平行长度中心区域以足够的点数测量试样的相关尺寸。原始横截面面积 S_0 是平均横截面面积,应根据测量的尺寸计算。原始横截面面积的计算准确度依赖于试样本身特性和类型。计算原始横截面面积时,需要至少保留四位有效数字或小数点后两位,取其较精确者,π 至少取 4 位有效数字。圆形截面试样:在标距两端及中间三处横截面上相互垂直两个方向测量直径,以各处两个方向测量的直径的算术平均值计算横截面面积;取三处测得横截面面积的平均值作为试样原始横截面面积。

应用小标记、细划线或细墨线标记原始标距,但不得用引起过早断裂的缺口作标记。对于比例试样,如果原始标距的计算值与其标记值之差小于 10% L_0,可将原始标距的计算值修约至最接近 5mm 的倍数。原始标距的标记应准确到 $\pm 1\%$。如平行长度 L_c 比原始标距长许多,例如不经机加工的试样,可以标记一系列套叠的原始标距。有时,可以在试样表面画一条平行于试样纵轴的线,并在此线上标记原始标距。

4.2.1.4 试验要求

(1)设定试验力零点

在试样两端被夹持之前,应设定力测量系统的零点。一旦设定了力值零点,在试验期间力

测量系统不能再发生变化。

（2）试验的夹持方法

使用楔形夹头、螺纹夹头、平推夹头、套环夹具等合适的夹具夹持，并确保试样和夹具对中。

4.2.1.5 上屈服强度 R_{eH} 和下屈服强度 R_{eL} 的测定

选择合适的试验速率测试各种拉伸性能。试验速率包括应变速率和应力速率。应变速率是衡量试样变形快慢最本质的方式。工程实际中，应力速率多采用液压试验机测试。

（1）方法 A：应变速率控制的试验速率

此方法是为了减小测定应变速率敏感参数（性能）时的试验速率变化和试验结果的测量不确定度。本部分阐述了两种不同类型的应变速率控制模式。第一种应变速率 $\dot{e}_{Le}$ 是基于引伸计的反馈而得到。第二种是根据平行长度估计的应变速率 $\dot{e}_{Lc}$，即通过控制平行长度与需要的应变速率相乘得到的横梁位移速率来实现。如果材料显示出均匀变形能力，力值能保持名义的恒定，应变速率 $\dot{e}_{Le}$ 和根据平行长度估计的应变速率 $\dot{e}_{Lc}$ 大致相等。如果材料展示出不连续屈服或锯齿状屈服或发生缩颈时，两种速率之间会存在不同。随着力值的增加，试验机的柔度可能会导致实际的应变速率明显低于应变速率的设定值。

试验速率应满足下列要求：

A. 在直至测定 R_{eH}、R_p 或 R_t 的范围，应按照规定的应变速率 $\dot{e}_{Le}$ 进行。这一范围需要在试样上装夹引伸计，消除拉伸试验机柔度的影响，以准确控制应变速率（对于不能进行应变速率控制的试验机，根据平行长度部分估计的应变速率 $\dot{e}_{Lc}$ 也可用）。

B. 对于不连续屈服的材料，应选用根据平行长度部分估计的应变速率 $\dot{e}_{Lc}$。这种情况下是不可能用装夹在试样上的引伸计来控制应变速率的，因为局部的塑性变形可能发生在引伸计标距以外。在平行长度范围利用恒定的横梁位移速率 V_c 根据式（4-25）计算得到的应变速率具有足够的准确度。

$$V_c = L_c \times \dot{e}_{Lc} \tag{4-25}$$

式中：L_c——平行长度；

$\dot{e}_{Lc}$——平行长度估计的应变速率。

C. 在测定 R_p、R_t 或屈服结束之后，应该使用 $\dot{e}_{Lc}$ 或 $\dot{e}_{Le}$。为了避免由于缩颈发生在引伸计标距以外推荐使用 $\dot{e}_{Lc}$。

在测定相关材料性能时，应保持规定的应变速率。

在进行应变速率或控制模式转换时，不应在应力-延伸率曲线上引入不连续性，而歪曲 R_m、A_g 或 A_{gt} 值。这种不连续效应可以通过降低转换速率得以减轻。

①上屈服强度 R_{eH} 或规定延伸强度 R_p、R_t 和 R_r 的测定

在测定 R_{eH}、R_p、R_t 和 R_r 时，应变速率 $\dot{e}_{Le}$ 应尽可能保持恒定。在测定这些性能时，$\dot{e}_{Le}$ 应选用下面两个范围之一：

范围 1：$\dot{e}_{Le} = 0.00007\,s^{-1}$，相对误差 $\pm20\%$；

范围 2：$\dot{e}_{Le} = 0.00025\,s^{-1}$，相对误差 $\pm20\%$（如果没有其他规定，推荐选取该速率）。

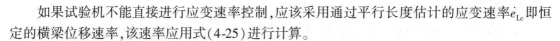

如果试验机不能直接进行应变速率控制,应该采用通过平行长度估计的应变速率$\dot{e}_{Lc}$即恒定的横梁位移速率,该速率应用式(4-25)进行计算。

②下屈服强度R_{eL}和屈服点延伸率A_e的测定

上屈服强度之后,在测定下屈服强度和屈服点延伸率时,应当保持下列两种范围之一的平行长度估计的应变速率$\dot{e}_{Lc}$,直到不连续屈服结束。

范围2:$\dot{e}_{Lc}=0.00025\text{s}^{-1}$,相对误差±20%(测定$R_{eL}$时推荐该速率);

范围3:$\dot{e}_{Lc}=0.002\text{s}^{-1}$,相对误差±20%。

③抗拉强度R_m,断后伸长率A最大力下的总延伸率A_{gt}、最大力下的塑性延伸率A_g和断面收缩率Z的测定

在屈服强度或塑性延伸强度测定后,根据试样平行长度估计的应变速率$\dot{e}_{Lc}$应转换成下述规定范围之一的应变速率。

范围2:$\dot{e}_{Lc}=0.00025\text{s}^{-1}$,相对误差±20%;

范围3:$\dot{e}_{Lc}=0.002\text{s}^{-1}$,相对误差±20%;

范围4:$\dot{e}_{Lc}=0.0067\text{s}^{-1}$,相对误差±20%(0.4$\text{min}^{-1}$,相对误差±20%)(如果没有其他规定,推荐选取该速率)。

如果拉伸试验仅仅是为了测定抗拉强度,根据范围3或范围4得到的平行长度估计的应变速率适用于整个试验。

(2)方法B:应力速率控制的试验速率

试验速率取决于材料特性并应符合下列要求。如果没有其他规定,在应力达到规定屈服强度的一半之前,可以采用任意的试验速率。超过这点以后的试验速率应满足下述规定。

①测定屈服强度和规定强度的试验速率

A.上屈服强度R_{eH}

在弹性范围和直至上屈服强度,试验机夹头的分离速率应尽可能保持恒定并在表4-11规定的应力速率范围内。

注:弹性模量小于150000MPa的典型材料包括锰、铝合金、铜和钛。弹性模量大于150000MPa的典型材料包括铁、钢、钨和镍基合金。

应 力 速 率　　　　　　　　　　　　　　　　　　　　表4-11

材料弹性模量 E	应力速率 R(MPa/s)	
(MPa)	最小	最大
<150000	2	20
≥150000	6	60

B.下屈服强度R_{eL}

如仅测定下屈服强度,在试样平行长度的屈服期间应变速率应在$0.00025\sim0.0025\text{s}^{-1}$之间。平行长度内的应变速率应尽可能保持恒定。如不能直接调节这一应变速率,应通过调节屈服即将开始前的应力速率来调整,在屈服完成之前不再调节试验机。

任何情况下,弹性范围内的应力速率不得超过表4-11规定的最大速率。

②规定塑性延伸强度 R_p、规定总延伸强度 R_t 和规定残余延伸强度 R_r

在弹性范围试验机的横梁位移速率应在表 4-11 规定的应力速率范围内,并尽可能保持恒定。

在塑性范围和直至规定强度(规定塑性延伸强度、规定总延伸强度和规定残余延伸强度)应变速率不应超过 $0.0025s^{-1}$。

③横梁位移速率

如试验机无能力测量或控制应变速率,应采用等效于表 4-11 规定的应力速率的试验机横梁位移速率,直至屈服完成。

④抗拉强度 R_m、断后伸长率 A、最大力总延伸率 A_{gt}、最大力塑性延伸率 A_g 和断面收缩率 Z

测定屈服强度或塑性延伸强度后,试验速率可以增加到不大于 $0.008s^{-1}$ 的应变速率(或等效的横梁分离速率)。

如果仅仅需要测定材料的抗拉强度,在整个试验过程中可以选取不超过 $0.008s^{-1}$ 的单一试验速率。

4.2.1.6 试验方法的选择

(1)屈服强度的测定

金属材料的屈服强度测定有图解法和指针法两种。

①图解法(标准方法)

记录力-延伸曲线数据,直至超过屈服阶段。引伸计标距应大于或等于 $1/2L_0$。判定原则:屈服前的第一个峰值力为上屈服力,不管其后的峰值力比它大或小。屈服阶段中如呈现两个或两个以上的谷值力,舍去第一个谷值力,取其余谷值力中最小者判为下屈服力。如只呈现一个下降谷值力,此谷值力判为下屈服力。正确的判定结果应是下屈服力必定低于上屈服力。不同类型曲线的上屈服强度和下屈服强度如图 4-17 所示。

②指针法

生产检验允许用指针法测定屈服点、上屈服点和下屈服点。采用指针方法测定 R_{eH} 和 R_{eL} 时,试验人员要注视试验机测力表盘指针的指示,按照定义判定上屈服力和下屈服力;当指针首次回转前指示的最大力判定为 F_{eH};当指针首次停止转动保持恒定的力判定为 F_{eL};当指针出现多次回转,则不考虑第一次回转,而取其余这些回转指示的最低力判定为 F_{eL};当只有一次回转,则其回转的最低力判定为 F_{eL}。

(2)抗拉强度 R_m 的测定

若测定 R_{eH} 和 R_{eL} 时的应变速率为 $0.00007s^{-1}$(范围 1)或 $0.00025s^{-1}$(推荐的范围 2),抗拉强度 R_m 测定时,将应变速率提高到 $0.008s^{-1}$。抗拉极限破坏荷载是指材料过了屈服后所能承受的最大应力。金属材料的抗拉强度 R_m 测定有图解法和指针法两种。

从力-伸长曲线测定 F_m 的几种类型如图 4-18 所示。

指针法测定 R_m 时,要注视指针的指示,对于连续屈服类型,读取试验过程中指示最大的力;对于不连续屈服类型,读取屈服阶段之后指示的最大的力作为最大力 F_m,进而计算抗拉强度 R_m。

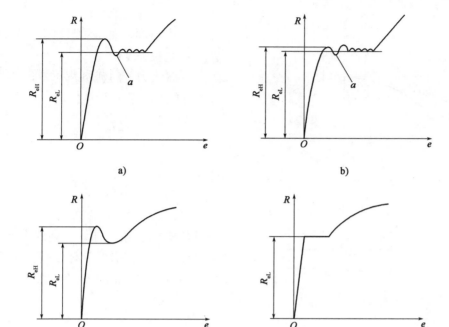

图 4-17　不同类型曲线的上屈服强度和下屈服强度

e-延伸率；R-应力；R_{eH}-上屈服强度；R_{eL}-下屈服强度；a-初始瞬时效应

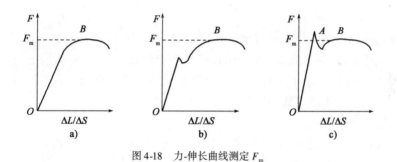

图 4-18　力-伸长曲线测定 F_m

在力-伸长曲线上的最大荷载处，塑性变形主要集中于试样的某一局部区域，该处横截面面积急剧减小，这种现象体称为缩颈。缩颈是韧性材料在拉伸试验时变形集中于局部区域的特殊现象。

（3）最大力塑性延伸率 A_g 和最大力总延伸率 A_{gt} 的测定

采用图解法，在用引伸计得到的力-延伸线图上测定（图 4-19）。引伸计标距建议等于或近似等于试样标距，$A < 5\%$，至少 1 级引伸计；$A \geqslant 5\%$，至少 2 级引伸计。如力-延伸曲线在最大力呈现一个平台，则取平台宽度的中点为最大力点。人工方法仅适合于长试样，计算 A_{gt} 需知道 E，即 $A_{gt} = A_g + R_m / E$。

最大力塑性延伸率 A_g 计算公式：

$$A_g = \left(\frac{\Delta L_m}{L_e} - \frac{R_m}{m_E} \right) \times 100\%$$

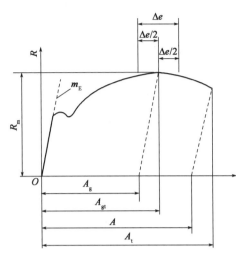

图 4-19　用引伸计得到的力-延伸线图

式中：L_e——引伸计标距；

　　　m_E——力-延伸率曲线弹性部分的斜率；

　　　R_m——抗拉强度；

　　　ΔL_m——最大力下的延伸。

　最大力总延伸率 A_{gt} 计算公式：

$$A_{gt} = \frac{\Delta L_m}{L_e} \times 100\%$$

式中：L_e——引伸计标距；

　　　ΔL_m——最大力下的延伸。

（4）断裂总延伸率 A_t 的测定

采用图解法：在用引伸计得到的力-延伸线图上测定。断裂位置在引伸计标距范围内方有效，但 A_t 大于或等于规定值除外。

断裂总延伸率 A_t 的计算公式：

$$A_t = \frac{\Delta L_f}{L_e} \times 100\%$$

式中：L_e——引伸计标距；

　　　ΔL_f——断裂总延伸。

（5）断后伸长率 A 的测定

断后伸长率 A 是指断后标距的残余伸长（$L_u - L_0$）与原始标距（L_0）之比的百分率。

对于比例试样，若比例系数 k 不为 5.65，符号 A 应附以下标说明所使用的比例系数，例如 $A_{11.3}$。对于非比例试样，符号 A 应附以下标说明所使用的原始标距，以毫米（mm）表示，例如 A_{80mm}。测定方法包括手工测定法和图解方法。

①手工测定法

试验前，在试样的平行长度上居中部位标记试样标距 L_0，在标距内标出 N 个等分间隔。测定 A 时，应将试样断裂的部分仔细地配接在一起使其轴线处于同一直线上，并采取特别措施确保试样断裂部分适当接触后测定试样断后标距，如图 4-20、图 4-21 所示。

图 4-20　试样原始标距和断后标距（试验前）

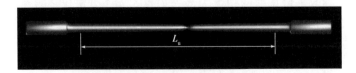

图 4-21　试样原始标距和断后标距（试验后）

应使用分辨力足够的量具或测量装置(游标卡尺、千分尺)测定断后伸长($L_u - L_0$),并精确到 ± 0.25mm。

若试样断裂处距离最近标距标记的距离大于或等于 $1/3L_0$ 时,或者断后伸长率大于或等于规定的最小值时,直接测量两标记间的距离即为 L_u。

若试样断裂处是在标距的两标点间,但距离最近标距标记的距离 $< 1/3L_0$ 时,则完全可采用移位法测定断后伸长率,如图 4-22 所示。

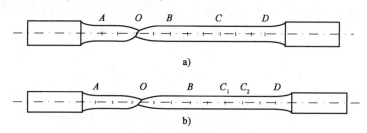

图 4-22 断后标距确定方法

在较长段上,从断口处 O 起取基本短段的格数,得到 B 点;所余 BD 格数若为偶数,则取其一半,得到 C 点,如图 4-22a) 所示。那么移位后的 L_u 为:

$$L_u = AO + OB + 2BC$$

在较长段上,从断口处 O 起取基本短段的格数,得到 B 点;所余 BD 格数若为奇数,则分别取其加 1 和减 1 的一半,得到 C_1 和 C_2 点,如图 4-22b) 所示。那么移位后的 L_u 为:

$$L_u = AO + OB + BC_1 + BC_2$$

②图解方法

可以用自动测试系统或装置测定断后伸长率。引伸计标距应等于试样标距(即 $L_e = L_0$)。

断裂位置处于引伸计标距范围内方为有效,但如测定断后伸长率大于或等于规定最小值,不管断裂位置处于何处测量均为有效。

首先测量断裂时的总延伸,然后扣除弹性延伸部分,剩余的塑性延伸部分(非比例延伸部分)作为断后的伸长,扣除的方法如图 4-20 所示。

断后延伸率 A 的计算公式:

$$A = \frac{L_u - L_0}{L_0} \times 100\%$$

式中:L_0——原始标距;

L_u——断后标距。

4.2.1.7 试验结果数值的修约

强度性能值修约到 1MPa;屈服延伸率修约到 0.1%,其他延伸率和断后伸长率修约到 0.5%。

4.2.2 混凝土劈裂抗拉强度试验

参考《混凝土物理力学性能试验方法标准》(GB/T 50081—2019)。劈裂抗压强度是指立方体试件或圆柱体试件上、下面中间承受均布压力劈裂破坏时,压力作用下的竖向平面内产生

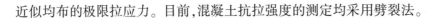
近似均布的极限拉应力。目前,混凝土抗拉强度的测定均采用劈裂法。

4.2.2.1　主要测试设备

压力试验机。

垫板应采用横截面为半径为75mm的钢制弧形垫块,如图4-23所示,垫块的长度应与试件相同;垫条应由普通胶合板或硬质纤维板制成,宽度应为20mm,厚度为3~4mm,长度不应小于试件长度,垫条不得重复使用;普通胶合板应满足现行国家标准《普通胶合板》(GB/T 9846)中一等品及以上有关要求,硬质纤维板密度不应小于900kg/m³,表面应砂光;定位支架应为钢支架。

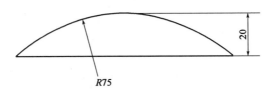

图4-23　垫块

振动台应符合《混凝土试验用振动台》(JG/T 245—2009)的有关规定,振动频率为50Hz±2Hz,空载时振动台面中心点的垂直振幅应为0.5mm±0.02mm。

试模按制作材料可分为铸铁或铸钢试模、塑料试模。当混凝土强度等级不低于C60时,宜采用铸铁或铸钢试模成型。

捣棒直径应为16mm±0.2mm,长度应为600mm±5mm,端部应呈半球形。

4.2.2.2　试件制作与养护

普通混凝土劈裂抗拉强度试验测定以3块试件为一组,每组试件所用的拌合物应从同一盘混凝土或同一车混凝土中取样。取样或试验室拌制的混凝土应尽快成型,一般不宜超过15min。

(1)试件尺寸

混凝土立方体劈裂抗拉强度试验的标准试件为边长150mm的立方体试件,非标准试件为边长100mm和200mm的立方体试件。

混凝土劈裂抗拉强度试验试件的最小横截面尺寸应根据混凝土中集料的最大粒径按表4-12选用。

劈裂抗拉强度试验试件的最小横截面尺寸　　　　　　　　　　表4-12

集料最大粒径(mm)	试件最小横截面尺寸(mm×mm)
19.0	100×100
37.5	150×150
—	200×200

试件的边长和高度宜采用游标卡尺进行测量,应精确至1mm。

（2）试件养护

试件成型抹面后,应立即用塑料薄膜覆盖表面,或采取湿布覆盖等其他保持试件表面湿度的方法,以防水分蒸发。试件成型后,应在温度为20℃±5℃、相对湿度大于50%的室内静置1~2d,试件静置期间应避免受到振动和冲击,静置后编号标记、拆模。当试件有严重缺陷时,应按废弃处理。试件拆模后,应立即放入温度为20℃±2℃、相对湿度为95%以上的标准养护室中养护,或在温度为20℃±2℃的不流动氢氧化钙饱和溶液中养护。标准养护室内的试件应放在支架上,彼此间隔10~20mm,试件表面应保持潮湿,但不得用水直接冲淋试件。

试件养护龄期从搅拌加水开始计时,养护临期的允许偏差宜符合表4-13的要求。

养护龄期允许偏差　　　　　　　　　表4-13

养护龄期（d）	1	3	7	28	56 或60	≥84
允许偏差（h）	±0.5	±5	±6	±20	±24	±48

结构实体混凝土同条件养护试件的拆模时间可与实际构件的拆模时间相同,拆模后,结构实体混凝土试件与实际构件同条件养护。

4.2.2.3　测试步骤

（1）试件达到试验龄期时,从养护地点取出后,应先擦拭干净,检查其尺寸及形状,尺寸差公满足规定。试件取出后应尽快进行试验。在条件许可时,宜采用湿毛巾等覆盖试件,保持试件处于潮湿状态进行试验。

（2）试件放置试验机前,应将试件表面与上、下承压板面擦拭干净。在试件成型时的顶面和底面中部画出相互平行的直线,确定出劈裂面的位置。

（3）将试件放在试验机下承压板的中心位置,劈裂承压面和劈裂面应与试件成型时的顶面垂直;在上、下压板与试件之间垫以圆弧形垫块及垫条各一条,点块、垫条应与试件上、下面的中心线对准并与成型时的顶面垂直,宜将垫条及试件安装在定位架上使用,如图4-24所示。加荷方式如图4-25所示。根据弹性力学分析,劈裂时试件沿荷载作用的断面上发生横向均布的拉应力,如图4-26所示。

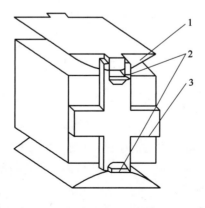

图4-24　定位支架示意图
1-垫块;2-垫条;3-支架

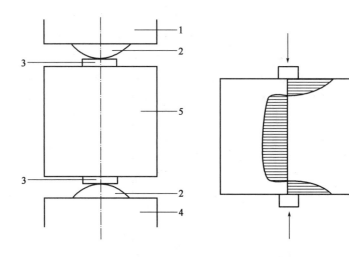

图 4-25　混凝土劈裂抗拉试验
1-压板;2-垫块;3-垫条;4-下压板;5-试件

图 4-26　劈裂抗拉试验时垂直于
受力面的应力分布

（4）开启试验机,试件表面与上、下承压板或钢垫板应均匀接触。

（5）在试验过程中应连续均匀地加荷,当立方体抗压强度小于 30MPa 时,加荷速度取 0.02~0.05MPa/s;当立方体抗压强度为 30~60MPa 时,加荷速度宜取 0.05~0.08MPa/s;当立方体抗压强度不小于 60MPa 时,加荷速度宜取 0.08~0.10MPa/s。

（6）采用手动控制压力机加荷速度时,当试件接近破坏时,应停止调整试验机油门,直至破坏,然后记录破坏荷载。

（7）试件断裂面应垂直于承压面,当断裂面不垂直于承压面时,应做好记录。

4.2.2.4　数据处理

混凝土劈裂抗拉强度计算公式:

$$f_{ts} = \frac{2F}{\pi A} = 0.637\frac{F}{A} \tag{4-26}$$

式中:f_{ts}——混凝土劈裂抗拉强度,MPa,精确至 0.01MPa;

　　　F——试件破坏荷载,N;

　　　A——试件劈裂面面积,mm^2。

取 3 个试件测值的算术平均值作为该组试件的强度值,精确至 0.1MPa;当 3 个测值中的最大值与最小值中有一个与中间值的差值超过中间值的 15% 时,则应把最大及最小值剔除,取中间值作为该组试件的抗压强度值;当最大值和最小值与中间值的差值均超过中间值的 15% 时,则该组试件的试验结果无效。

当混凝土劈裂抗拉采用 100mm×100mm×100mm 非标准试件测得的劈裂抗拉强度值,应乘以尺寸换算系数 0.85;当混凝土强度等级不小于 C60 时,应采用标准试件。

4.2.3 无机结合料稳定材料间接抗拉强度试验

参考《公路工程无机结合料稳定材料试验规程》(JTG E51—2009)。通过加荷条加静载于立方体试件或圆柱体试件的轴向,试件按一定的变形速率加荷,通过施加的压荷载与垂直、水平向变形的测量,计算的试件中心点的最大拉应力即为劈裂强度,也称间接拉伸强度。

4.2.3.1 主要测试设备

(1)压力机或万能试验机

压力机应符合现行规定,其测量精度为±1%,同时应具有加荷速率指示装置或加荷速率控制装置。上、下压板平整并有足够刚度,可以均匀地连续加荷卸载,可以保持固定荷载。开机停机均灵活自如,能够满足试件吨位要求,且压力机加荷速率可以有效控制在1mm/min。

(2)劈裂夹具(图4-27)

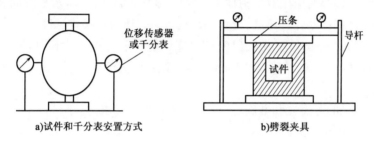

a)试件和千分表安置方式 b)劈裂夹具

图4-27 劈裂试验装置示意图

4.2.3.2 试件制作与养护

(1)试件尺寸

试件采用高径比为1:1的圆柱体。细粒土试模的直径×高 = $\phi50\text{mm}\times50\text{mm}$;中粒土试模的直径×高 = $\phi100\text{mm}\times100\text{mm}$;粗粒土试模的直径×高 = $\phi150\text{mm}\times150\text{mm}$。本试验应采用静力压实法制备等干密度的试件。

压条采用半径与试件半径相同的弧面压条,其长度应大于试件的高度。不同尺寸试件采用的压条宽度和弧面半径见表4-14。

不同试件对应的压条尺寸 表4-14

试件尺寸(mm)	压条宽度(mm)	弧面半径(mm)
$\phi50\times50$	6.35	25
$\phi100\times100$	12.70	50
$\phi150\times150$	18.75	75

(2)试件成型

调试成型所需的各种设备,检查是否运行正常;将成型用的模具擦拭干净,并涂抹机油。成型中、粗粒土时,试模筒的数量应与每组试件的个数相配套。上、下垫块应与试模筒相配套,上、下垫块能够刚好放入试筒内上、下自由移动(一般来说,上、下垫块直径比试筒内径小约0.2mm)且上、下垫块完全放入试筒后,试筒内未被上、下垫块占用的空间体积能满足径高比为 1∶1 的设计要求。

用反力架和液压千斤顶,或采用压力试验机制件。将试模配套的下垫块放入试模的下部,但外露 2cm 左右。将称量的规定数量的稳定材料混合料分 2～3 次灌入试模中,每次灌入后用夯棒轻轻均匀插实。如制取 $\phi 50mm \times 50mm$ 的小试件,则可以将混合料一次倒入试模中,然后将与试模配套的上垫块放入试模内,也应使其外露 2cm 左右(即上、下垫块露出试模外的部分应该相等)。

将整个试模(连同上、下垫块)放到反力架内的千斤顶上(千斤顶下应放一扁球座)或压力机上,以 1mm/min 的加荷速率加压,直到上、下压柱都压入试模为止。维持压力 2min。

解除压力后,取下试模,并放到脱模器上将试件顶出。用水泥稳定有黏结性的材料(如黏质土)时,制件后可以立即脱模;用水泥稳定无黏结性细粒土时,最好过 2～4h 再脱模;对于中、粗粒土的无机结合料稳定材料,最好过 2～6h 脱模。

在脱模器上取试件时,应用双手抱住试件侧面的中下部,然后沿水平方向轻轻旋转,待感觉到试件移动后,再将试件轻轻捧起,放置到试验台上。切勿直接将试件向上捧起。

称试件的质量 m_2,小试件精确至 0.01g、中试件精确至 0.01g、大试件精确至 0.1g。然后用游标卡尺测量试件高度 h,精确至 0.1mm。检查试件的高度和质量,不满足成型标准的试件作为废件。

为保证试验结果的可靠性和准确性,每组试件的数目要求为:小试件不少于 6 个、中试件不少于 9 个、大试件不少于 13 个。

(3)试件养护

试件养护采用标准养护方法。试件从试模内脱出并量高、称质量后,中试件和大试件应装入塑料袋内。试件装入塑料袋后,将袋内的空气排除干净,扎紧袋口,将包好的试件放入养护室。标准养护的温度为 20℃±2℃,标准养护的湿度为 ≥95%。试件宜放在铁架或木架上,间距至少 10～20mm。试件表面应保持一层水膜,并避免用水直接冲淋。对弯拉强度、间接抗拉强度,水泥稳定材料类的标准养护龄期是 90d,石灰稳定材料类的标准养护龄期是 180d。

在养护期的最后一天,将试件取出,观察试件的边角有无磨损和缺块,并量高、称质量,然后将试件浸泡于 20℃±2℃水中,应使水面在试件顶上约 2.5cm。

4.2.3.3 测试步骤

(1)根据试验材料的类型和一般的工程经验,选择合适量程的测力计和试验机,试件破坏荷载应介于测力量程的 20%～80%。球形支座和上、下压条涂上机油,使球形支座能够灵活转动。

(2)将已浸水一昼夜的试件从水中取出,用软布吸去试件表面的可见自由水,并称试件的质量。

(3)用游标卡尺测量试件的高度 h,精确至 0.1mm。

(4)在压力机的升降台上置一压条,将试件横置在压条上,在试件的顶面也放一压条(上、下压条与试件的接触线必须位于试件直径的两端,并与升降台垂直)。

(5)在上压条上面放置球形支座,球形支座应位于试件的中部。

(6)试验过程中应使试验的形变等速增加,保持加荷速率为 1mm/min。记录试件破坏时

的最大压力 $P(N)$。

（7）从试件内部取有代表性的样品（经过打碎），采用烘干法测定其含水率 w。

4.2.3.4 数据处理

试件的间接抗拉强度按式（4-27）计算：

$$R_i = \frac{2P}{\pi dh}\left(\sin2\alpha - \frac{a}{d}\right) \tag{4-27}$$

式中：R_i——试件的间接抗拉强度，MPa；

d——试件的直径，mm；

a——压条的宽度，mm；

α——半压条宽对应的圆心角，（°）；

P——试件破坏时的最大压力，N；

h——浸水后试件的高度，mm。

对于小试件：

$$R_i = 0.012526\frac{P}{h} \quad （MPa） \tag{4-28}$$

对于中试件：

$$R_i = 0.006263\frac{P}{h} \quad （MPa） \tag{4-29}$$

对于大试件：

$$R_i = 0.004178\frac{P}{h} \quad （MPa） \tag{4-30}$$

4.2.3.5 结果处理

（1）间接抗拉强度保留两位小数。

（2）同一组试件试验中，采用3倍均方差方法剔除异常值，小试件可以有1个异常值，中试件1~2个异常值，大试件2~3个异常值。异常值数量超过上述规定的试验重做。

（3）同一组试验的变异系数 C_v（%）符合下列规定，方为有效试验：小试件 C_v（6%）、中试件 C_v（10%）、大试件 C_v（15%）。如不能保证试验结果的变异系数小于规定的值，则应按允许误差10%和90%概率重新计算所需的试件数量，增加试件数量并另做新试验。新试验结果与老试验结果一并重新进行统计评定，直到变异系数满足上述规定。

4.2.4 土工合成材料拉伸试验

参考《土工合成材料 宽条拉伸试验方法》（GB/T 15788—2017）。

4.2.4.1 主要测试仪器与试剂

（1）拉伸试验仪（等速伸长型拉伸试验仪）

符合《静力单轴试验机的检验 第1部分：拉力和（或）压力试验机 测力系统的检验与

校准》(GB/T 16825.1—2008)中2级或2级以上试验机要求,在拉伸过程中保持试样的伸长速率恒定,其夹具应具有足够宽度,以握持试样的整个宽度,并采取适当方法防止试样滑移或损伤。可用一个自由旋转的或万向节支撑其中一个夹钳,以补偿力在试样上的不均匀分布。

对于大部分材料宜选用压缩式夹具,但对于那些使用压缩式夹具会发生过多钳口断裂或滑移的材料,可采用绞盘夹具。对限制试样滑移的夹钳面的选择是非常重要的,特别是高强土工布。土工合成材料拉伸试验用钳口面示例如图4-28所示。

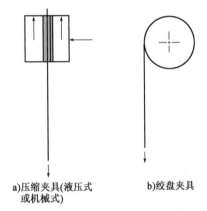

a)压缩夹具(液压式或机械式)　　b)绞盘夹具

图4-28　土工合成材料拉伸试验用钳口面示例

(2)引伸计

能够测量试样上两个标记点间的距离,对试样无任何损伤或滑移,注意保证测量结果确实代表了标记点的真实动程。

引伸计的测试精度应为显示器读数的±2%。当引伸计的负荷-伸长率曲线出现不规则时,应舍弃该结果,对其他试样进行试验。

(3)蒸馏水

仅为浸湿试样用,采用3级水。

(4)非离子润湿剂

仅为浸湿试样用。一般使用体积比为0.05%的通用聚氧乙烯乙二醇烷基醚作为非离子润湿剂。

4.2.4.2　试样的准备与尺寸

(1)试样数量与准备

沿纵向(MD)和横向(CMD)各裁取至少5块试样,并按《土工合成材料　取样和试样准备》(GB/T 13760—2009)规定准备试样。

(2)试样尺寸

①非织造土工布、针织土工布、土工网、土工网垫、黏土防渗土工膜、排水复合材料及其他产品每块试样的最终宽度为200mm±1mm,试样长度满足夹钳隔距100mm,其长度方向与外加荷载的方向平行。对于使用切刀或剪刀裁剪时可能会对试样的结构造成影响的材料,可以使用热切或其他技术进行裁剪,并应在报告中注明。合适时,为监测滑移,可在钳口处沿试样的整个宽度,垂直于试样长度方向画两条间隔100mm的标记线[不包括绞盘夹具,如图4-28b)]所示。

②机织土工布

对于机织土工布,将每块试样裁剪至约220mm宽,然后从试样两边拆除数目大致相等的边纱以得到200mm±1mm的名义试样宽度。

③单向土工格栅

对于单向土工格栅,每个试样的宽度不小于200mm,并具有足够的长度满足夹钳隔距不小于100mm。距任意节点10mm裁剪所有肋条。节点间距不大于10mm的产品,准备试样的宽度宜比需要的试样宽度宽2根肋条,当试样被夹入钳口后将两端多出的部分切断。试验结果(强度)的计算应与单位宽度上完整抗拉肋条的数量有关。试样除被夹钳握持的节点或交叉组织外,应包含至少一排节点或交叉组织(图4-29)。

对横向节距[一根肋条(受力单元)的起点到下一根肋条起点间的距离]小于75mm的产品,在其宽度方向上应至少有4个完整的抗拉单元(抗拉肋条)。对于横向节距大于或等于75mm且小于120mm的产品,在其宽度方向上应包含至少2个完整的抗拉单元。对节距大于120mm的产品,其宽度方向上具有1个完整的抗拉单元即可满足测试要求。

用于测量伸长的标记点应标在试样中排抗拉肋条上。两个标记点之间应至少间隔60mm。标记点应标记在肋条的中点,同时应被至少1个节点或交叉组织间隔。必要时,标记点可被多排节点或交叉组织间隔以获得60mm的最小间距。在这种情况下,应保持在肋条中点标记点,隔距长度应为格栅间距的整数倍。测量名义隔距长度,精确至±1mm。

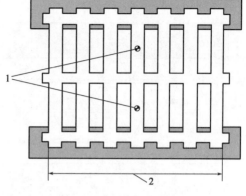

图4-29 典型单向土工格栅

1-伸长率测试中参考点的标记≥60mm;2-受力单元的个数 n

④双向和四向土工格栅

对于双向和四向土工格栅,每个试样的宽度不小于200mm,并具有足够的长度满足夹钳隔距不小于100mm。距任意节点10mm裁剪所有肋条。试样应至少包含一排节点或交叉组织,不包括被夹持在钳口中的节点(图4-30、图4-31)。

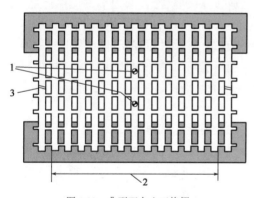

图4-30 典型双向土工格栅

1-伸长率测试中参考点的标记≥60mm;2-受力单元的个数 n;3-加荷前切断的外部单元

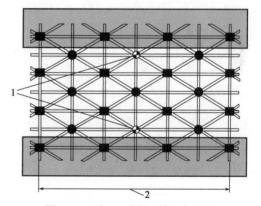

图4-31 四向土工格栅试样尺寸、宽度和纵向横向隔距长度示例

1-伸长率测试中参考点的标记≥60mm;2-受力单元的个数 n

⑤三向土工格栅

对于三向土工格栅,每个试样宽不小于200mm,并具有足够的长度满足夹钳隔距不小于100mm。切割试样并按图4-32和图4-33测量试样的宽度。

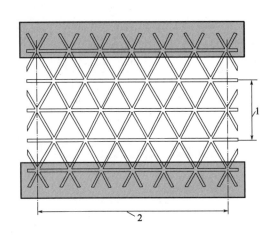

图 4-32 三向土工格栅试样尺寸、宽度
和纵向隔距长度示例
1-伸长率测试中参考点的标记≥60mm;2-宽度≥200mm

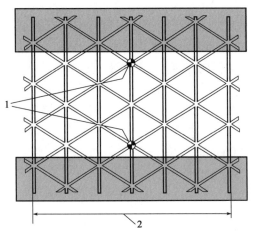

图 4-33 三向土工格栅试样尺寸、宽度
和横向隔距长度示例
1-伸长率测试中参考点的标记≥60mm;2-受力单元的
个数 n

用于测量伸长的标记点应标在试样节点的中心,同时应被至少 1 个节点或交叉组织间隔。必要时,标记点可被多排节点或交叉组织间隔以获得 60mm 的最小间距。在这种情况下,应保持在肋条中点标记点,隔距长度应为格栅间距的整数倍。测量名义隔距长度,精确至 ±1mm。

⑥金属土工织物相关产品

对于大多数金属产品,可按照已确定的土工格栅的试样准备方法准备试样。

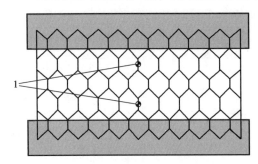

图 4-34 典型双绞合六边形钢丝网参考点示例
1-伸长率测试中参考点的标记≥60mm

特别的,对于双绞合六边形钢丝网产品,宜按《土工合成材料 宽条拉伸试验方法》(GB/T 15788—2017)附录 A 准备试样。用于测量伸长的标记点应标记在绞合线的中点,同时间距应至少为 60mm。测量名义隔距长度,精确度为 ±1mm(图 4-34)。

⑦试验用湿态试样

当同时需要湿态最大负荷和干态最大负荷时,则裁取试样的长度至少为规定长度的 2 倍,对样品进行编号,并从中部裁剪为两块试样,其中一块用于湿态试验,另一块用于干态试验。每块试样上均需标记试样号。因此,每一对断裂试验是对含有同样纱线的试样进行的。对于湿态收缩严重的土工合成材料,抗拉强度应根据湿态时最大负荷与调湿后浸湿前的初始宽度来测定,精确至 ±1mm。

4.2.4.3 调湿

(1)通用

在标准大气条件下进行调湿和试验。当试样在间隔至少 2h 的连续称重中质量变化不超过试样质量的 0.25% 时,可认为试样已经调湿。

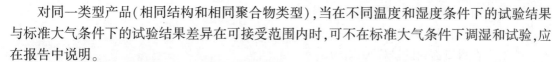

对同一类型产品(相同结构和相同聚合物类型),当在不同温度和湿度条件下的试验结果与标准大气条件下的试验结果差异在可接受范围内时,可不在标准大气条件下调湿和试验,应在报告中说明。

注:当需要更低或更高温度试验结果时,本方法仍适用。

(2)湿态测试条件

用于进行湿态试验的样品应浸入温度为20℃±2℃的水中,浸泡时间应至少24h,且足以使试样完全润湿,即在浸泡更长的时间后最大负荷或伸长率无显著差异。为使试样完全浸润,可在水中加入不超过0.05%的非离子润湿剂。

4.2.4.4 测试步骤

(1)设定拉伸试验机

试验前,将夹具隔距调节到100mm±3mm,使用绞盘夹具的土工合成材料和土工格栅除外。选择试验机的负荷量程,使力值精确至10N。对于伸长率 ε_{max} 超过5%的土工合成材料,设定试验机的拉伸速度,使试样的伸长速率为隔距长度的20%/min±5%/min。对于伸长率小于或等于5%的土工合成材料,选择合适的拉伸速度使所有试样的平均断裂时间为30s±5s。湿态试样在取出3min内完成测试。若使用绞盘夹具,每次试验开始时,应将绞盘中心隔距保持最小,或对于土工格栅使用有代表性的长度。绞盘夹具的使用和中心隔距应记录在报告中。

(2)夹持试样

将试样对中地夹持在夹钳中。注意纵向和横向试验的试样长度方向与荷载方向平行。合适的做法是将预先画好的横贯试样宽度的且相隔100mm的两条标记线尽可能与上下夹钳口的边缘重合。

(3)安装引伸计

在试样上相距60mm分别设定标记点(分别距试样中心30mm),并固定引伸计。若使用接触式伸长仪,不应对试样有任何损伤。确保试验中这些标记点不滑移。

(4)测定拉伸性能

启动拉伸试验仪,施加预计最大负荷1%的预负荷以确定初始伸长率测试的起点,继续施加荷载直到试样断裂。停止测试,夹头恢复到初始位置。记录并报出最大负荷,精确至10N/m;记录伸长率,精确至1位小数。

根据试验中观测的试样情况、土工合成材料特有的变异性,判断试验结果是否应剔除。如果试验过程中试样在夹钳中滑移,或在距夹钳口5mm以内的范围中断裂而其试验结果低于其他所有结果平均值的50%时,该试验值应剔除,另取一试样进行试验。

确定某些试样在接近夹钳边的地方断裂的确切原因是困难的。如果因为夹钳损坏试样而产生钳口断裂,其结果应剔除。但是,如果仅是由于试样中薄弱部位的不均匀分布造成,则该结果是合理的。有时也许是施加荷载时因夹钳阻止试样在宽度方向上收缩,其附近区域产生应力集中,此时在夹钳口附近的断裂是不可避免的,应作为特殊试验方法的特性面接受。

对由特殊材料(例如玻璃纤维、碳纤维)制成的特殊样品,需要使用特殊办法,以尽可能减少因夹钳所引起的损伤。如果试样在夹钳中滑移或超过四分之一的试样在距夹钳口边缘

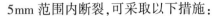

5mm 范围内断裂,可采取以下措施:

　　A. 给夹钳加衬垫;

　　B. 对夹在钳口面内的试样加以涂层;

　　C. 修改钳口表面。

无论采用何种修改措施,应在试验报告中注明修改的方法。

(5)测定伸长率

使用合适的记录装置测量在任一特定负荷下试样实际隔距长度的增量。

4.2.4.5　数据处理

(1)抗拉强度

将从拉伸试验机上获得的数据代入式(4-31),计算每个试样的抗拉强度 T_{max}。

$$T_{max} = F_{max} \times c \tag{4-31}$$

式中: F_{max}——最大负荷,kN;

　　　c——按式(4-32)或式(4-33)求得。

对于机织土工布、非织造土工布、针织土工布、土工网、土工网垫、黏土防渗土工膜、排水复合材料和三向土工格栅及其他产品:

$$c = \frac{1}{B} \tag{4-32}$$

式中: B——试样名义宽度,m。

对于单向土工格栅、双向土工格栅、三向土工格栅及四向土工格栅:

$$C = \frac{N_m}{n} \tag{4-33}$$

式中: N_m——样品 1m 宽度范围内拉伸单元的数量;

　　　n——试样中拉伸单元数。

对于复合产品,根据主要承载单元选择式(4-32)或式(4-33)。对于具有双峰曲线的产品,应分别计算两个峰值对应的结果。

(2)最大负荷下伸长率

记录每个试样最大负荷下的伸长率,用百分率表示,精确至 0.1%。

可按式(4-34)计算最大负荷下伸长率:

$$\varepsilon_{max} = \frac{\Delta L - L_0'}{L_0} \times 100\% \tag{4-34}$$

式中: ε_{max}——最大负荷下伸长率;

　　　ΔL——最大负荷下伸长,mm;

　　　L_0'——达到预负荷时的伸长,mm;

　　　L_0——实际隔距长度,mm。

(3)标称强度下伸长率

记录每块试样标称强度下的伸长率,用百分率表示,精确至 0.1%。

(4)割线模量

确定在特定伸长率下的强力,按式(4-17)计算在此特定伸长率时的割线模量。

$$J = \frac{F \times c \times 100}{\varepsilon} \tag{4-35}$$

式中：J——割线模量，kN/m；

$\quad$ F——在伸长率 ε 下测定的强力，kN；

$\quad$ c——按合适的式(4-32)或式(4-33)计算得到；

$\quad$ ε——特定伸长率，%。

（5）平均值和变异系数

计算纵向或横向两组试样的抗拉强度、最大负荷下伸长率及割线模量的平均值和变异系数。拉伸强度和割线模量精确至三位有效数字，伸长率精确至1%，变异系数精确至0.1%。

4.2.5　防水卷材抗拉强度试验

将沥青类或高分子类防水材料浸渍在胎体上，制作成的防水材料产品，以卷材形式提供，称为防水卷材。根据主要组成材料不同，分为沥青防水卷材、高聚物改性沥青防水卷材和合成高分子防水卷材3大类；根据胎体的不同分为无胎体卷材、纸胎卷材、玻璃纤维胎卷材、玻璃布胎卷材和聚乙烯胎卷材。沥青防水卷材是在基胎（如原纸、纤维织物）上浸涂沥青后，再在表面撒布粉状或片状的隔离材料而制成的可卷曲片状防水材料，又称油毡。

4.2.5.1　沥青防水卷材拉伸性能

参考《建筑防水卷材试验方法　第8部分：沥青防水卷材　拉伸性能》(GB/T 328.8—2007)。

（1）主要测试设备

拉伸试验机：有足够的量程（至少2000N）和夹具移动速度100mm/min ± 10mm/min，夹具宽度不小于50mm。

拉伸试验机的夹具能随着试件拉力的增加而保持或增加夹具的夹持力，对于厚度不超过3mm的产品能夹住试件，使其在夹具中的滑移不超过1mm，更厚的产品不超过2mm。这种夹持方法不应在夹具内外产生过早的破坏。

为防止从夹具中的滑移超过极限值，允许用冷却的夹具，同时实际的试件伸长用引伸计测量。力值测量至少应符合《拉力、压力和万能试验机检定规程》(JJG 139—2014)的2级（即 ±2%）。

（2）试件制备

抽样根据相关方协议的要求，若没有这种协议，可按表4-15所示进行。不要抽取损坏的卷材，如图4-35所示。

抽　　样　　　　　　　　　　　　　　表4-15

批量（m²）		样品数量
以上	直至	（卷）
—	1000	1
1000	2500	2
2500	5000	3
5000	—	4

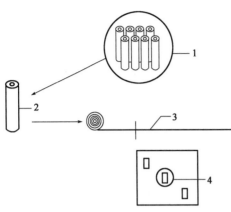

图 4-35 沥青防水卷材抽样
1-交付批;2-样品;3-试样;4-试件

整个拉伸试验应制备两组试件,一组纵向 5 个试件,另一组横向 5 个试件。

试件在试样上距边缘 100mm 以上用模板或裁刀任意裁取,矩形试件宽为 50mm±0.5mm,长为(200mm+2×夹持长度,长度方向为试验方向)。

表面的非持久层应去除。

试件在试验前在 23℃±2℃ 和相对湿度30% ~ 70%的条件下至少放置 20h。

(3)测试步骤

将试件紧紧地夹在拉伸试验机的夹具中,注意试件长度方向的中线与试验机夹具中心在一条线上。夹具间距离为 200mm±2mm,为防止试件从夹具中滑移,应作标记。当用引伸计时,试验前应设置标距间距离为 180mm±2mm。为防止试件产生任何松弛,推荐加荷不超过 5N 的力。试验在 23℃±2℃ 进行,夹具移动的恒定速度为 100mm/min±10mm/min。连续记录拉力和对应的夹具(或引伸计)间距离。

(4)数据处理

记录得到的拉力和距离,或数据记录,最大的拉力和对应的由夹具(或引伸计)间距离与起始距离的百分率计算的延伸率。

去除任何在夹具 10mm 以内断裂或在试验机夹具中滑移超过极限值的试件的试验结果,如有,则用备用件重测。

最大拉力单位为 N/50mm,对应的延伸率用百分率表示,作为试件同一方向结果。

分别记录每个方向 5 个试件的拉力值和延伸率,计算平均值。

拉力的平均值修约到 5N,延伸率的平均值修约到 1%。

同时对于复合增强的卷材,在应力应变图上有两个或更多的峰值,拉力和延伸率应记录两个最大值。

4.2.5.2 高分子防水卷材拉伸性能

参考《建筑防水卷材试验方法 第 9 部分:高分子防水卷材 拉伸性能》(GB/T 328.9—2007)。

(1)主要测试设备

拉伸试验机:拉伸试验机有足够的量程,至少 2000N,夹具移动速度为 100mm/min±10mm/min 和 500mm/min±50mm/min,夹具宽度不小于 50mm。

拉伸试验机的夹具能随着试件拉力的增加而保持或增加夹具的夹持力,对于厚度不超过 3mm 的产品,能夹住试件,使其在夹具中的滑移不超过 1mm,更厚的产品不超过 2mm。试件放入夹具时作记号或用胶带以帮助确定滑移。这种夹持方法不应导致在夹具附近产生过早的破坏。

假若试件从夹具中的滑移超过规定的极限值,实际延伸率应用引伸计测量。

力值测量应符合《拉力、压力和万能试验机检定规程》(JJG 139—2014)中的至少 2 级(即

±2%）。

（2）试件制备

除非有其他规定,整个拉伸试验应准备两组试件,一组纵向 5 个试件,另一组横向 5 个试件。试件在距试样边缘 100mm ±10mm 以上裁取,用模板,或用裁刀,尺寸如下:

方法 A:矩形试件为(50mm ±0.5mm) ×200mm,按图 4-36 和表 4-16。

方法 B:哑铃形试件为(6mm ±0.4mm) ×115mm,按图 4-37 和表 4-16。

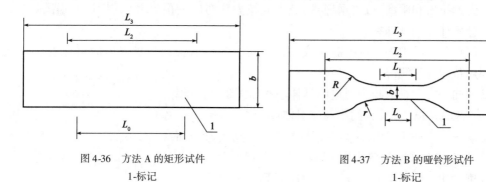

图 4-36 方法 A 的矩形试件
1-标记

图 4-37 方法 B 的哑铃形试件
1-标记

试 件 尺 寸　　　　　　　　　　　表 4-16

方　　法	方法 A(mm)	方法 B(mm)
全长(L_3)	>200	>115
端头宽度(b_1)		25 ±1
狭窄平行部分长度(L_1)		33 ±2
宽度(b)	50 ±0.5	6 ±0.4
小半径(r)		14 ±1
大半径(R)		25 ±2
标记间距离(L_0)	100 ±5	25 ±0.25
夹具间起始间距(L_2)	120	80 ±5

表面的非持久层应去除。

试件中的网格布、织物层,衬垫或层合增强层在长度或宽度方向应裁一样的经纬数,避免切断筋。试件在试验前在 23℃±2℃ 和相对湿度 50% ±5% 的条件下至少放置 20h。

（3）测试步骤

对于方法 B,厚度是用现行国家标准《建筑防水卷材试验方法　第 5 部分:高分子防水卷材　原厚度、单位面积质量》(GB/T 328.5)方法测量的试件有效厚度。

将试件紧紧地夹在拉伸试验机的夹具中,注意试件长度方向的中线与试验机夹具中心在一条线上。为防止试件产生任何松弛推荐加荷不超过 5N 的力。

试验在 23℃±2℃ 进行,夹具移动的恒定速度为方法 A100mm/min ±10mm/min,方法 B 500mm/min ±50mm/min。

连续记录拉力和对应的夹具(或引伸计)间分开的距离,直至试件断裂。

注:在1%和2%应变时的正切模量,可以从应力应变曲线上推算,试验速度5mm/min±1mm/min。试件的破坏形式应记录。

对于有增强层的卷材,在应力应变图上有两个或更多的峰值,应记录两个最大峰值的拉力和延伸率及断裂延伸率。

(4)数据处理

记录得到的拉力和距离,或数据记录,最大的拉力和对应的由夹具(或标记)间距离与起始距离的百分率计算的延伸率。

去除任何在距夹具10mm以内断裂或在试验机夹具中滑移超过极限值的试件的试验结果,如有,则用备用件重测。

记录试件同一方向最大拉力对应的延伸率和断裂延伸率的结果。

测量延伸率的方式,如夹具间距离或引伸计。

分别记录每个方向5个试件的值,计算算术平均值和标准偏差,方法A拉力的单位为N/50mm,方法B拉伸强度的单位为MPa(N/mm^2)。

拉伸强度[MPa(N/mm^2)]根据有效厚度计算。

方法A的结果精确至N/50mm,方法B的结果精确至0.1MPa(N/mm^2),延伸率精确至两位有效数字。

4.2.6 塑料拉伸性能试验

塑料是重要的有机合成高分子材料,应用非常广泛。塑料是以单体为原料,通过加聚或缩聚反应聚合而成的高分子化合物。塑料的主要成分是合成树脂和添加剂。其抗形变能力中等,介于纤维和橡胶之间。塑料的分类体系比较复杂,各种分类方法也有所交叉,按常规分类主要有以下三种:一是按使用特性分类;二是按理化特性分类;三是按加工方法分类。根据各种塑料不同的使用特性,通常将塑料分为通用塑料、工程塑料和特种塑料三种类型。通用塑料一般是指产量大、用途广、成型性好、价格便宜的塑料,通用塑料有五大品种,即聚乙烯(PE)、聚丙烯(PP)、聚氯乙烯(PVC)、聚苯乙烯(PS)及丙烯腈-丁二烯-苯乙烯共聚合物(ABS)。工程塑料一般是指能承受一定外力作用,具有良好的机械性能和耐高、低温性能,尺寸稳定性较好,可以用作工程结构的塑料,如聚酰胺、聚砜等。特种塑料一般是指具有特种功能,可用于航空、航天等特殊应用领域的塑料。如氟塑料和有机硅具有突出的耐高温、自润滑等特殊功用,增强塑料和泡沫塑料具有高强度、高缓冲性等特殊性能,这些塑料都属于特种塑料的范畴。根据各种塑料不同的理化特性,可以把塑料分为热固性塑料和热塑料性塑料两种类型。热固性塑料是指在受热或其他条件下能固化或具有不溶(熔)特性的塑料。热固性塑料受热固化后,不会再受热软化,机械性能差,耐热性和刚性较好,如酚醛塑料、环氧塑料等。热塑料性塑料是指在特定温度范围内能反复加热软化和冷却硬化的塑料。热塑料性塑料可以再重复生产,加热成型简便,机械性能较好,耐热性和刚性较差,如聚乙烯、聚四氟乙烯等。根据各种塑料不同的成型方法,可以分为膜压、层压、注射、挤出、吹塑、浇铸塑料和反应注射塑料等多种类型。

工程塑料的拉伸性能是其力学性能中最重要、最基本的性能之一,拉伸性能指标在很大程度上决定了工程塑料的使用范围。塑料拉伸试验原理是沿试样纵向主轴方向恒速拉伸,直到试样断裂或其应力(负荷)或应变(伸长)达到某一预定值,测量在这一过程中试验承受的负荷及其伸长。在拉伸应力作用下,工程塑料的应力应变行为与金属材料有很大不同,主要表现在屈服后的应力应变特点。

图 4-38 所示是塑料在拉伸应力作用下的应力应变曲线,以应力 σ 为纵坐标,以应变 ε 为横坐标。曲线的起始阶段 OA 基本上是一条直线,应力与应变成正比,试样表现为胡克弹性行为。直线的斜率是试样的弹性模量,卸载后形变能全部恢复。线性区对应的应变较小,一般只有百分之几。B 点是屈服点,应力达到屈服点后,在应力基本不变的情况下试样产生较大的变形,当应力去除后,试样不能恢复到原样,即发生了塑性变形。屈服点对应的应力称为屈服应力或屈服强度。塑料在塑性区域内的应力、应变关系呈现复

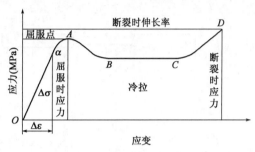

图 4-38　塑料在拉伸应力作用下的应力应变曲线

杂情况:先经由一小段应变软化,应变增加、应力稍有下降(AB 段),随即试样出现塑性不稳定性即细颈。屈服点之后,试样出现细颈,这一点与金属材料不同。此后的形变是细颈的逐渐扩大,直到 C 点,试样被拉成细颈,应变增加、应力基本保持不变(BC 段)。C 点之后试样的应变进入第三阶段,经取向硬化,试样再度被均匀拉伸,应力提高,直到 D 点被拉断为止。相应于 D 点的应力称为强度极限,即是工程上重要的力学性能指标——抗拉强度,对应的形变称为断裂伸长率。

参考《塑料拉伸性能的测定》(GB/T 1040—2018)。

4.2.6.1　主要测试设备

试验机、负荷指示装置、应变指示装置(引伸计和应变计)、试样宽度和厚度测量设备。

夹具用于夹持试样与试验机相连,使试样的主轴方向与通过夹具中心线的拉力方向重合。试样通过夹持方式以防止被夹试样相对夹具口滑动。夹具不应引起夹具口处试样过早破坏或挤压夹具中的试样。

4.2.6.2　试样

塑料标准试样的类型有四种类型,如图 4-39 所示,其尺寸要求见表 4-17。仲裁试验建议选用 I 型试样,厚度 $d = 4mm$;II 型试样,厚度采用 $d = 2mm$;III 型试样端部 $d_1 = 6.5mm$,中间平行部分 $d_0 = 3.2mm$;IV 型试样厚度 $d_0 = 2 \sim 10mm$。

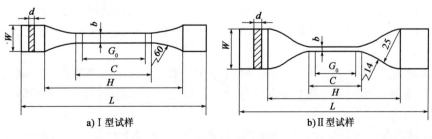

a) I 型试样　　　　　　　　　　　b) II 型试样

图　4-39

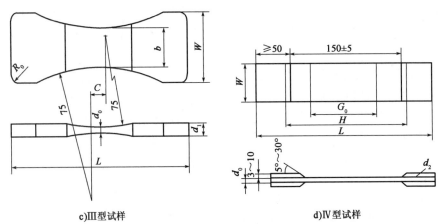

c)Ⅲ型试样　　　　　　　　　　　　d)Ⅳ型试样

图4-39　塑料标准试样的类型(尺寸单位:mm)

塑料标准试样尺寸　　　　　　　　　表4-17

符　号	名　　称	尺寸(mm)			
		Ⅰ型试样	Ⅱ型试样	Ⅲ型试样	Ⅳ型试样
L	总长(最小)	150	115	110 ±5	250
H	夹具间距离	115 ±5	80 ±5		170 ±5
C	中间平行部分长度	60 ±0.5	33 ±2	9.5 ±5	
G_0	标距	50 ±0.5	25 ±1		100 ±0.5
W	宽度	20 ±0.2	25 ±1	45 ±5	25 或 50
b	中间平行部分宽度	10 ±0.2	6 ±0.4	25 ±5	25 或 50

试样应无扭曲,相邻的平面间应相互垂直。表面和边缘应无划痕、空洞、凹陷和毛刺。每个受试方向的试样数量最少5个。

4.2.6.3　测试步骤

(1)试验环境

应在与试样状态相同环境下进行试验,另有规定除外。温度宜为23℃±2℃相对湿度宜为50% ±10% ,并至少调节16h。

(2)试样尺寸

在每个试样中部距离标距每端5mm 以内记录宽度和厚度的最大值和最小值,并确保其在相应材料标准的允差范围内。使用测量的宽度和厚度的平均值来计算试样的横截面。对于注塑试样,在试样中部5mm 内测定宽度和厚度。每个试样测量3 点,精确至0.01mm,取算术平均值。

(3)夹持

将试样放到夹具中,务必使试样的长轴线与试验机的轴线成一条直线。平稳而牢固地夹紧夹具,以防止试验中试样滑移和夹具的移动。夹持力不应导致试样的破裂或挤压。

(4)预应力

试样在试验前应处于基本不受力状态。但在薄膜试样对中时可能产生预应力,特别是较软材料,由于夹持压力,也能引起预应力。但有必要避免应力-应变曲线开始阶段的趾区。如果试样被夹持后应力超过规定的范围,则可用1mm/min的速度缓慢移动试验机横梁,直至试样受到的预应力在允许范围内。

(5)引伸计的安装

设置预应力后,将校准过的引伸计安装到试样的标距上并调正,或装上纵向应变计。如需要,测出初始距离(标距)。如要测定泊松比,则应在纵轴和横轴方向上同时安装两个伸长或应变测量装置。

引伸计应对称放置在试样的平行部分中间并在中心线上。应变计应放置在试样的平行部分中间并在中心线上。

(6)试验速度

试样速度应根据表4-18确定或与相关方商定。测定拉伸模量时,选择的试样速度应尽可能使应变速率接近每分钟1%标距。

推荐的试验速度　　　　　　　　　　　　　　　　表4-18

速度(mm/min)	0.125	0.25	0.5	1	2	5	10	20	50	100	200	300	500
允差(%)	±20							±10					

(7)数据的记录

最好记录试验过程中试样承受的负荷及与之对应的标线间或夹具距离的增量,这需要3个数据通道来获取数据。如果仅有两个通道可用,记录荷载信号和引伸计信号。最好采用自动记录系统。

4.2.6.4　数据处理

(1)应力计算

按式(4-36)计算应力值。

$$\sigma = \frac{F}{A} \tag{4-36}$$

式中:σ——应力,MPa;

F——所测的对应负荷,N;

A——试样原始横截面,mm^2。

(2)应变计算

按式(4-37)计算应变值。

$$\varepsilon = \frac{\Delta L_0}{L_0} \tag{4-37}$$

式中:ε——应变;

ΔL_0——试样标距间长度的增量,mm;

L_0——试样的标距,mm。

应力保留三位有效数字,应变保留两位有效数字。

4.3　材料弯曲性能测试

弯曲试验测定材料承受弯曲荷载时的力学特性的试验,是材料机械性能试验的基本方法之一。弯曲试验主要用于测定脆性和低塑性材料(如铸铁、高碳钢、工具钢等)的抗弯强度,并能反映塑性指标的挠度。弯曲试验时,试样截面上的应力分布是不均匀的,试件的横截面上一部分产生压力,而另一部分产生拉应力,表面的应力-应变最大,可以较灵敏地反映材料表面缺陷情况。因此,弯曲试验也可用于检验焊接质量的好坏。

在实际工程中,梁和板是典型的受弯构件,也是土木工程中数量最多、使用最广的一类构件,例如简支梁、悬臂梁、桥面板等。一般情况下,受弯构件是指横截面上受到弯矩和剪切应力共同作用而轴力可忽略不计的构件。如果横截面只有弯曲应力,而没有剪切应力,则称为纯弯曲,例如桥梁的桥面受到垂直荷载。

通常用弯曲试验的最大荷载对应的挠度 f_{max} 表征材料的变形性能。试验时,在试样跨距的中心测定挠度,通过记录弯曲应力 P 和试样挠度 f_{max} 之间的关系曲线绘成 P-f 关系曲线,称为弯曲图,如图 4-40 所示。对高塑性材料,弯曲试验不能使试件发生断裂,其曲线的最后部分可延伸很长。因此,弯曲试验难以测得高塑性材料的强度,而且试验结果分析也很复杂,故塑性材料的力学性能由拉伸试验测定,而不采用弯曲试验测定,弯曲试验主要测定其工艺性能。对脆性材料(如水泥胶砂、混凝土梁、陶瓷材料、灰铸铁、硬质合金等)可通过弯曲试验测定其抗拉强度、弯曲模量等指标。

弯曲试验根据加荷方式不同可分为集中荷载(三点弯曲)和等弯矩弯曲(四点弯曲)两种,如图 4-41 所示。等弯矩试验能较好地反映材料的品质,因为在两加荷点之间试件受到等弯矩作用,四点弯曲试验时必须注意加荷的均衡。试验时,试样会在该长度上任何薄弱处破坏,能较好地反映材料的缺陷性质,而且试验结果也较精确。三点弯曲则总是在集中荷载施载(最大弯矩)处破坏,三点弯曲试验方法较简单。

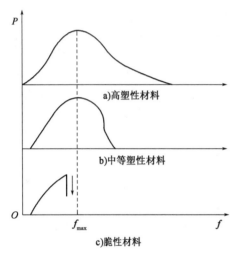

图 4-40　不同材料的弯曲图

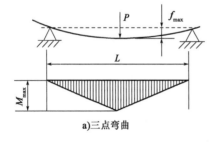

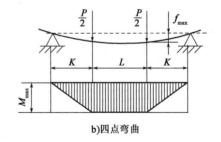

图 4-41　弯曲加荷示意图

杆状试样承受弯矩作用后,其内部应力主要为正应力,与单向拉伸时产生的应力类似。但由于杆件截面上的应力分布不均匀,表面最大,中心为零,应力方向发生变化。因此,材料在弯曲加荷下所表现的力学行为与单纯拉应力作用下的力学行为不完全相同。对于承受弯曲荷载的机件,如轴、板状弹簧等,常用弯曲试验测定其力学性能,以作为设计或选材的依据。弯曲试验作为一种试验方法与拉伸、扭转试验相比,有以下两个方面的特点:一是弯曲试验的试样形状简单、操作方便,不存在拉伸试验时试样偏斜(力的作用线不能准确通过拉伸试样的轴线而产生附加弯曲应力)对试验结果的影响,并可用试样弯曲的挠度显示材料的塑性。因此,弯曲试验方法常用于测定铸铁、铸铁合金、工具钢、硬质合金及陶瓷材料等脆性与低塑性材料的强度和显示塑性的差别。另外,与扭转试验类似,弯曲试样的表面应力最大,故可较灵敏地反映材料的表面缺陷。因此,常用来比较和鉴别渗碳层和表面淬火层等表面热处理机件的质量和性能。

管材在承受压缩荷载时,其局部也会发生显著的弯曲变形。因此,管材也可用压缩变形破坏荷载判定其变形能力及材料的塑性。试验时,将试样放在两个平行板之间,用压力机或其他方法,均匀地压至有关技术条件规定的压扁距(mm),用管子外壁压扁距或内壁压扁距表示。试验焊接管时,焊缝位置应遵守有关技术标准的规定,如无规定时,则焊缝应位于同施力方向呈90°角的位置。试验均在常温下进行,但冬季不应低于 −10℃。试验后,检查试样弯曲变形处,如无裂缝、裂口或焊缝开裂,即认为试样合格。

材料的受弯破坏状态与材料性能有关,一般情况下有以下几种破坏形式:

(1)受拉区外层被拉断,材料断裂。如铸铁和素混凝土梁,都是突然断裂而破坏,这是因为其拉伸强度远远低于压缩强度,如铸铁的拉伸强度约为压缩强度的1/4,而混凝土的拉伸强度约为压缩强度的1/18 ~ 1/9。

(2)受压区外层首先达到弯曲受压的极限值,受压区先被压碎,虽受拉区尚未达到屈服,梁的挠度很小,但梁不能保持稳定性而发生突然破坏,这种破坏为脆性破坏。

(3)受拉区达到屈服,受压区被压碎,梁具有较大的挠度,破坏前有明显的预兆,这种破坏为塑性破坏。

(4)材料受弯时因斜截面抗剪强度较低而发生斜截面的剪切破坏。

(5)高塑性材料受弯时,虽然材料未断裂,但挠度过大,已不能满足使要求,则也视为破坏。如在钢筋混凝土结构中,构件挠度达跨度的1/200时(构件跨度小于7m)时,就视为已达到破坏。塑料挠度大于材料厚度的1.5倍时亦视为破坏。

材料的弯曲受拉极限强度,通常高于直接拉伸试验所测得的拉伸强度。因为在直接拉伸试验中,试件受力均匀,一旦试件内发生微裂缝时,很快就破坏。而在梁弯曲受拉时,因为截面受拉区内的应力是不均匀的,外层纤维受力较大,靠近中和轴的受力较小,当外边纤维发生微裂缝时,由于内部受力较小,部分纤维的约束作用还不会立即引起破坏,因此,必须施加比拉伸强度还高的应力,才能使微裂缝向内部发展,使试件破坏。对于脆性材料梁,用弯曲公式计算所得的弯曲抗拉强度,通常比材料的真正拉伸强度大,如铸铁的比值为1.8,混凝土的比值约为1.5 ~ 2.0;弯曲抗拉强度与抗压强度的比值,铸铁约为0.5,混凝土约为0.15 ~ 0.20。

4.3.1 水泥抗折强度试验

以中心加荷法测定水泥抗折强度。

4.3.1.1 主要测试设备

水泥抗折试验机。

4.3.1.2 试样制备

同水泥抗压强度试验相关内容。

4.3.1.3 测试方法

（1）除24h龄期或延迟48h脱模的试件外，任何到龄期的试件应在试验（破型）前15min从水中取出。抹去试件表面沉淀物，并用湿布覆盖。每个龄期取3条试件先做抗折强度试验。

（2）试验前，擦去试件表面的水分和砂粒，清除夹具上的杂物。

（3）试件放入抗折试验机夹具内，应使侧面与圆柱接触。

（4）试件放入前应使杠杆呈水平状态。试件放入后调整夹具，使杠杆在试件折断时尽可能地接近水平位置。

（5）启动抗折试验机。抗折试验加荷速度为50N/s±10N/s，直至折断，记录破坏荷载或读出强度值，并保持两个半截棱柱试件处于潮湿状态直至抗压试验。

4.3.1.4 数据处理

抗折强度按式（4-38）计算：

$$R_f = \frac{1.5 F_f \times L}{b^3} \tag{4-38}$$

式中：R_f——抗折强度，MPa；

$\quad F_f$——破坏荷载，N；

$\quad L$——支撑圆柱中心距，mm；

$\quad b$——试件断面正方形的边长，为40mm。

抗折强度计算值准确到0.1MPa。抗折强度结果取三个试件平均值，精确至0.1MPa。当三个强度值中有超过平均值±10%的、应剔除后再平均，以平均值作为抗折强度试验结果。

4.3.2 混凝土抗折强度试验

混凝土抗折强度试验也称为混凝土抗弯拉强度试验。

4.3.2.1 主要测试设备

压力机或万能试验机：试验机应能施加均匀、连续、速度可控的荷载。

抗折试验装置符合如下规定：双点加荷的钢制加荷头应使两个相等的荷载同时垂直作用在试件跨度的两个三分点处；与试件接触的两个支座头和两个加荷头应采用直径为20~40mm、长度不小于$b+10$mm的硬钢圆柱，支座立脚点应为固定铰支，其他3个应为滚动支点，如图4-42所示。

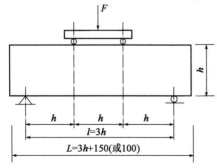

图4-42 混凝土抗折试验装置（尺寸单位：mm）

4.3.2.2 试件制作与养护

标准试件应是边长为150mm×150mm×600mm或150mm×150mm×550mm的棱柱体试件；边长为100mm×100mm×400mm的棱柱体试件是非标准试

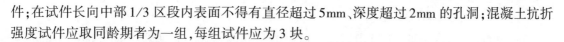

件;在试件长向中部1/3区段内表面不得有直径超过5mm、深度超过2mm的孔洞;混凝土抗折强度试件应取同龄期者为一组,每组试件应为3块。

4.3.2.3 测试步骤

(1)试件到达试验龄期时,从养护地点取出后,应检查其尺寸及形状,尺寸公差应满足规定,试件取出后应尽快进行试验。

(2)试件放置在试验装置前,应将试件表面擦拭干净,并在试件侧面画出加荷线位置。

(3)试件安装时,可调整支座和加荷头位置,安装尺寸偏差不得大于1mm。试件的承压面应为试件成型时的侧面。支座及承压面与圆柱的接触面应平稳、均匀,否则应垫平。

(4)在试验过程中应连续均匀地加荷,当对应的立方体抗压强度小于30MPa时,加荷速度宜取0.02~0.05MPa/s;对应的立方体抗压强度为30~60MPa时,加荷速度宜取0.05~0.08MPa/s;对应的立方体抗压强度不小于60MPa时,加荷速度宜取0.08~0.10MPa/s。

(5)手动控制压力机加荷速度时,当试件接近破坏时,应停止调整试验机油门,直至破坏,并应记录破坏荷载及试件下边缘断裂位置。

4.3.2.4 数据处理

若试件下边缘断裂位置处于两个集中荷载作用线之间,则试件的抗折强度f_f(MPa)应按式(4-39)计算。

$$f_f = \frac{Fl}{bh^2} \tag{4-39}$$

式中:f_f——混凝土抗折强度,MPa,精确至0.1MPa;

F——试件破坏荷载,N;

l——支座间跨度,mm;

b——试件截面宽度,mm;

h——试件截面高度,mm。

抗折强度值应以3个试件测值的算术平均值作为该组试件的抗折强度值,应精确至0.1MPa;3个测值中的最大值或最小值中当有一个与中间值的差值超过中间值的15%时,应把最大值和最小值一并舍除,取中间值作为该组试件的抗折强度值;当最大值和最小值与中间值的差值均超过中间值的15%时,该组试件的试验结果无效。

3个试件中当有一个折断面位于两个集中荷载之外时,混凝土抗折强度值应按另两个试件的试验结果计算。当这两个测值的差值不大于这两个测值的较小值的15%时,该组试件的抗折强度值应按这两个测值的平均值计算,否则该组试件的试验结果无效。当有两个试件的下边缘断裂位置位于两个集中荷载作用线之外时,该组试件试验无效。

试件尺寸为100mm×100mm×400mm非标准试件时,应乘以尺寸换算系数0.85;当混凝土强度等级不小于C60时,宜采用标准试件;当使用非标准试件时,尺寸换算系数应由试验确定。

4.3.3 无机结合料稳定材料弯拉强度试验

试验采用三分点加压的方法进行。

4.3.3.1 主要测试设备

压力机或万能试验机(也可用路面强度试验仪和测力计):压力机应符合现行规范的要求,其测量精度为 ±1%,同时应具有加荷速率指示装置或加荷速率控制装置。上、下压板平整并有足够刚度,可以均匀地连续加荷卸载,可以保持固定荷载。开机停机均灵活自如,能够满足试件吨位要求,且压力机加荷速率可以有效控制在 50mm/min。

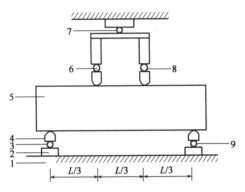

图 4-43 弯拉强度试验装置图(尺寸单位:mm)
1-机台;2-活动支座;3、8-两个钢球;4-活动船形垫块;
5-试件;6、7、9-钢球

加荷模具如图 4-43 所示。

4.3.3.2 试件制作与养护

根据混合料粒径的大小,选择不同尺寸的试件尺寸:小梁,50mm × 50mm × 200mm,适用于细粒土;中梁,100mm × 100mm × 400mm,适用于中粒土,大梁,150mm × 150mm × 550mm,适用于粗粒土。由于大梁试件的成型难度较大,在试验室不具备成型条件时,中梁试件的最大公称粒径可放宽到 26.5mm。

养护时间视需要而定,水泥稳定材料、水泥粉煤灰稳定材料的养护龄期应是 90d,石灰稳定材料和石灰粉煤灰稳定材料的养护龄期应是 180d。按照规定养护方法进行养护。

为保证试验结果的可靠性和准确性,每组试件的试验数目要求为:小梁试件不少于 6 根;中梁不少于 12 根;大梁不少于 15 根。

4.3.3.3 测试步骤

根据试验材料的类型和一般的工程经验,选择合适量程的测力计和试验机,对被测试件施加的压力应在量程的 20% ~80% 范围内。如采用压力机系统,需调试设备,设定好加荷速率。

球形支座涂上机油,使球形支座能够灵活转动,并安放在上压块上。在上、下压块的左、右两个半圆形压头上涂上机油。

试件取出后,用湿毛巾覆盖并及时进行试验,保持试件干湿状态不变。

在试件中部量出其宽度和高度,精确至 1mm。

在试件侧面(平行于试件成型时的压力方向)标出三分点位置。

将试件安放在试架上,荷载方向与试件成型时的压力方向一致,上、下压块应位于试件三分点位置。

安放球形支座。

根据试验要求,在梁跨中安放位移传感器,测量破坏极限荷载时的跨中位移。加荷时,应保持均匀、连续,加荷速率为 50mm/min,直至试件破坏。

记录破坏极限荷载 $P(\mathrm{N})$ 或测力计读数。

4.3.3.4 数据处理

按下式计算弯拉强度。

$$R_{\mathrm{s}} = \frac{PL}{b^2 h} \tag{4-40}$$

式中:R_s——弯拉强度,MPa;

　　　P——破坏极限荷载,N;

　　　L——跨距,两支点间的距离,mm;

　　　b——试件宽度,mm;

　　　h——试件高度,mm。

弯拉强度保留两位小数。

同一组试件试验中,采用 3 倍均方差方法剔除异常值,小梁可以有 1 个异常值,中梁 1 ~ 2 个异常值,大梁 2 ~ 3 个异常值。异常值数量超过上述规定,试验重做。

同一组试验的变异系数 C_v(%)符合下列规定,方为有效试验:小梁 $C_v ≤6\%$、中梁 $C_v ≤10\%$、大梁 $C_v ≤15\%$。如不能保证试验结果的变异系数小于上述规定,则应按允许误差 10% 和 90% 概率重新计算所需的试件数量,增加试件数量并另做新试验。新试验结果与老试验结果一并重新进行统计评定,直到变异系数满足上述规定。

4.3.4　砖抗折强度试验

试验采用三点加荷的方法进行。

4.3.4.1　主要测试设备

材料试验机的示值相对误差不大于 ±1%,其下加压板应为球铰支座,预期最大破坏荷载应在量程的 20% ~ 80% 之间。

抗折夹具:抗折试验的加荷形式为三点加荷,其上压辊和下支辊的曲率半径为 15mm,下支辊应有一个为铰接固定。

4.3.4.2　试样准备

试样应放在温度为 20℃±5℃ 的水中浸泡 24h 后取出,用湿布拭去其表面水分进行抗折强度试验。试样数量为 10 块。

4.3.4.3　试验步骤

按规定测量试样的宽度和高度尺寸各 2 个,分别取算术平均值,精确至 1mm。

调整抗折夹具下支辊的跨距为砖规格长度减去 40mm。但规格长度为 190mm 的砖,其跨距为 160mm。

将试样大面平放在下支辊上,试样两端面与下支辊的距离应相同,当试样有裂缝或凹陷时,应使有裂缝或凹陷的大面朝下,以 50 ~ 150N/s 的速度均匀加荷,直至试样断裂,记录最大破坏荷载 P。

4.3.4.4　数据处理

每块试样的抗折强度 R_c 按式(4-41)计算。

$$R_c = \frac{3PL}{2BH^2} \tag{4-41}$$

式中:R_c——抗折强度,MPa;

　　　P——最大破坏荷载,N;

L——跨距,mm;

B——试样宽度,mm;

H——试样高度,mm。

试验结果以试样抗折强度的算术平均值和单块最小值表示。

4.4 材料剪切性能测试

工程中使用的构件或零部件,除了受到拉伸和压缩的应力 σ 作用之外,还受到剪切应力 τ 的作用。特别是由铆钉、销钉、螺栓连接的构件,如图 4-44 所示,其中连接螺栓等受到剪力的作用,其抗剪强度的大小关系到构件的安全。因此,工程设计时,不仅要考虑材料的抗拉强度和抗压强度,还要考虑材料的抗剪强度。剪切试验则是为了测定材料的抗剪强度而进行的一种试验。

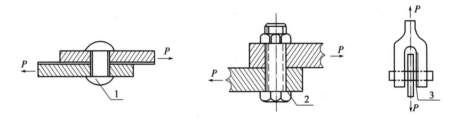

图 4-44 承受剪切的铆钉、销钉、螺栓
1-铆钉;2-螺栓;3-销钉

剪切是指材料受到一对大小相等、方向相反、作用线很近的横向力作用,使材料沿外力作用方向发生错动,先变成平行四边形,而后被剪断。如铆钉承受直接剪切作用;除直接剪切外,在其他外力作用下同样伴随着剪切,如梁在垂直于其纵轴的荷载作用下产生弯曲应力和剪切应力,剪切应力沿梁截面高度按二次线规律而变化,在中和轴处剪应力最大。如果作用在垂直于轴线的平面内的力偶,在其作用下将产生扭转,扭转剪切应力在圆截面上沿扭转轴从零到端部为最大。如果在扭转中不存在弯曲作用,而只有剪切作用,这种情况可称为纯剪。抗剪强度低于实际抗拉强度的材料,如低碳钢,在扭转时破坏首先从杆的最外层沿横截面发生剪断破坏,如图 4-45a) 所示。对于抗拉强度低于抗剪强度的材料,如铸铁,破坏则首先在杆的最外层沿着与杆轴线约呈 45°倾角的螺旋形曲面发生拉断,如图 4-45b) 所示。

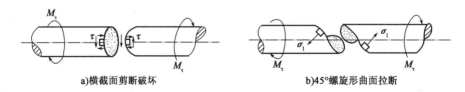

a)横截面剪断破坏   b)45°螺旋形曲面拉断

图 4-45 受扭试样断口

假如一个物体仅在一个方向承接拉伸或压缩应力的作用,那么其 45°斜面上的剪应力为最大剪应力,该值为正应力大小的一半。因此,当试件承受拉伸或压缩时,沿 45°斜面上发生

剪切错动而破坏,如铸铁压缩时的破坏,这就说明材料是因为超过其抗剪强度而破坏的。

为使试验结果尽可能接近实际情况,剪切试验通常用各种剪切试验装置和相应的试验方法来模拟实际工件的工况条件,对试样施加剪力直至断裂,以测定其抗剪强度。常见的试验方法有:单剪试验、双剪试验和冲孔式剪切试验,如图 4-46 所示。

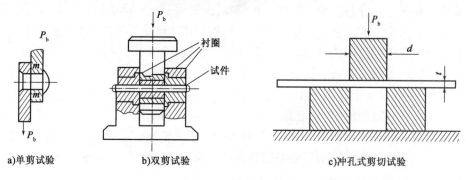

a)单剪试验　　b)双剪试验　　c)冲孔式剪切试验

图 4-46　剪切试验装置

单剪试验主要用于板材和线材的抗剪强度测量,故剪切试件常取自板材或线材。试验时,将试件固定在底座上,然后对上压模加压,直至试件沿剪切面剪断。双剪试验是最常用的剪切试验,将试样装在压式或拉式剪切器内,然后加荷。试件两个截面上同时受到剪力的作用。双剪试验用的试件为圆柱体,其被剪部分长度不能太长。因为在剪切过程中,除了两个剪切面受到剪切外,试样还受到弯曲作用。为了减少弯曲的影响,被剪部分的长度与试件直径之比不要超过 1.5。薄板的抗剪强度,也可用冲孔式剪切试验法测定,断裂面为以圆柱面。剪切试验加荷速率一般规定为 1mm/min,最快不得超过 10mm/min。剪断后,如试件发生明显的弯曲变形,则试验无效。

直剪试验是测定土抗剪强度的一种常用的、古老的、最简单的方法(图 4-47)。测定土不同压力下的抗剪强度,得出土的抗剪强度指标黏聚力 c 和摩擦角 φ,可以估算地基承载力,评价地基稳定性,计算挡土墙土压力等。土的抗剪强度是指土体对于外荷载产生的剪应力的极限抵抗能力。当土中某点由外力所产生的剪应力达到土的抗剪强度,发生了土体的一部分相对于另一部分移动时,认为该点发生了剪切破坏。

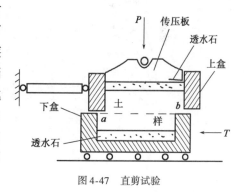

图 4-47　直剪试验

4.4.1　土的直剪试验

为了在直剪试验中,能考虑实际需要,可通过采用不同的加荷速率来达到排水控制的要求。因此,直剪试验分为慢剪试验、固结快剪试验、快剪试验和排水反复直接剪切试验四种试验方法。慢剪试验是主要方法。慢剪试验是在试样上施加垂直压力及水平剪切力的过程中均匀地使试样排水固结。如在施工期和工程使用期有充分时间允许排水固结,则可采用慢剪试验。固结快剪试验是在试样上施加垂直压力待排水稳定后施加水平剪切力进行剪切。由于仪器结构的限制,无法控制试样的排水条件,以剪切速率的快慢来控制试样的排水条件,实际上对渗透性大的土类还是要排水。快剪试验是在试样上施加垂直压力后,立即施加水平剪切力进行剪切。快剪试验用于在土体上施加荷载和剪切过程中均不发生固结和排水作用的情况。如公路挖方边坡,比较干燥,施工期边坡不发生排水固结作用,可以采用快剪试验。

直剪仪按加荷方式分为应变式和应力式两类,前者以等速推动剪切盒使土样受剪,后者则是分级施加水平剪力于剪力盒使土样受剪。应变控制式的优点是能较准确地测定剪应力和剪切位移曲线上的峰值和最后值,且操作方便。我国目前普遍采用的是应变式直剪仪。应变控制式直剪仪的试验方法简介:通过杠杆对土样施加垂直压力 P 后,由推动座匀速推进对下盒施加剪应力,使试样沿上下盒水平接触面产生剪切变形,直至剪破。关于剪切标准,当剪应力与剪切变形的曲线有峰值时,表现出测力计百分表指针不再前进或显著后退,即为剪损。当剪应力与剪切变形的曲线无峰值时,表现出百分表指针随手轮旋转而继续前进,则规定某一剪切位移的剪应力值为破坏值。国内一般采用最大位移为试样直径的 1/10,《公路土工试验规程》(JTG 3430—2020)规定为6mm。

通过传压板和滚珠对土样先施加垂直法向应力 $\sigma = P/F$(其中,F 为土样的截面面积),然后再施加水平剪力 T,使土样沿上下盒水平接触面发生剪切位移直至破坏。在剪切过程中,隔固定时间间隔,测读相应的剪变形,求出施加于试样截面的剪应力值。通常取四个试样,分别在不同的法向应力 σ 下进行剪切,求得相应的 τ_f。按照给定的破坏标准确定其破坏状态。

例如,当剪应力-剪切位移曲线出现峰值时得一组终值数据(图4-48):法向应力 σ 和剪切破坏时剪切面上的平均剪应力 $\tau_f = T_{max}/F$。在直角坐标 σ-τ_f 关系图中可以作出破坏剪应力的连线。在一般情况下,连线呈线性,见图4-49。

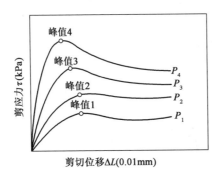
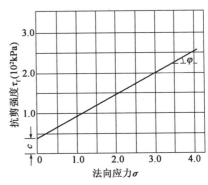

图4-48　剪应力 τ 与剪切位移 Δl 的关系曲线　　图4-49　抗剪强度与垂直压力的关系曲线

砂性土:

$$\tau_f = \sigma\tan\varphi \tag{4-42}$$

黏性土:

$$\tau_f = c + \sigma\tan\varphi \tag{4-43}$$

式中:c——土的黏聚力,kPa,图4-49中 τ-σ 直线在纵轴上的截距;

　　　φ——土的内摩擦角,即 τ-σ 直线与横轴的夹角;

　　$\tan\varphi$——直线的斜率。

式(4-42)、式(4-43)则是土体的强度规律数学表达式,18世纪70年代由库仑首次提出,因此也称库仑定律。它表明在一般的荷载范围内土的抗剪强度与法向应力之间呈直线关系,其中c和φ被称为土的强度指标。

强度指标c和φ反映土的抗剪强度变化的规律性。按照库仑定律,对于某一种土,它们是作为常数来使用的。实际上,强度指标c和φ值随着土的颗粒组成和含水率的不同而变化。

砂土的内摩擦角φ值取决于砂粒间的摩擦阻力以及联锁作用。一般可以取中砂、粗砂、砾砂的$\varphi=32°\sim40°$;粉砂、细砂的$\varphi=28°\sim36°$。孔隙比越小时,φ越大。但是,含水饱和的粉砂、细砂很容易失去稳定,因此必须采取慎重的态度,对此有时取$\varphi=20°$左右。

黏性土的抗剪强度主要取决于黏聚力c:

(1)由于土粒间水膜与相邻土粒之间的分子引力形成的黏聚力,通常称为"原始黏聚力"。当土被压密时,土粒间的距离减小,原始黏聚力随之增大。当土的天然结构被破坏时,将丧失原始黏聚力的一部分,但也会随着时间而恢复其中的一部分。

(2)由于土中化合物的胶结作用而形成的黏聚力,通常称为"固化黏聚力"。当土的天然结构被破坏时,即丧失这一部分黏聚力,而且不能恢复。

黏性土的抗剪强度指标的变化范围很大,与土的种类有关,并且与土的天然结构是否被破坏,试样在法向压力下的排水固结、试验方法等因素有关。黏性土的黏聚力大致从小于9.81kPa到近似200kPa。

直接剪切试验目前依然是室内最基本的抗剪强度测定方法。试验和工程实践都表明:土的抗剪强度与土受力后的排水固结状况有关,因而在土工工程设计中所需要的强度指标试验方法必须与现场的施工加荷实际相符合。

剪切速率对砂土抗剪强度的影响很少,常可忽略不计。但对黏性土抗剪强度的影响则比较明显。黏性土的抗剪强度一般情况下都会随剪切速度加快而增大。较灵敏的土,剪切速率降低10倍时,其抗剪强度则可降低5%~8%。

土的应力-应变关系曲线一般具有如图4-50所示的几种类型,破坏值的选定常有下述情况:若应力-应变曲线具有明显峰值(紧密砂、硬黏土、超固结土),则取峰值作为抗剪强度破坏值;若曲线无峰值(松砂、饱和软黏土、欠固结土等),一般取其剪应变的15%或试样直径的1/15~1/10剪切变形时的剪应力值作为破坏值。

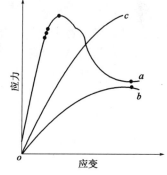

图4-50　不同类型土的应力-应变曲线

直剪试验的优点是仪器构造简单、操作方便,主要缺点是不能控制排水条件、剪切面人为固定以及剪切面上的应力分布不均匀等。因此,后来又发展了三轴剪力仪和三轴试验方法等。

4.4.1.1　慢剪试验

(1)适用范围

适用于测定细粒土和砂类土的抗剪强度指标。

(2)仪器设备

应变控制式直剪仪由剪切盒、垂直加荷设备、剪切传动装置、测力计和位移量测系统组成,如图 4-51 所示。

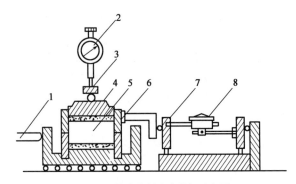

图 4-51　应变控制式直剪仪示意图

1-推动座;2-垂直位移百分表;3-垂直加荷框架;4-活塞;5-试样;6-剪切盒;7-测力计;8-测力百分表

环刀:内径 61.8mm,高 20mm。

(3)试样准备

①原状土试样制备

A. 每组试样制备不得少于 4 个。

B. 按土样上下层次小心开启原状土包装皮,将土样取出放正,整平两端。在环刀内壁涂一薄层凡士林,刀口向下,放在土样上。无特殊要求时,切土方向与天然土层层面垂直。

C. 将试验用的切土环刀内壁涂一薄层凡士林,刀口向下,放在试件上,用切土刀将试件削成略大于环刀直径的土柱。然后将环刀垂直向下压,边压边削,至土样伸出环刀上部为止,削平环刀两端,擦净环刀外壁,称环土合质量,准确至 0.1g,并测定环刀两端所削下土样的含水率。试件与环刀要密合,否则应重取。

切削过程中,应细心观察并记录试件的层次、气味、颜色,有无杂质,土质是否均匀,有无裂缝等。

如连续切取数个试件,应使含水率不发生变化。

视试件本身及工程要求,决定试件是否进行饱和,如不立即进行试验或饱和时,则应将试件暂存于保湿器内。

切取试件后,剩余的原状土样用蜡纸包好置于保湿器内,以备补做试验之用。切削的余土做物理性试验。平行试验或同一组试件密度差值不大于 ±0.1g/cm³,含水率差值不大于 2%。

②扰动土样的制备

扰动土试样制备可根据工程需要采用击实法或压样法。

③试件饱和

根据土的性质,确定饱和方法。

砂类土:可直接在仪器内浸水饱和。

较易透水的黏性土:即渗透系数大于 10^{-4}cm/s 时,采用毛细管饱和法较为方便,或采用浸水饱和法。

不易透水的黏性土:即渗透系数小于 10^{-4}cm/s 时,采用真空饱和法。如土的结构性较弱,抽气可能发生扰动,不宜采用。

（4）试验步骤

①对准剪切容器上下盒,插入固定销,在下盒内放透水石和滤纸,将带有试样的环刀刃向上,对准剪盒口,在试样上放滤纸和透水石,将试样小心地推入剪切盒内。

②移动传动装置,使上盒前端钢珠刚好与测力计接触,依次加上传压板、加压框架,安装垂直位移量测装置,测记初始读数。

③根据工程实际和土的软硬程度施加各级垂直压力,然后向盒内注水;当试样为非饱和试样时,应在加压板周围包以湿棉花。

④施加垂直压力,每1h测记垂直变形一次。试样固结稳定时的垂直变形值为每1h不大于0.005mm。

⑤拔去固定销,以小于0.02mm/min的速度进行剪切,并每隔一定时间测记测力计百分表读数,直至剪损。

⑥当测力计百分表读数不变或后退时,继续剪切至剪切位移为4mm时停止,记下破坏值。当剪切过程中测力计百分表无峰值时,剪切至剪切位移达6mm时停止。

⑦剪切结束,吸去盒内积水,退掉剪切力和垂直压力,移动压力框架,取出试样,测定其含水率。

（5）数据处理

①剪应力按下式计算:

$$\tau = \frac{CR}{A_0} \times 10 \tag{4-44}$$

式中:τ——剪应力,计算至0.1kPa;

　　C——测力计率定系数,N/0.01mm;

　　R——测力计读数,0.01mm;

　　A_0——试样初始的面积,cm^2;

　　10——单位换算系数。

②以剪应力 τ 为纵坐标,剪切位移 Δl 为横坐标,绘制 τ-Δl 的关系曲线。

③以垂直压力 p 为横坐标,抗剪强度 S 为纵坐标,将每一试样的抗剪强度点绘在坐标纸上,并连成一直线。此直线的倾角为内摩擦角 φ,纵坐标上的截距为黏聚力 c。

4.4.1.2　固结快剪试验

适用于细粒土或粒径2mm以下的砂类土。

固结快剪试验的仪器设备、试样准备、试验步骤仅有一点与慢剪试验不同,即固结快剪试验的剪切速度为0.8mm/min。要求在3~5min内剪损,为的是在剪切过程中尽量避免试样有排水现象。

4.4.1.3　快剪试验

适用于细粒土或粒径2mm以下的砂类土。快剪试验的仪器设备、试样准备、试验步骤仅有一点与慢剪试验不同,即快剪试验的剪切速度为0.8mm/min。

4.4.2 金属材料剪切试验

（1）主要测试设备

各种类型的拉力、压力或万能试验机：试验机应保证使夹具的中心线与试验机的加力轴线一致，加力应连续、平稳、无振动。

试验时可以使用各种形式的双剪夹具。剪切和支承作用材料建议采用高强度合金或在试验温度下有足够硬度的材料（屈服强度应高于被剪切材料的抗拉强度）。

剪切圈、支承圈孔径和试样直径之间的间隙不大于 0.1mm，剪切圈和支承圈之间的间隙不大于 0.1mm。

切刀、夹板、剪切圈及支承圈表面应光滑，表面粗糙度 Ra 的最大值为 1.6；剪切圈和支承圈的刀口应锐利无缺损。

剪切圈、支承圈的厚度为 $1.3d \sim 3.0d$。

（2）试样

①试样的数量、尺寸及切取部位应按有关技术条件规定，如果技术条件无规定时，可按下述规定选取。

②每批铆钉中取不少于 6 个试样，每盘线材两端 0.5m 处各取 3 个试样；凡在零件或其他金属制品上切取试样时，每一部位每一取向的试样数量不少于 3 个。

③直径大于 6mm 的线材，可加工成直径不大于 6mm 的试样进行试验，凡需切削加工后进行试验的试样，按图 4-52 要求制备。

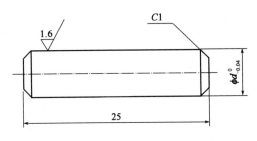

图 4-52 剪切试样（d 不大于 6mm）

④线材稍有弯曲，可以在木垫上用木锤轻敲校直，但在校直过程中应尽量将加工硬化对性能的影响降到最低。

⑤试样表面应光滑，无损伤、锈蚀等缺陷。

⑥试样直径的测量精度为 0.01mm，横截面面积计算精确到 0.01mm²。

（3）试验步骤

①室温试验应在 10 ~ 35℃ 范围内进行，高温试验在规定温度下进行。

②高温试验在试样上用一支热电偶直接测量试样中部温度，试验过程中的温度偏差应符合规定的要求。

③剪切试验速度（试验机横梁移动速度）不大于 5mm/min。

④高温试验试样加热到试验温度的时间不大于 1h，保温时间为 15 ~ 30min，然后施加试验力，记录试样剪切时的最大试验力。

（4）数据处理

抗剪强度计算公式如下：

$$\tau_{b,t} = F_m / (2S_0) \tag{4-45}$$

式中：F_m——剪切试验中最大荷载，N；

S_0——横截面面积，mm²。

试验结果数值应按照相关产品标准的要求进行修约。如未规定具体要求,抗剪强度的计算精确到三位有效数字。剪断后,如试样发生弯曲,或断口出现楔形、椭圆形等剪切截面,则试验结果无效,应重新取样进行。

4.5 材料冲击韧性测试

冲击试验是试样在冲击试验力作用下的一种动态力学性能试验,主要用来测定冲断一定形状的试样所消耗的功,又叫冲击韧性试验。冲击韧性是钢材抵抗冲击荷载作用的能力。钢材的冲击韧性 α_k 是用标准试件(中部加工成 V 或 U 形缺口),在试验机的一次摆锤冲击下,以破坏后缺口处单位面积上所消耗的功来表示,如图 4-53 所示。

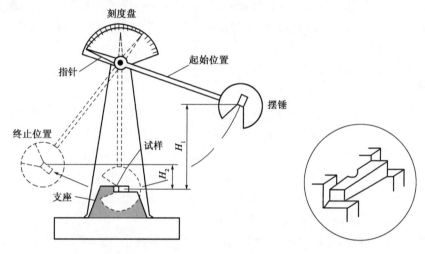

图 4-53 冲击韧性试验示意图

冲击韧性 α_k 值越大,钢材的冲击韧性越好。钢材的化学成分、冶炼方式、加工工艺和环境温度对其冲击韧性都有明显的影响。如钢材中磷、硫元素含量较高,或存在偏析、非金属夹杂物以及焊接形成的微裂纹,都会导致冲击韧性显著降低。随温度下降,钢材的冲击韧性显著下降而表现出脆性的现象称为钢材的冷脆性。冲击韧性显著降低时的温度称为脆性转变温度。脆性转变温度越低,说明钢材的低温冲击韧性越好。钢材的冲击韧性全面反映钢材的品质,对于直接承受荷载而且可能在负温下工作的重要结构,必须进行冲击韧性试验。

冲击试验的方法很多,但常规冲击试验有两种:一种是简支梁式冲击弯曲试验,试验时试样处于三点弯曲受力状态;另一种是悬管式冲击弯曲试验,试验时试样处于弯曲状态。通常把前者称为夏比(Charpy)冲击试验,如图 4-54a)所示,后者称为艾佐(Izod)冲击试验,如图 4-54b)所示。艾佐冲击试验对试样的夹紧有较高的技术要求,故应用受到一定的限制。而夏比冲击试验因其较为简便且可在不同温度下进行,同时可以根据测试材料的试验目的的不同,采用带有不同几何形状和深度的缺口试样,因此,应用较为广泛。

冲击试样上一般均刻有缺口(脆性材料除外),这是为了在缺口处造成一定应力集中状态,从而使冲击能量耗用在缺口尖端附近的微小区域内,通常缺口处越尖锐、越深,则冲击过程中参与塑性变形的体积越小,消耗的冲击功越小,α_k 值越低。

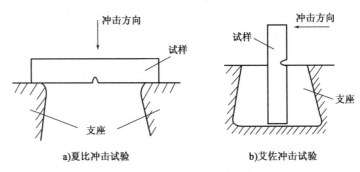

图 4-54　冲击试验类型

金属材料冲击韧性试验采用夏比摆锤冲击试验方法。将规定几何形状的缺口试样置于试验机两支座之间,缺口背向打击面放置,用摆锤一次打击试样测定试样的吸收能量。

（1）主要测试设备

冲击试验机,游标卡尺,摆锤刀刃半径应为 2mm 和 8mm 两种。

（2）试样制备

夏比冲击试样根据缺口形状不同,分为 V 形和 U 形缺口试样,如图 4-55 所示。标准尺寸冲击试样长度为 55mm,横截面为 10mm×10mm 的方形,在试样长度中间有 V 形或 U 形缺口。如试料不够制备标准尺寸试样,可使用宽度 7.5mm、5mm 或 2.5mm 的小尺寸试样。

对缺口的制备应仔细,以保证缺口根部处没有影响吸收能的加工痕迹。缺口对称面应垂直于试样纵向轴线。V 形缺口应有 45°夹角,其深度为 2mm,底部曲率半径为 0.25mm。U 形缺口深度应为 2mm 或 5mm,底部曲率半径为 1mm。

试样制备过程应使由于过热或冷加工硬化而改变材料冲击性能的影响减至最小。试样标记应远离缺口,不应标在与支座、砧座或摆锤刀刃接触的面上。试样标记应避免塑性变形和表面不连续性对冲击吸收能量的影响。

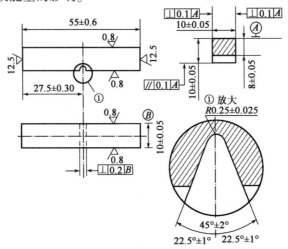

a)V形试件尺寸

图　4-55

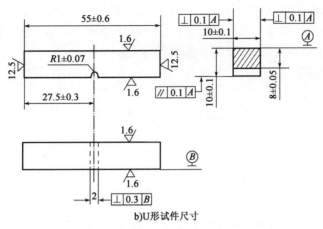

b)U形试件尺寸

图 4-55　夏比冲击试样(尺寸单位:mm)

（3）测试步骤

①试样应紧贴试验机砧座,锤刃沿缺口对称面打击试样缺口的背面,试样缺口对称面偏离两砧座间的中点应不大于 0.5mm,如图 4-56 所示。

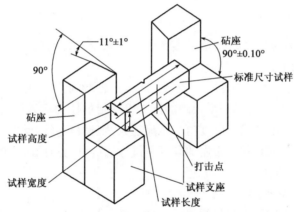

图 4-56　试样与摆锤冲击试验机支座及砧座相对位置示意图

试验前应检查摆锤空打时的回零差或空载能耗。空打试验的目的是检查试样机是否处于正常工作状态。其方法是当摆锤自由下落时,使指针对准最大打击能量处。然后扬起摆锤空打,检查此时的指针是否指零。其偏离不应超过最小分度的 1/4。

试验前应检查砧座跨距,砧座跨距应保证在 $40^{+0.2}$mm 以内。

②对于试验温度有规定的,应在规定温度 ±2℃ 范围内进行。如果没有规定,室温冲击试验应在 23℃±5℃ 范围进行。

③当试验不在室温进行时,试样从高温或低温装置中移出至打断的时间应不大于5s。

④用精度不低于 0.02mm 的量具测量试样缺口底部处的横截面尺寸,其横截面尺寸应在规定的偏差范围内。

⑤根据所测试材料的牌号和热处理工艺,估计试样冲击吸收功的大小,选择试验机的打击能量。试样吸收能量 K 不应超过实际初始势能 K_p 的 80%。如果试样吸收能超过此值,在试验报告中应报告为近似值并注明超过试验机能力的 80%。

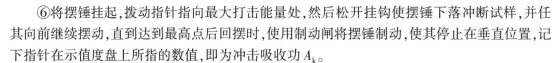

⑥将摆锤挂起,拨动指针指向最大打击能量处,然后松开挂钩使摆锤下落冲断试样,并任其向前继续摆动,直到达到最高点后回摆时,使用制动闸将摆锤制动,使其停止在垂直位置,记下指针在示值度盘上所指的数值,即为冲击吸收功 A_k。

⑦回收试样,观察断口。

(4)数据处理

冲击韧性 α_k 按下式计算,至少保留 2 位有效数字。

$$\alpha_k = \frac{A_k}{S_0} \tag{4-46}$$

式中:α_k——冲击韧性,J/cm^2;

A_k——冲击吸收功,J;

S_0——试样缺口断面面积,cm^2。

4.6 材料硬度性能测试

4.6.1 硬度试验方法

金属的硬度可以认为是金属材料局部表面在接触压力的任用下抵抗塑性变形的一种能力。硬度值是材料性能的一个重要指标。

材料硬度测试方法很多,一般可分为四类,即压入法、刻痕法、弹跳法以及其他方法。使用最广泛的是压入法。压入法就是一个很硬的压头以一定的压力压入试样的表面,使金属产生压痕,然后根据压痕的大小来确定硬度值。压痕越大,则材料越软;反之,则材料越硬。根据压头类型和几何尺寸等条件的不同,常用的硬度测试方法可分为布氏法、洛氏法和维氏法三种。

常用金属硬度试验方法一般有如下分类:

(1)按试验力施加速度分类

①静力试验法:施加试验力时是缓慢而无冲击的。硬度的测定主要决定于被测试样长面压痕的状况,即压痕的深度、压痕投影面积或压痕凹印面积的大小。这包括所有的静力压入法,如常用的布氏、洛氏、维氏硬度试验法等。

②动力试验法:施加试验力特点是动态和具有冲击性,包括肖氏、里氏锤击和弹簧加力试验法等。

(2)按试验力的大小分类

①宏观硬度试验法:试验力≥49.03N;

②小负荷硬度试验法:试验力 1.961~49.03N;

③显微硬度试验法:试验力 0.0098~1.96N;

④超显微硬度试验法:试验力 <0.00908N;

⑤纳米级硬度试验法:试验力 <50nN。

(3)按试验温度分类

①常温硬度试验法:在室温下进行;

②低温硬度试验法:在0℃以下某一特定温度下进行;

③高温硬度试验法:在室温以上某一特定温度下进行。

（4）按试验原理分类

可分为布氏、洛氏、维氏、肖氏和划痕、锉刀以及其他物理检测方法,如超声波、磁矫顽力、磁导率等。

4.6.2　硬度试验的作用和特点

硬度检测能成为力学性能试验中最常用的一种方法,是因为硬度检测的结果在一定条件下能敏感地反映出材料在化学成分、组织结构和处理工艺上的差异。这种方法在检查原材料、监督热处理工艺正确性以及在研究固态相变过程和研究新材料、新合金中被广泛地加以利用。

例如,在钢铁材料中,当马氏体形成时,由于溶入过饱和的碳原子而增大了晶格畸变,增加了位错密度,从而显著降低了塑性变形能力。这就是马氏体具有高硬度的主要原因。显然,含碳量愈高,这种畸变程度愈大,则硬度也愈高。不同含碳量的钢在淬火后,硬度值与马氏体量及其含碳量间在很大范围内有良好的对应关系(图4-57)。淬火钢回火后的硬度取决于回火温度及保温时间。回火温度愈高,保温时间愈长,硬度愈低。因此,可以利用硬度试验研究钢的相变和作为检验钢铁热处理效应的手段。金属的硬度随冷加工变形程度的增大而提高,又随退火而使材料发生恢复再结晶的程度的增加而降低。时效强化型合金的硬度与采用的各种热处理工艺所引起的组织变化有关。可强化铝合金的热处理工艺与硬度的关系如图4-58所示。

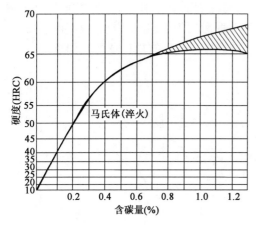

图4-57　淬火钢的最大硬度与含碳量的关系

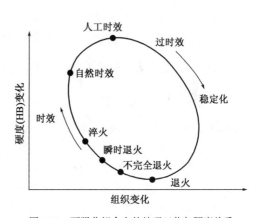

图4-58　可强化铝合金的处理工艺与硬度关系

对某一种具体工艺方法,可通过硬度试验,研究其工艺参数的改变引起组织与性能变化的规律。图4-59是以3A21(LF21)防锈铝合金为例。该种合金制品退火时,极易产生粗大晶粒,致使合金制品在深冲或成型时,表面粗糙或出现裂纹。实验证明,这是由于铸锭中锰在晶内偏析所造成,采取合适的均匀化处理温度可以得到改善。通过图4-59可以看出,采用610℃均匀化退火,可以消除枝晶偏析,得到均匀的硬度,从而保证产品品质。温度过高如用640℃均匀化退火,由于从$\alpha(Al)$中析出的MnAl6等化合物又重新溶解,晶内成分不均匀再出现,显微硬度的分布又不均匀。

在研究金属焊接结构时,可利用硬度试验法确定焊缝产生淬硬倾向以及热影响区范围。

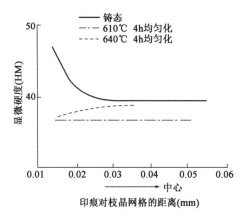

图 4-59　均匀化温度对晶内偏析显微硬度的影响

利用表面洛氏和轻负荷维氏硬度等试验法可测定表面热处理强化效果及硬度梯度,表面强化层或渗层的深度。显微硬度试验法是金相分析方法的补充,除用作测量显微组织中相的硬度外,还有广泛的其他用途。又如,材料在高温或低温下使用,可以通过高温或低温硬度的测定来判断其适用性。总之,硬度试验方法的应用是非常广泛的。

硬度试验方法的特点是经检测后的制件不被破坏,留在制件表面上的痕迹很小。在大多数情况下对制件使用无影响,可视为无损检验。对于重要的产品可以逐个进行检查,如一些热处理后的模具、工具、工艺文件上,都仅要求做硬度检测。

硬度检测设备简单,易于掌握。不仅可以在固定的仪器上进行,而且还有便携式的小型硬度计,在生产线或特大件上进行检测。

硬度检测有很高的工作效率。如洛氏硬度测定在同类的零件上 1h 可测得 120 个以上数据。自动洛氏测定,每小时可达 1000 次。

在我国机械制造工业中,硬度检测法常用于最终热处理效应检查,实际上,硬度检测法在工艺管理和生产过程中进行质量控制也是非常重要的一种手段。如对未经热处理的一些制件,为避免混料、错料,应进行硬度检测。在加工过程中,为避免切削或磨削加工量过大而引起退火造成性能改变,亦应用硬度检测加以监管。因此,科学合理地应用硬度检测方法,很值得重视。

由于金属硬度与强度之间有一定的对应关系,使硬度检测具有更广泛的实用意义。

4.6.3　硬度测试方法基本原理

4.6.3.1　布氏硬度试验

布氏硬度检测方法最初是由瑞典工程师布利奈尔(J. A. Brinell)在 1900 年研究热处理对轧钢组织影响时提出的,故称布氏硬度。该方法使用最早,检测结果分散度小,复现性好,能比较客观地反映出材料的硬度。因此,布氏检测方法成为最广泛和常用的硬度检测方法之一。

参考《金属材料　布氏硬度试验　第 1 部分:试验方法》(GB/T 231.1—2018)。在规定的试验力 F 作用下,将一定直径 D 的钢球(或碳化钨合金球)压入试样表面,保持一定时间后,然后卸除试验力,测量试样表面压痕的直径 d。根据 d 计算出压痕表面积 A。布氏硬度值是试验力除以压痕球形表面积 A 所得的商。压痕大(即 F/A 值小)表示钢球压入深,硬度值低;反之,则硬度值高。布氏硬度试验原理如图 4-60 所示。

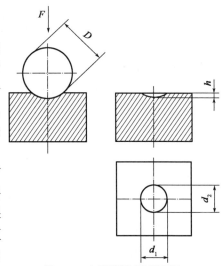

图 4-60　布氏硬度试验原理图
D-钢球直径,mm;d_1、d_2-在两相互垂直方向测量的压痕直径,mm;F-试验力,N;h-压痕深度,mm

4.6.3.2 洛氏硬度试验

1919年,美国的 S. P. Rockwell 和 M. Rockwell 提出了直接用压痕深度作为标志硬度值高低的洛氏硬度试验。洛氏硬度试验也是目前最常用的硬度试验方法之一。将特定尺寸、形状和材料的压头按照规定分两级试验力压入试样表面,初试验力 F_0 加荷后,测量初始压痕深度。随后施加主试验力 F_1,在总试验力 F 作用下,将压头压入试样表面,在卸除主试验力 F_1 后,保持初试验力 F_0 一定时间后,测量最终压痕深度。洛氏硬度根据最终压痕深度和初始压痕深度的差值 A 及常数 N 和 S 通过式计算给出。洛氏硬度检测原理如图4-61所示。

$$洛氏硬度 = N - \frac{h}{S} \tag{4-47}$$

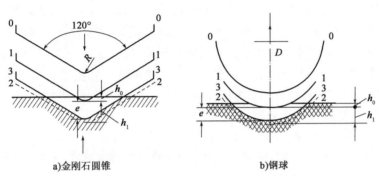

a)金刚石圆锥　　　　　b)钢球

图4-61　洛氏硬度检测原理

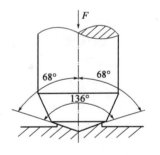

洛氏硬度试验的压头有两种:一种是由顶角 120° 的金刚石圆锥体制成,适用于硬质合金、表面淬火钢等材料;一种是直径为 1.5875mm 或 3.175mm 的碳化钨合金球形压头。碳化钨合金球形压头是标准型洛氏硬度试验压头。

4.6.3.3 维氏硬度检测原理

维氏硬度试验的压头采用锥面夹角为 136° 的金刚石四棱锥体,根据单位凹陷面积上所受的试验力计算硬度值。维氏硬度试验压头在压力 F 的作用下,压入试件表面,并保持一定时间,在试样表面上留下一个四棱锥形的压痕。测量压痕正方形对角线平均长度 $d = (d_1 + d_2)/2$,据此计算锥形压痕表面积,从而求出单位面积所受平均压力,作为维氏硬度值,以符号 HV 表示。维氏硬度试验原理如图4-62所示。

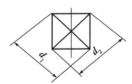

图4-62　维氏硬度试验原理

4.6.4 金属材料布氏硬度检测

(1)试验设备

硬度计,应能施加预定试验力或 9.807~29.42kN 范围内的试验力。压头采用碳化钨合金压头。压痕测量装置。

(2)试样准备

试样表面应平坦光滑,且不应有氧化皮及外界污物,尤其不应有油脂。试样表面应能保证压痕直径的精确测量。对于使用较小压头,有可能需要抛光或磨平试样表面。制备试样时,应使过热或冷加工等因素对试样表面的影响减至最小。试样厚度至少应为压痕深度的8倍。试样最小厚度与压痕平均直径的关系满足规范规定。试验后,试样背部如出现可见变形,则表明试样太薄。

(3)试验程序

①试验一般在10~35℃室温下进行,对于温度要求严格的试验,温度为23℃±5℃。试验前应按照规定核查硬度计的状态。试验力的选择应保证压痕直径在0.24D~0.6D之间。

②试样应放置在刚性试台上。试样背面和试台之间应无污物(氧化皮、油、灰尘等)。将试样稳固地放置在试台上,确保在试验过程中不发生位移。

③使压头与试样表面接触,垂直于试验面施加试验力,直至达到规定试验力值,确保加荷过程中无冲击、振动和过载。从加力开始至全部试验力施加完毕的时间应在7^{+1}_{-5}s之间。试验力保持时间为14^{+1}_{-4}s。对于要求试验力保持时间较长的材料,试验力保持时间公差为±2s。

④在整个试验期间,硬度计不应受到影响试验结果的冲击和振动。任一压痕中心距试样边缘距离至少应为压痕平均直径的2.5倍;两相邻压痕中心间距离至少应为压痕平均直径的3倍。

⑤压痕直径的光学测量既可采用手动也可采用自动测量系统。光学测量装置的视场应均匀照明,照明条件应与硬度计直接校准、间接校准和日常检查一致。对于手动测量系统,测量每个压痕相互垂直方向的两个直径。用两个读数的平均值计算布氏硬度。

⑥利用给出的公式计算平面试样的布氏硬度值,将试验结果修约到3位有效数字。布氏硬度值也可通过现行国家标准《金属材料　布氏硬度试验　第4部分:硬度值表》(GB/T 231.4)给出的硬度值表直接查得。

(4)计算公式

布氏硬度符号表示为HBS(钢球压头,适合测450HBS以下的金属材料);HBW(硬质合金球压头,适合测450~650HBW的金属材料)。

按布氏硬度定义

$$HBW = F/A$$

压痕面积为:

$$A = \pi Dh$$

则

$$HBW = \frac{F}{A} = \frac{F}{\pi Dh} \tag{4-48}$$

压痕深度:

$$h = \frac{1}{2}(D - \sqrt{D^2 - d^2}) \tag{4-49}$$

布氏硬度:

$$HBW = 0.102 \frac{2F}{\pi[D - (D^2 - d^2)]} \tag{4-50}$$

式(4-50)是《金属材料　布氏硬度试验　第1部分:试验方法》(GB/T 231.1—2018)中的

一个公式。一般硬度检测时均不必用以上公式计算,而是在测得压痕直径 d 后,通过现行国家标准《金属材料 布氏硬度试验 第 4 部分:硬度值表》(GB/T 231.4)查表得硬度值。

思考题

4.1 混凝土抗压强度测试步骤是什么?

4.2 无机结合料稳定材料无侧限抗压强度测试步骤是什么?

4.3 混凝土劈裂抗拉强度测试步骤是什么?

4.4 金属材料布氏硬度测试方法是什么?

第5章　工程材料疲劳性能测试

本章提要

本章主要介绍工程材料疲劳性能测试,包括工程材料疲劳破坏机理、无机结合料稳定材料疲劳试验方法、沥青混合料疲劳寿命试验方法和金属材料疲劳试验方法。

通过本章的学习,要求掌握材料疲劳性能测试方法,熟悉材料疲劳性能测试的主要测试仪器设备、试件制作、测试步骤和数据处理。

材料在交变应力或应变作用下产生裂纹,并不断扩展,最终导致断裂的全过程称为疲劳。疲劳破坏时,材料所经历的应力、应变循环次数称为疲劳寿命。疲劳破坏具有以下特点:

(1)疲劳破坏是构件在所承受的应力低于强度极限,甚至低于屈服强度的情况下突然发生的断裂;疲劳破坏属于低应力循环延时断裂。

(2)塑性材料构件呈现脆性断裂,即使塑性性能很好的材料在断裂前也无明显的塑性变形。

(3)由于缺口或裂纹会引起应力集中,组织缺陷将降低材料的局部强度,容易首先引起疲劳破坏。

5.1　工程材料疲劳破坏机理

疲劳断裂过程通常由 3 个阶段所组成,即疲劳裂纹萌生、疲劳裂纹扩展和疲劳裂纹失稳扩展。

5.1.1　疲劳裂纹萌生机理

疲劳裂纹的形成实质上是微观裂纹的形成、长大和连接过程,而微观裂纹的形成则是由材料不均匀局部滑移和显微开裂所引起。

工程材料如果含有缺陷、夹杂物、切口或者其他应力集中源,疲劳裂纹就可能起源于这些地方。通常将疲劳裂纹的萌生过程称为疲劳裂纹成核。如果工程材料没有上述各种应力集中源,则裂纹成核往往在构件表面。因为构件表面应力水平一般比较高,且难免有加工痕迹影响。同时,表面区域处于平面应力状态,有利于塑性滑移的进行。构件在循环荷载作用下经过一定次数应力循环之后,先在部分晶粒的局部出现短而细的滑移线,并呈现相继错动的滑移台阶,又由于往复滑移,在表面上形成缺口或突起而产生应力集中。随着循环次数增加,在原滑移线附近又出现新滑移线,逐渐形成较宽的滑移带,进一步增加应力循环次数,滑移带尺寸及

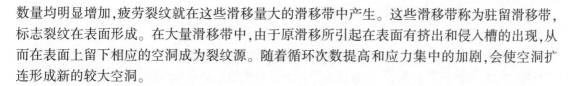

数量均明显增加,疲劳裂纹就在这些滑移量大的滑移带中产生。这些滑移带称为驻留滑移带,标志裂纹在表面形成。在大量滑移带中,由于原滑移所引起在表面有挤出和侵入槽的出现,从而在表面上留下相应的空洞成为裂纹源。随着循环次数提高和应力集中的加剧,会使空洞扩连形成新的较大空洞。

5.1.2　疲劳裂纹扩展机理

疲劳裂纹在表面处成核,是由最大剪应力控制的,这些微裂纹在最大剪应力方向上。在单轴加荷条件下,微裂纹与加荷方向大致呈45°方向。在循环荷载的继续作用下,这些微裂纹进一步扩展或互相连接。其中,大多数微裂纹很快就停止扩展,只有少数微裂纹能达到几十微米的长度。此后逐渐偏离原来的方向,形成一条主裂纹而趋向于转变到垂直于加荷方向的平面(最大拉应力面)内扩展。裂纹由滑移面向最大拉应力面的转变称为裂纹从第一阶段扩展向第二阶段扩展的转变。随着循环拉应力的增大,裂纹尖端的材料由于高度的应力集中而发生塑性屈服,材料沿最大剪应力方向产生塑性滑移。循环拉应力进一步增大,滑移区扩大使裂尖钝化而呈半圆形,此时裂纹尖端已向前移动。此后进入卸载循环。在循环加荷时,由于滑移,在裂尖形成一个塑性区,塑性区外的材料只有弹性变形。卸载后,弹性变形要恢复,而裂尖已发生塑性变形的材料却不能协调地收缩,故形成了压缩应力作用在塑性区上。在裂尖处这种压应力值可以很大,甚至能够超过屈服极限而使裂尖材料发生反向塑性变形,滑移反向,裂纹上下表面间距离缩小。但是,加荷时裂尖塑性钝化形成的新的裂纹面却不能消失,它将在压应力的作用下屈曲失稳,而在裂尖形成双凹槽形。最后在循环最大压应力作用下又形成了一个裂纹尖,但长度已经增加了。下一个循环开始,裂纹又张开钝化扩展锐化。重复上述过程。这样断口裂纹面上就留下了一条痕迹,即为疲劳条纹。

5.1.3　疲劳裂纹的失稳扩展

疲劳裂纹扩展到某临界长度时,将发生失稳扩展而导致迅速断裂。这一阶段是构件寿命的最后阶段。失稳扩展由材料韧性、裂纹尺寸和应力水平等因素综合决定。失稳扩展到断裂这一短暂过程对于寿命的贡献是可以忽略的。

疲劳破坏与静力破坏的本质区别在于:

(1)疲劳破坏是多次重复荷载作用下产生的破坏,它是较长期的交变应力作用的结果。疲劳破坏往往要经历一定时间,这与静载下的一次破坏不同。

(2)疲劳破坏通常没有宏观显著塑性变形的迹象,即使在静载作用下表现为韧性的材料,在交变应力作用下,也表现为无明显塑性变形的断裂,与脆性破坏很类似,但前者需要经过一段较长的列为亚临界的扩展时间,而后者则高速扩展而突然破坏。

(3)疲劳破坏的断口上,总是呈现两个区域:一部分是暗淡光滑区,也即疲劳裂纹发生和扩展区;另一部分是光亮晶粒状区,也即快速断裂区。在交变荷载作用下,整个疲劳破坏过程,是以构件存在的缺陷处开始的,对光滑无缺口试样,则由于滑移产生微小裂纹,裂纹起点叫疲劳源。由于反复的变形,裂纹逐渐扩展,扩展过程中开裂的两个面时而挤紧,时而松离,这样反复摩擦产生了光滑区。随着裂纹的扩大,剖面削弱越来越厉害,直到材料或构件静强度不足时,即在某荷载作用下,突然断裂,这种突然性的破坏常常使材料的断面呈晶粒状。

在疲劳裂纹的发生、扩展区,往往可借助电子显微镜看到明暗交替相平行的疲劳条痕,条痕的出现是判断疲劳破坏的重要依据。

(4)就疲劳破坏来说,材料组成、构件的形状、尺寸、表面状态、使用环境等因素都是非常敏感的,因此,对同一种材料,同一种试验条件下得到的数据具有相当的分散性,即疲劳抗力具有统计性质。

5.2 无机结合料稳定材料疲劳试验方法

(1)适用范围

本方法适用于无机结合料稳定材料以及贫混凝土材料的疲劳试验。试验采用三分点施加 Havesine 波的动态周期性的压应力荷载模式进行疲劳试验。

(2)仪器设备

①试验机:即应力控制系统,要求应能施加一定频率范围、荷载持续时间及不同大小的应力,可用能产生需要波形的电动液压试验机,要求精度准确到 5N。应保证试验机能够施加稳定动态荷载。施加的荷载波形如图 5-1 所示。

②数据采集系统:包括荷载传感器、位移传感器。荷载计数器以及数据采集仪。位移传感器用于测量跨中竖向变形,安装于试件跨中的两侧。

③加荷模具,如图 5-2 所示。

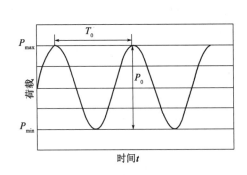

图 5-1 疲劳试验荷载曲线示意图

P_{max}-最大荷载(N);P_{min}-最小荷载(N),$P_{min} = 0.02 \times P_{max}$;$P_0$-荷载振幅(N),$P_0 = P_{max} - P_{min}$;$T_0$-荷载周期;$T_0 = 1/f, f$ 为荷载频率,标准频率为 10Hz

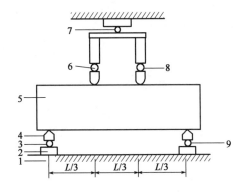

图 5-2 抗弯拉试验装置图

1、2、6-一个钢球;3、5-两个钢球;4-试件;7-活动支座;8-机台;9-活动船形垫块

(3)试件制备和养护

①试验采用梁式试件,根据土的粒径大小选择小梁、中梁或大梁试件。小梁适用于细粒式材料;中梁适用于中粒式材料;大梁适用于粗粒式材料。由于大梁试件的成型难度较大,在试验室不具备成型条件时,中梁试件的最大公称粒径可放宽至 26.5mm。

②由于混合料疲劳试验的变异性较大,为了得到比较可靠的试验结果,对于一种应力(应变)水平(或应力强度比水平)下,平行试验的样本量不宜小于:小梁 6 根、中梁 9 根、大梁 13 根。为评价某种混合料的疲劳性能,得到相关的疲劳寿命曲线,应至少进行 4 个应力(应变)

水平(或应力强度比水平)的试验。试验应准备足够的试件数目,并考虑一定量的备用件(不少于10%)。

③对于水泥稳定类材料,一般进行90d龄期的疲劳试验;对于石灰或粉煤灰稳定类材料,一般进行180d龄期的疲劳试验。由于疲劳试验的周期比较长,试件的成型准备应考虑疲劳试验时试件的实际龄期,同一组试验的龄期误差不宜超过±3d。

④按照标准养护方法进行养护。养护龄期的最后一天,试件饱水24h。应该将试件浸泡在水中,水面高于试件顶面约2.5cm。在浸泡水中之前,应再次称试件的质量。

⑤饱水后,将试件表面水擦干,重新测量试件的质量和几何尺寸;然后用油笔在试件的三分点位置作出标记,以便下步试验时准确放置夹具。

(4)试验步骤

①检查试验的机械设备是否正常。由于疲劳试验的周期比较长,应着重检查试验系统的电力供应是否正常。计算机等控制系统的电源应备有延时电源,以防突然断电造成试验数据的丢失和对设备的损坏。选择合适的荷载传感器和位移(应变)传感器的量程,以确保测量结果精度的可靠性。

②根据试验目的,编制有关的疲劳试验程序,并进行调试,可靠、稳定后方可进行正式试验。选择一个试件,检查荷载波形是否满足试验精度要求,位移(应变)信号接收是否正常。由于疲劳试验中试件的破坏存在偶然性,为了保护试验设备,疲劳程序中应设定相关的终止试验的保护程序。

③首先进行梁式试件的弯拉强度测定,以便确定疲劳试验的荷载水平。

④根据疲劳试验要求,取$4 \sim 6(K = \sigma/S)$个应力比(对于无机结合料,推荐应力强度比范围在$0.5 \sim 0.85$内)。

⑤将试件安放在疲劳试验的模具上。注意疲劳试验的荷载方向应与试件成型时的压力方向平行一致。

⑥预压:在施加正式试验荷载前,应取0.2倍应力强度比水平的荷载进行预压2min,以减少接触不良造成的试验偏差。

⑦施加荷载为连续的Havesine波,荷载标准频率为10Hz。

⑧在疲劳试验过程中,有些试件的试验时间较长,会产生风干。为此,需要用湿毛巾或塑料布覆盖,保持其湿润。

⑨试验过程中,应时刻监测荷载波形和试件的响应变形波形。

⑩试验过程中数据的采集内容有:荷载重复作用次数(即疲劳寿命),按对数级数规律采集一定荷载作用次数下的试件变形响应参数,以及相应的滞回曲线。滞回曲线的采集应连续采集10个周期的数据,然后进行平均,作为该时刻试件的代表滞回曲线。

(5)数据处理

将所有有效的疲劳试验数据按式(5-1)、式(5-2)回归计算疲劳方程:

$$\lg(N) = a + b(\sigma/S) \tag{5-1}$$

$$\lg(N) = a + b\lg(\sigma) \tag{5-2}$$

式中:N——荷载作用次数,次;

σ——作用荷载,N;

σ/S——应力强度比;

S——梁式试件的弯拉强度,MPa;

a、b——回归系数。

疲劳试验的疲劳方程的相关系数不宜小于50%。

5.3 沥青混合料四点弯曲疲劳寿命试验

(1)适用范围

①本方法适用于采用四点弯曲疲劳试验机在规定试验条件下,测定压实沥青混合料承受重复弯曲荷载的疲劳寿命。

②标准的试验条件为试验温度15℃±0.5℃,加载频率10Hz±0.1Hz,采用恒应变控制的连续偏正弦加载模式。也可根据需要选择其他试验条件。

③试验终止条件为弯曲劲度模量降低到初始弯曲劲度模量50%对应的加荷循环次数。

④本方法适用于试验室轮碾成型的沥青混合料板块试件或从现场路面钻取板块试件,切割成长度为380mm±5mm、厚度为50mm±5mm、宽度为63.5mm±5mm的小梁试件。

(2)主要仪具设备

①测试系统:测试系统基本技术要求和参数见表5-1。

测试系统基本技术要求和参数 表5-1

项　　目	范　　围	分 辨 率	准 确 度
荷载控制与测量	0~5kN	2N	±5N
位移控制与测量	0~5mm	2μm	±5μm
频率控制与测量	5~10Hz	0.005Hz	±0.01Hz
温度控制与测量	−10~30℃	0.25℃	±0.5℃

②加载装置:气动或者液压加载装置,能够为疲劳试验系统提供循环动力荷载,可根据试验要求输出不同频率、不同振幅的偏正弦加载波形。并保证每次加载循环结束时,应使试件回到原点(初始位置)。试件夹持系统采用三等分间距布设夹头,相邻夹头中心间距一般为0.119m,梁跨距为0.357m。各夹头宜采用可调节加持力大小的小型电机进行夹持。

③数据采集与控制装置:使用计算机控制每个加载循环,测量梁的峰值位移,计算梁的峰值拉应变,调整施加荷载保证峰值位移的水平为一常量,确保试验期间与期望的峰值拉应变水平保持一致。并能够实时记录和计算加荷次数、荷载大小、试件位移、最大拉应力、最大拉应变、相位角、劲度模量、耗散能及累计耗散能等用户所需的相关技术指标。

④环境箱:环境箱应保持箱体内试验温度均匀分布,能够准确测量并显示试件测试位置的温度,保证试验温度误差在±0.5℃以内。同时应能使加荷装置与外部数据采集等控制装置顺利连接,并具有足够的内部空间容纳加荷装置,除了试验的试件,至少还能存放两个养护试件,同时能够允许调整加荷装置,方便试件放入和移出。

（3）试验准备工作

①试件准备：按照振动轮碾成型的方法制作沥青混合料板块试件，或者从现场路面切割板块试件。然后用高精度金刚石双面锯对板块试件进行切割，取碾压成型方向为试件长度方向制作梁试件，试件的尺寸应符合长度 380mm ± 5mm、高度 50mm ± 6mm、宽度 63mm ± 6mm 的要求。一块 400mm × 300mm × 75mm 的沥青混凝土板块通常可切割 4 根小梁试件。

②试验前试件的存放：沥青混合料板块试件和切割后的试件存放温度应不超过 35℃，切割好的试件应在 30d 内完成试验。存放期间，试件应水平放置于表面平整并具有一定刚度的硬玻璃板（或瓷砖）上，防止试件发生变形。

③试件尺寸测量：应用游标卡尺测量试件的宽度和厚度，分别测定 5 个位置，即试件的两端 20mm 内的点位、梁中点的 10mm 内的点位及距离梁中点各 90mm 的点位，准确至 0.01mm。取 5 个测量值的平均值为试件尺寸，准确至 0.1mm。如果宽度或者厚度的 5 个测量值中的任何一个值与平均值相差大于 1.5mm，则该梁试件作废。

④试件体积参数测量：沥青混合料疲劳和弯曲性能较大程度上依赖于混合料的实际压实水平，每一根小梁试件在进行疲劳试验前需先进行空隙率（VV）和矿料间隙率（VMA）的测定。试件实际空隙率应在目标空隙率 ± 0.5% 范围内，实测矿料间隙率（VMA）应在目标矿料间隙率 ± 0.5% 范围内，超过该范围的试件应作废。

（4）试验步骤

①试件养护：小梁试件宜直接放入环境箱内进行养护，应在试验温度 ± 0.5℃ 条件下养护 4h 以上方可进行试验。

②试件安放：将养护好的试件放入四点弯曲疲劳加荷装置内，用夹具进行固定。使位移传感器 LVDT 滑轮接触试件表面，调整位移传感器到试件中部，LVDT 的读数尽可能接近于零。

③试验参数选择：选择偏正弦加荷模式，在试验参数设定界面输入试件编号和尺寸、目标拉应变、加荷频率及试验终止标准等参数。

④在目标试验应变水平下预加荷 50 个循环，计算第 50 个加荷循环的试件劲度模量为初始的劲度模量，作为确定试件疲劳失效判据的基准劲度模量。

⑤开始试验：当确定好初始劲度模量后，试验机应在 50 个循环内自动调整并稳定到试验所需要的目标拉应变水平，同时按选择的加荷循环间隔监控和记录试验参数和试验结果，确保系统操作正确。当试件达到疲劳试验终止条件时，自动停止加荷。

（5）数据处理

①最大拉应力按式（5-3）计算。

$$\sigma_t = \frac{L \times P}{w \times h^2} \tag{5-3}$$

式中：σ_t——最大拉应力，Pa；

　　　L——梁跨距，即外端两个夹具间距（一般为 0.357m），m；

　　　P——峰值荷载，N；

　　　w——梁宽，m；

　　　h——梁高度，m。

②最大拉应变按式(5-4)计算。

$$\varepsilon_t = \frac{12 \times \delta \times h}{3 \times L^2 - 4 \times a^2} \tag{5-4}$$

式中：ε_t——最大拉应变，m/m；

  δ——梁中心最大应变，m；

  α——相邻夹头中心间距(L一般为 0.119m)，m。

③弯曲劲度模量按式(5-5)计算。

$$S = \frac{\sigma_t}{\varepsilon_t} \tag{5-5}$$

式中：S——弯曲劲度，Pa。

④相位角按式(5-6)计算。

$$\varphi = 360 \times f \times t \tag{5-6}$$

式中：φ——相位角，(°)；

  f——加荷频率，Hz；

  t——应变峰值滞后于应力峰值的时间，s。

⑤单个循环耗散能按式(5-7)计算。

$$E_D = \pi \times \sigma_t \times \varepsilon_t \times \sin\varphi \tag{5-7}$$

式中：E_D——单个循环耗散能，J/m³。

⑥累积耗散能按式(5-8)计算。

$$E_{CD} = \sum_{i=1}^{n} E_{Di} \tag{5-8}$$

式中：E_{CD}——疲劳试验过程中累积耗散能，J/m³；

  E_{Di}——第 i 次加荷的单个循环耗散能，J/m³，按式(5-7)计算。

同一种沥青混合料，在相同试验条件下应至少进行 3 次平行试验。平行试验结果按试验数据的离散程度应进行弃差处理，弃差标准为：当一组试件的测定值中某个测定值与平均值之差大于标准差的 k 倍时，该次试验数据应予以舍弃，同时应保证每组试验的有效试件不少于 3 根。有效试件数为 n 时的 k 值见表5-2。

有效试件数为 n 时的 k 值   表 5-2

有效试件数 n	临界值 k	有效试件数 n	临界值 k
3	1.15	7	1.94
4	1.46	8	2.03
5	1.67	9	2.11
6	1.82	10	2.18

5.4 金属材料疲劳试验方法

参考《金属材料 疲劳试验 旋转弯曲方法》(GB/T 4337—2015)。

（1）试验原理

试样旋转并承受一弯矩。产生弯矩的力恒定不变且不转动。试样可装成悬臂,在一点或两点加力;或装成横梁,在四点加力。试验一直进行到试样失效或超过预定应力循环次数。

（2）试样的形状与尺寸

①试验部分的形状

试样试验部分的形状有圆柱形、圆锥形和漏斗形,其试验截面均应是圆形;试验部分的形状应根据所用试验机的加力方式设计。对于圆柱形或漏斗形试样可以简支梁或悬臂梁一点或两点加力,圆锥形试样只能采用悬臂梁单点加力方式。图5-3～图5-5为各种方式的原理图,显示了各种情况下的弯矩和名义应力图。不同类型的试样给出的疲劳试验结果可能不同。经验表明,试样的夹持部分的横截面面积与试验部分的横截面面积之比应不低于3∶1。

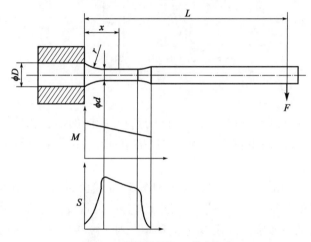

图5-3 圆柱形试样——单点加力

D-试样夹持部分或试样加荷端部直径;M-弯矩;d-应力最大处试样直径;r-半径;F-外加力;S-应力;L-力臂长度;x-固定的承载面与应力测量平面之间的距离

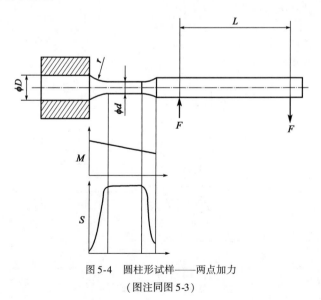

图5-4 圆柱形试样——两点加力

（图注同图5-3）

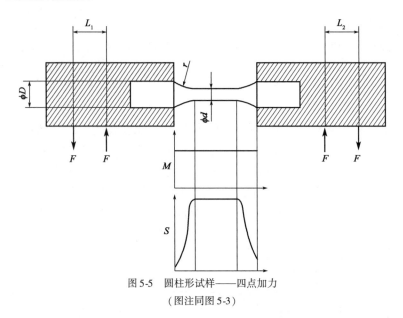

图 5-5　圆柱形试样——四点加力
（图注同图 5-3）

②试样尺寸

同一批疲劳试验所使用的试样应具有相同的直径、相同的形状和尺寸公差。为了准确计算施加的力,每支试样实际最小直径的测量应精确至 0.01mm。试验前应确保测量试样尺寸时不损伤试样表面。

对于承受恒定弯曲的圆柱形试样(图 5-3 和图 5-4)试验部分的平行度应保证在 0.025mm 以内。对于其他形状的圆柱形试样(图 5-5)试验部分的平行度应保证在 0.05mm 以内。试样夹持部分与实验部分的过渡圆弧半径不应小于 $3d$。对于漏斗形试样,试验部分的圆弧半径不应小于 $5d$。

图 5-6 为显示了圆柱形试样的形状和尺寸。推荐直径 d 为 6mm、7.5mm 和 9.5mm。直径 d 的偏差应不大于 $0.005d$。

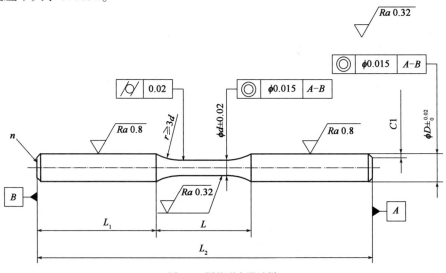

图 5-6　圆柱形光滑试样

（3）试样制备

①取样和标记

取样部位、取样方向和试样类型应按有关产品标准或双方协议。

取样图应附加到试验报告,应清晰地表明:每支试样的位置;半成品产品加工的特征方向（轧制方向、挤压方向等）;每支试样的标识。

②加工过程

如果在粗加工之后进行热处理,建议在热处理之后进行最终的抛光。否则,应在真空或惰性气体下进行热处理以防止试样的氧化。热处理不应改变被研究材料的显微结构特性。

机械加工可能在试样表面产生残余应力。这些残余应力可能是机加工阶段的热梯度或材料变形或显微结构的变化引起的。应该采取合适的机加工方式来减小残余应力,尤其是在最终抛光阶段。对于较硬的材料,选取磨削加工工艺更好。

材料显微结构的改变可能由于机加工过程中温度的升高和应变硬化而引起,它可能产生相变或者更多情况下会发生表面的再结晶。由于试验的材料不再是原始材料而导致试验无效。有些材料由于某些元素或化合物的存在而影响力学性能。典型的例子就是氯离子对钢和钛合金的影响。在切削过程中应避免接触这些元素。建议在试样保存之前清洗和去油。

试样的表面状态（试样表面粗糙度、表面残余应力的存在、材料显微结构的改变、污染物的引入）对试验结果有影响。试样表面状态对试验结果的影响很大程度上依赖于试验条件,这一影响会被试样的表面腐蚀或塑性变形而减轻。在各种试验条件下试样的平均表面粗糙度 Ra 推荐小于 $0.2\mu m$。试样的最终加工要去除所有车削过程中的环向划痕。建议最终的磨削应是纵向机械抛光。用大约20倍的光学仪器检查试样表面,不允许有环向划痕。

在最终完成试样加工后,应采取不改变表面状态的方法在试样标距部分测量试样直径,取最小值。

③储存与运输

已制备好的试样应妥善保存以避免任何损伤（接触的划痕、氧化等）。推荐使用带封头的独立包装的盒子或试管。某些情况下在真空容器或填满硅胶的干燥器中储存样品是必要的。

尽量避免运输试样。在运输过程中不应接触试样标距和试样截面部分。如有接触,可用酒精清洁试样。

（4）主要仪器设备

疲劳试验可使用不同类型的旋转弯曲疲劳试验机。图5-7显示了一种旋转弯曲疲劳机的试验原理。试验机的操作应满足如下要求:弯矩误差的最大允许值为 $\pm1\%$。

（5）试验步骤

①安装试样

安装每支试样时要避免试验部分承受施加力以外的应力。为了避免试验过程中的振动,试样的同轴度和试验机的驱动轴应保持在接近的极限值之内。主轴的径向最大跳动量为 $\pm0.025mm$,对于单点或两点加荷悬臂试验机自由端的径向最大跳动量为 $\pm0.013mm$。对于其他类型的旋转弯曲疲劳试验机,实际工作部分两端的径向跳动量不应大于 $\pm0.013mm$。施加力之前应满足所需要的同轴度。

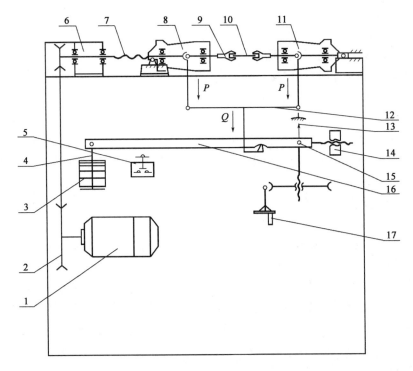

图 5-7　旋转弯曲疲劳试验机的原理图

1-电动机;2-三角皮带;3-砝码;4-吊杆;5-按钮;6-计数减速器;7-软轴;8-左主轴箱;9-弹簧夹头;10-试样;11-右主轴箱;
12-吊钩;13-指针;14-平衡锤;15-计数器;16-杠杆;17-手轮

②加力

启动试验机,在施力之前使其达到所需要的转速,以递增和连续的方式,平稳而无冲击地将力加到规定值。

③频率的选取

选择的频率应适合于材料、试样和试验机的组合。试验过程中应避免试样振动。试验频率通常在 15 ~ 200Hz 之间(对应的转速为 900 ~ 12000r/min)。试样温度不应超过试验材料熔点的 30% ,并应记录温度。

④终止试验

试验一直进行到试样失效或达规定循环次数时终止。如失效位置发生在试样标距以外,则试验结果无效。

(6)试验结果的表达形式

①表格的表达形式

当采用表格的报告格式时,表格内容应包括试样标识、试验顺序、试验应力范围、疲劳寿命或试验结束时的循环数。

②图形表达形式

最普遍的疲劳试验数据的图形表达形式是 S-N 曲线,如图 5-8 所示。以横坐标表示疲劳寿命 N_f,以纵坐标表示最大应力、应力范围或应力幅,一般使用线性尺度,也可用对数尺度。用直线或曲线拟合各数据点,即得 S-N 曲线图。当对数寿命呈正态分布时上述过程描述的 S-N

图具有 50% 的存活率。然而类似过程也可用于其他存活率的 S-N 曲线图。

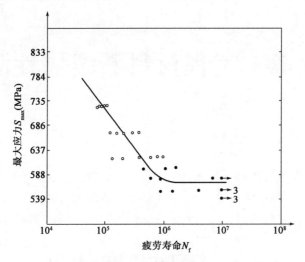

图 5-8　S-N 曲线图

◦-在成组法试验中破块；•-在升降法试验中破坏；•→-在升降法试验中通过

　　S-N 曲线图上至少应包括材料牌号、材料的级别及拉伸性能、试样的表面状态、缺口试样的应力集中系数、疲劳试验的类型、试验频率、环境和试验温度。

思考题

5.1　工程材料疲劳破坏机理是什么？

5.2　无机结合料稳定材料疲劳性能测试步骤是什么？

5.3　沥青混合料四点弯曲疲劳试验测试步骤是什么？

第6章 工程材料断裂韧性测试

本章提要

本章主要介绍含裂纹材料的断裂现象、断裂过程力学特性、材料的断裂韧性的评价标准和检测方法、技术标准。通过本章的学习,要求了解材料裂纹的分类方法及其对材料的影响,掌握材料断裂过程中其力学状态的变化及计算方法;熟悉不同材料的断裂韧性的测试方法。

6.1 断裂韧性基础知识

工程结构的损毁主要是由工程材料失效引起的结构破坏所导致。材料的失效通常根据不同过程及机理分为变形失效、断裂失效、磨损失效和腐蚀失效。本章主要考虑工程材料的断裂。

断裂,指材料因为裂纹扩展导致分裂成两块或者数块的状态。这里所谓的"裂纹"并不是指材料自身所存在的微观缺陷,而是一种尺寸相对更大的裂纹。通常可能是冶金缺陷(主要针对金属材料,例如钢材),或在加工、装配过程中产生的裂纹,以及在疲劳荷载以及环境作用下产生的裂纹。工程结构中的材料及零件一般无法避免宏观裂纹,且出现裂纹的概率及数量通常随着其尺寸的增加而增加。为了研究这种不同于传统强度理论中所描述的"均匀连续介质材料","断裂力学"这一研究方向被提出来。在断裂力学中,承认材料结构中存在宏观裂纹,但同时假设在远离裂纹端的范围内的材料本身仍然为均匀连续介质。

6.1.1 裂纹的类型

工程材料中的裂纹通常可以根据其构造不同进行分类,分为穿透裂纹、表面裂纹以及深埋裂纹。

穿透裂纹一般指深度较深的贯穿性裂纹,通常裂纹贯穿整个材料或其深度超过材料厚度的一半;表面裂纹指裂纹深度相较于材料厚度来说小,或仅存在于材料表面的裂纹;深埋裂纹指处于材料内部、表面无法观测到的开裂。

在断裂力学中,上述三种裂纹可以根据其受力和裂纹扩展的方向分为三种不同的类型(即裂纹的位移模式):

(1)Ⅰ型(张开型)裂纹如图6-1a)所示,拉应力垂直作用于裂纹扩展面,裂纹沿作用力方向张开,沿裂纹面扩展;

(2)Ⅱ型(滑开型)裂纹如图6-1b)所示,切应力平行作用于裂纹面,且与裂纹线垂直,裂纹沿裂纹面平行滑开扩展;

（3）Ⅲ型（撕开型）裂纹如图6-1c）所示,切应力平行作用于裂纹面,且与裂纹线平行,裂纹沿裂纹面撕开扩展。

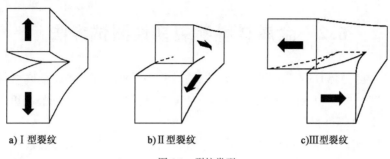

a）Ⅰ型裂纹　　　　　　b）Ⅱ型裂纹　　　　　　c）Ⅲ型裂纹

图6-1　裂纹类型

含有裂纹的材料会因为受力作用产生上述三种位移模式中的一种或是组合形式进行发展。不过,工程中常见的裂纹大多以Ⅰ型裂纹的形式及位移方式形成和发展,通常都是由于受到拉应力的作用而产生的。故而本章节涉及的讨论及测试方法主要针对Ⅰ型裂纹。

6.1.2　断裂韧性的概念

断裂韧性是在断裂力学基础上建立起来的材料抵抗裂纹扩展断裂的韧性性能。断裂力学最早出现于1920年,英国科学家 A. A. Griffith 提出脆性材料内部具有微裂纹,裂纹会在材料受到外界作用力时在尖端产生应力集中,从而导致材料的迅速破坏。

断裂韧性表征材料阻止裂纹扩展的能力,是度量材料韧性好坏的一个定量指标。在加荷速度和温度一定的条件下,对某种材料而言它是一个常数,与裂纹本身的大小、形状及外加应力大小无关,是材料固有的特性,只与材料本身、热处理及加工工艺有关。当裂纹尺寸一定时,材料的断裂韧性值愈大,其裂纹失稳扩展所需的临界应力就愈大;当给定外力时,若材料的断裂韧性值愈高,其裂纹达到失稳扩展时的临界尺寸就愈大。它是应力强度因子的临界值。常用断裂前物体吸收的能量或外界对物体所做的功表示。

影响材料断裂韧性的因素有材料自身及试验条件两部分。材料的断裂韧性受材料本身的化学组成、组织结构等内在因素影响。对于试验条件的影响,主要来自温度以及应变速率。材料的断裂韧性通常随着温度的降低而降低,该现象在钢材上出现得较广泛。对于体心立方金属材料,在一个相对较小的温度范围内,断裂韧性会发生较剧烈的变化,通常,中、低强度钢都表现出明显的韧脆转变现象。这是由于断裂物理机制发生了改变:在转变温度以下,材料呈解理断裂,即材料是沿着具有低阻力的特定晶面(解理面)断裂,几乎很少发生塑性变形;而在转变温度以上材料为韧性断裂,其特点是材料在塑性变形的诱发下有微小孔洞的行程、长大和合并。不过,在转变温度以下,材料通常有一个近似恒定的下限值,而在转变温度以上则存在一个更高的近似恒定的上限值。同时,随着材料强度的提高,温度变化对该值的影响逐步减小,断裂机理不再发生变化。

较高的应变速率通常会降低材料的断裂韧性,增加应变速率等同于降低温度,使得断裂韧性值下降。一般认为,应变速率每增加一个数量级,断裂韧性值则降低10%。

工程材料断裂韧性的测定方法较多,主要可以根据预制应力集中点方式的不同分为单边切口梁法和直接压痕法等。同时,也可以根据测试方法的不同分为双扭法、弯曲梁法和劈裂试件法三种。

6.2 金属材料断裂韧性测试方法

金属材料断裂韧性测试一般可以根据不同的试验条件和目的参照《金属材料 准静态断裂韧度的统一试验方法》(GB/T 21143—2014)、《金属材料 平面应变断裂韧度 K_{Ic} 试验方法》(GB/T 4161—2007)等进行。

对于线弹性范围内的断裂韧性的测试,主要使用预制疲劳裂纹试件通过施加荷载来测定其断裂韧度 K_{Ic},根据对试验记录的线性部分规定的偏离来确定 2% 最大表观裂纹扩展量所对应的力来计算 K_{Ic} 值。不过,需要注意的是,该试验要求裂纹尖端塑性区域的尺寸比裂纹尺寸、试件厚度以及裂纹前沿的韧带尺寸要小,在该条件下对平面应变状态下裂纹尖端附近的应力状态进行模拟。

根据不同的测试方法制作不同的试件,试件样式、尺寸如图 6-2 和图 6-3 所示。在试件上预制疲劳裂纹时可以采用力控制,也可采用位移控制。最小循环应力与最大循环应力之比 R 应不超过 0.1,如果 K_Q 值和有效的 K_{Ic} 结果相等,则预制疲劳裂纹时的最大应力强度因子应不超过后续试验中确定的 K_Q 值的 80%。对疲劳预裂纹的最后阶段(裂纹长度的 2.5%),K_{Ic} 值应不超过 K_Q 值的 60%。若疲劳预裂纹和断裂试验在不同温度下进行,应不超过 $0.6[(R_{P0.2})_p/(R_{P0.2})_t]K_Q$,其中 $(R_{P0.2})_p$ 和 $(R_{P0.2})_t$ 分别为预制疲劳裂纹温度下和试验温度下的规定非比例延伸强度 $R_{y0.2}$。

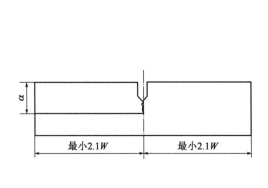

图 6-2 弯曲试验试件   图 6-3 紧凑拉伸试件

沿着预期的裂纹扩展线至少在 3 个等间隔位置上测量厚度 B,准确到 0.025mm 或 0.1%,以较大者为准。在靠近缺口处至少 3 个点测量宽度 S,准确到 0.025mm 或 0.1%,以较大者为准。取 3 次测量值的平均值作为宽度。试件断裂后,在 $\frac{1}{2}B$、$\frac{1}{4}B$ 和 $\frac{3}{4}B$ 的位置上测量裂纹长

度 a，准确到 0.05mm 或 0.5%，取其大者。取 3 个位置测量的平均值作为裂纹长度。3 个裂纹长度值的任意 2 个的差值应不超过平均值的 10%。

试件加载速率应该使应力强度因子增加的速率在 $0.5\sim3.0$ MPa·$\mathrm{m}^{1/2}$/s 范围内。试验一直进行到试件所受力不再增加为止。标记和记录下最大力 $F_{\max}$。

采用记录仪确定条件值时，在试验记录上通过远点画一条斜率为 $(F/V)_\mathrm{s}=0.95(F/V)_0$ 的割线 OF_s，如图 6-4 所示，其中 $(F/V)_0$ 是记录的线性部分切线 OA 的斜率，然后按照下列方法确定力 F_Q：

（1）如果在 F_s 之前，记录曲线上每一个点的力均低于 F_s，则取 $F_Q=F_\mathrm{s}$；

（2）如果在 F_s 之前有一个最大力超过 F_s，则取这个最大力为 F_Q。

计算比值 $F_{\max}/F_Q$，其中 $F_{\max}$ 为最大力。如果该比值不超过 1.10，则可按相关规定计算 K_Q；若比值大于 1.10，则该试验不是有效 $K_{\mathrm{I}c}$ 试验。

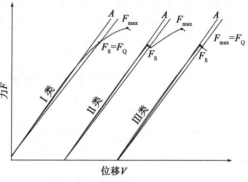

图 6-4　力-位移记录曲线

6.3　陶瓷材料断裂韧性测试方法

6.3.1　预裂纹制作方法

（1）单边切口梁法

《精细陶瓷断裂韧性试验方法　单边预裂纹梁（SEPB）法》（GB/T 23806—2009）规范了在常温下用预裂纹梁法测量精细陶瓷材料断裂韧性的试验方法。

①切口制作

当预制直切口时，切口宽度不大于 0.1mm，深度不超过 0.6mm，一般控制在 0.4mm ± 0.2mm 之间为宜；对切口尖端形状没有具体规定。如果是采用斜切口，则是采用单边斜切口的顶点作为预裂纹引发源的预制裂纹。斜切口采用丝锯或外圆切割机制得，宽度不大于 0.2mm；缺口位于试件长度方向的正中间，下表面为拉伸面。斜切口较浅的一端离拉伸面的距离在 0~0.2mm 之间，斜切口较深的一端离拉伸面的距离在 0~1.2mm 之间，试件宽度为 4mm。

②预制裂纹

把带有裂纹源的试件放在砧台凹槽中，试件长度方向应与中心槽垂直，确保预裂纹起始位置在中心槽中心线 ±0.1mm 范围内，对于斜切口试件，试件长度方向应与中心槽垂直。垂直施加荷载，当听到微小的开裂声随即停止加载，对于斜切口预制裂纹法中加载速度范围为 10~300N/s。通过光学显微镜进行观察，确认在试件表面已经引发一条裂纹，并使用混合了丙酮的染色剂滴入裂纹处进行染色、确定预裂纹尖端位置。

通过上述两个步骤对预制裂纹法测断裂韧性试验所使用的试件进行裂纹的预制。预制裂纹的试件可以用于三点弯曲试验或四点弯曲试验。

（2）压痕法

直接压痕法是通过使用其他材料在被测试件表面按压出压痕作为裂纹源制作预裂纹的一种方法。一般采用维氏或努氏压痕作为引发裂纹源，第一个压痕必须在长宽面的中部，其他压痕相对于第一个压痕在两侧对称分布。维氏压痕对角线（努氏压痕主轴）应与试件长度方向垂直。按压压痕的荷载应保证在对角线压痕上压出裂纹且没有其他损伤，对于大多数材料，压痕荷载为98N（或100N）；对于相对较软或脆性材料，应适当减小荷载值。如果采用荷载为98N（或100N）预制的裂纹不能满足要求，需增加压痕点数（不能增加荷载）。如果采用上述方式都不能引发裂纹，则需要采用切口法。

6.3.2　应力强度因子测试方法

（1）双扭法/双扭技术

双扭法是 J. Outwater 在 1966 年提出，并由 Evans 及 Williams 进一步改进，用于研究玻璃陶瓷等材料的断裂性质的一种测试方法。

双扭法的试件状态及加载方式如图6-5所示。试件规格为长宽厚分别为 L、W、d 的薄板，要求其宽度远大于厚度。在试件的一面沿长端中线制作一个沟槽，沟槽底部的厚度为 d_n。在试件的一端预制一条长度为 a 的裂纹，当在沟槽上方施加一个大小为 P 的荷载时，试件受力端承受了类似四点弯曲试验中加载的一对力臂为 W_m 的扭矩，试件的另一长端呈悬空状态。加载过程中裂纹沿试件中心线即沟槽进行扩展。在忽略悬空端弯曲的前提下，认为试件受力端的部分可以简化为一对（以中间的沟槽分开）长度等于裂纹长度、截面为矩形的扭转棒，它的柔度变化仅与裂纹的扩展相关。

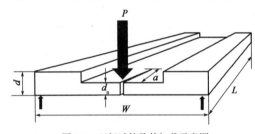

图6-5　双扭试件及其加载示意图

应力强度因子 K_I 值可以根据下面的公式进行计算：

$$K_I = PW_m \sqrt{\frac{1}{W}d^3 d_n (1-\nu)\varepsilon} \tag{6-1}$$

式中：ν——材料的泊松比；

　　　ε——厚度因子。

由式（6-1）可知，当以恒定荷载加载时，材料的应力强度因子只与试件的宽度、厚度、沟槽处厚度及弹性性质相关，与预制的裂纹长度 a 无关。

（2）弯曲梁法

弯曲梁法的试件形状及尺寸如图6-6、表6-1所示。弯曲梁法的试件摆放方式如图6-7、图6-8所示。根据施加荷载的方式不同，可以分为三点弯曲及四点弯曲试验。把试件按如图6-7、图6-8所示的状态放置在弯曲试验机上后，用0.5mm/min的加载速度进行加载，分别测量最大荷载值 P_f（精确到 ±0.1%）以及柔度变化量，试验试件不应超过20s以免受到周围环境的影响。

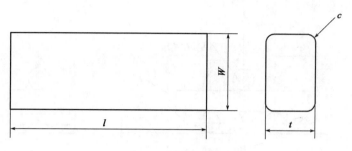

图 6-6　试件尺寸规定

试 件 尺 寸 规 定　　　　　　　　　　表 6-1

试　样	长度 l(mm)	宽度 w(mm)	厚度 t(mm)	倒角 c(mm)
I	≥18	4 ±0.1	3 ±0.1	0.12 ±0.03
II	≥36	4 ±0.1	3 ±0.1	0.12 ±0.03
III	≥45	4 ±0.1	3 ±0.1	0.12 ±0.03

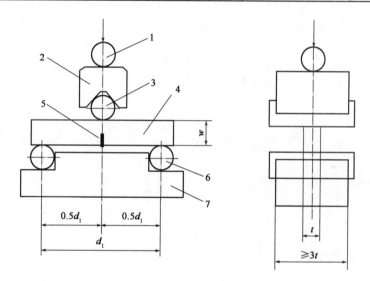

图 6-7　三点弯曲装置

1-加载球;2-加载部件;3-加载辊棒;4-试样;5-预裂纹;6-支撑辊棒;7-底座

对于普通块体陶瓷,无法从弯曲试验所得到的荷载与加载点挠度曲线中确定柔度变化量,需要通过在断裂前突发型裂纹尖端的变化来评价断裂韧性测量值的有效性。

用游标卡尺测量弯曲装置中支撑辊棒中心和加载辊棒中心线之间的变形量,测量变形量的同时不能影响到荷载的精确测量。

应力强度因子 K_{I} 值可以根据下面的公式进行计算:

$$K_{\mathrm{I}} = \frac{P_{\mathrm{f}} \times d_1}{t \times w^{3/2}} \times Y\left(\frac{l}{w}\right) \tag{6-2}$$

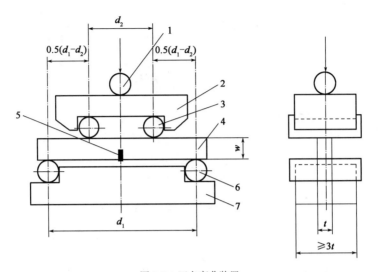

图 6-8　四点弯曲装置

1-加载球;2-加载部件;3-辊棒;4-试样;5-预裂纹;6-支撑辊棒;7-底座

针对不同跨距的试件,其 $Y\left(\dfrac{l}{w}\right)$ 的计算方法也不同。对于三点弯曲试样I $\left(0.35\leqslant\dfrac{l}{w}\leqslant0.6\right)$,

$$Y\left(\frac{l}{w}\right)=\frac{3}{2}\times\sqrt{\frac{l}{w}}\times\frac{1.99-\dfrac{l}{w}\times\left(1-\dfrac{l}{w}\right)\times\left[2.15-3.93\times\dfrac{l}{w}+2.7\times\left(\dfrac{l}{w}\right)^2\right]}{\left(1+2\dfrac{l}{w}\right)\times\left(1-\dfrac{l}{w}\right)^{3/2}} \tag{6-3}$$

对于三点弯曲试样 II $\left(0.35\leqslant\dfrac{l}{w}\leqslant0.6\right)$,

$$Y\left(\frac{l}{w}\right)=\frac{3}{2}\times\sqrt{\frac{l}{w}}\times\left[1.964-2.837\times\frac{l}{w}+13.711\times\left(\frac{l}{w}\right)^2-23.250\times\left(\frac{l}{w}\right)^3+24.129\times\left(\frac{l}{w}\right)^4\right]$$

$$\tag{6-4}$$

此外,三点弯曲试件中 $Y\left(\dfrac{l}{w}\right)$ 的数值可以通过查附录III确定。

对于四点弯曲试样 II 和 III $\left(0.35\leqslant\dfrac{l}{w}\leqslant0.6\right)$,

$$K_{\mathrm{I}}=\frac{P_{\mathrm{f}}\times(d_1-d_2)}{t\times w^{3/2}}\times F\left(\frac{l}{w}\right) \tag{6-5}$$

$$F\left(\frac{l}{w}\right)=\frac{3}{2}\times\frac{\sqrt{\dfrac{l}{w}}}{\left(1-\dfrac{l}{w}\right)^{3/2}}\times\left\{1.9887-1.326\times\frac{l}{w}-\frac{\dfrac{l}{w}\times\left[3.49-0.68\times\dfrac{l}{w}+1.35\left(\dfrac{l}{w}\right)^2\right]\times\left(1-\dfrac{l}{w}\right)}{\left(1+\dfrac{l}{w}\right)^2}\right\}$$

$$\tag{6-6}$$

此外,四点弯曲试件中 $F\left(\dfrac{l}{w}\right)$ 的数值可以通过查附录III确定。如果算得的 $\dfrac{l}{w}$ 值是介于两个给定数值之间,则可用插值法估计所对应的 F 值。

6.4　混凝土材料断裂韧性测试方法

混凝土是以多种材料组合、由水泥水化形成的水化硅酸钙胶凝而成的一种复合材料,其断裂特性不同于金属及陶瓷,所以断裂韧性的测试方法也不同。一般可以按照《水工混凝土断裂试验规程》(DL/T 5332—2005)进行测试计算。根据该标准,通常可以使用楔入劈拉法和三点弯曲梁法对混凝土的断裂韧度进行测量。

(1)楔入劈拉法

①试验内容

楔入劈拉法使用的水泥混凝土试件尺寸为 230mm × 200mm × 200mm,具体形状如图 6-9 所示。其中,预制裂纹由成型前预埋钢板制得。

此外,可以用加工的方式将立方体试件加工制成断裂韧性试验用试件,如图 6-10 所示。其预制裂纹采用侧面切割的方式生成,裂纹宽度范围为 3mm ± 1mm,裂纹长度为 80mm ± 2mm,裂纹面与试件表面夹角为 90° ± 0.5°。并在试件上部黏附钢块,钢块厚度为 30mm ± 1mm,宽度为 75mm ± 1mm,长度为 200mm ± 2mm,表面光洁度为 M1,使用环氧类结构胶粘贴牢固。

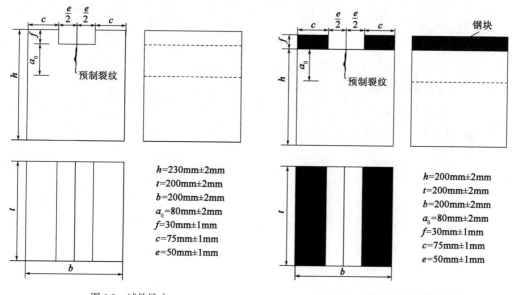

图 6-9　试件尺寸　　　　　　　图 6-10　试件尺寸及钢块粘贴位置

测量制得试件外形尺寸及预制裂纹长度,并按照图 6-11 的方式进行放置,试验开始后进行加载。加载速度控制在 80~120N/s 范围内,匀速加载直至试件破坏。试验过程及结束时测量、记录竖向荷载、裂纹口张开位移。

②数据处理

失稳韧度应按式(6-7)进行计算:

$$K_{Ic}^{s} = \frac{F_{Hmax} \times 10^{-3}}{t h^{1/2}} f(a) \tag{6-7}$$

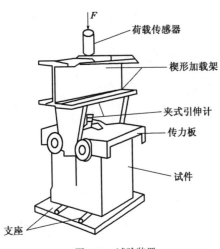

图 6-11 试验装置

式中: $f(a) = \dfrac{3.675[1 - 0.12(\alpha - 0.45)]}{(1 - \alpha)^{3/2}}$, $\alpha = \dfrac{a_c}{h}$;

K_{Ic}^s ——失稳韧度, MPa·m$^{1/2}$;

F_{Hmax} ——最大水平荷载, kN;

t ——试件厚度, m;

h ——试件高度, m;

a_c ——效裂纹长度, m。

F_{Hmax} 应按式(6-8)进行计算:

$$F_{Hmax} = \frac{F_{max} + mg \times 10^{-2}}{2\tan 15°} \qquad (6-8)$$

式中: F_{max} ——最大荷载, kN;

m ——楔形加载架的质量, kg, 如楔形加载架固定在试验机上则不计入;

g ——重力加速度, 取 9.81m/s^2。

a_c 应按式(6-9)进行计算:

$$a_c = (h + h_0)\left(1 - \sqrt{\frac{13.18}{\frac{V_c \times E \times t}{F_{Hmax}} + 9.16}}\right) - h_0 \qquad (6-9)$$

式中: h_0 ——装置夹式引伸计刀口薄钢板的厚度, m;

V_c ——裂纹口张开位移临界值, μm;

E ——计算弹性模量, GPa。

E 应按式(6-10)进行计算:

$$E = \frac{1}{tc_i}\left[13.18 \times \left(1 - \frac{a_0 + h_0}{h + h_0}\right)^{-2} - 9.16\right] \qquad (6-10)$$

式中: a_0 ——初始裂纹长度;

c_i ——试件的初始 V/F 值, 由试件力-位移曲线的上升段中直线段上任一点的 V 、 F 计算, $c_i = \dfrac{V_i}{F_i}$。

起裂韧度 K_{Ic}^Q 应按式(6-11)进行计算:

$$K_{Ic}^Q = \frac{F_{HQ} \times 10^{-3}}{th^{1/2}}f(\alpha) \qquad (6-11)$$

式中: $f(\alpha) = \dfrac{3.675[1 - 0.12(\alpha - 0.45)]}{(1 - \alpha)^{3/2}}$, $\alpha = \dfrac{a_0}{h}$;

K_{Ic}^Q ——起裂韧度;

F_{HQ} ——起裂水平荷载。

F_{HQ} 应按照式(6-12)进行计算:

$$F_{HQ} = \frac{F_Q + mg \times 10^{-2}}{2\tan 15°} \qquad (6\text{-}12)$$

式中:F_Q——起裂荷载,即试件力-位移曲线上升段中从直线段转变为曲线段的转折点所对应的荷载。

试件的断裂韧度以每组 5 个试件测得的算术平均值作为试验结果,如单个测值与平均值之差超过平均值的 15% 时,该测值应予以剔除,按余下测值的平均值作为试验结果。如可用的测值少于 3 个时,则该组试验失败,应重做试验。

(2)三点弯曲梁法

①试验内容

三点弯曲梁法使用的水泥混凝土试件尺寸为 200mm×120mm×1000mm,具体形状如图 6-12 所示。预制裂纹由钢板预埋制得,预制裂纹长度控制在 80mm±2mm 之间。制得的试件测量其外形尺寸及预制裂纹长度,并按照图 6-13 的方式进行放置,试验开始后进行加载。加载速度控制在 80~120N/s 范围内,匀速加载直至试件破坏。试验过程及结束时测量、记录竖向荷载、裂纹口张开位移。

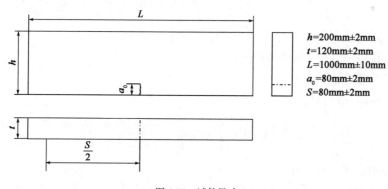

h=200mm±2mm
t=120mm±2mm
L=1000mm±10mm
a_0=80mm±2mm
S=80mm±2mm

图 6-12　试件尺寸

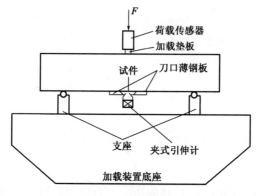

图 6-13　三点弯曲梁试验装置

②数据处理

失稳韧度 K_{Ic}^s 应按式(6-13)进行计算:

$$K_{Ic}^{s} = \frac{1.5 \times \left(F_{max} + \frac{mg}{2} \times 10^{-2}\right) \times 10^{-3} \times S \times a_{c}^{1/2}}{th^{2}} f(\alpha) g \qquad (6-13)$$

式中:$f(\alpha) = \dfrac{1.99 - \alpha(1-\alpha)(2.15 - 3.93\alpha + 2.7\alpha^{2})}{(1+2\alpha)(1-\alpha)^{3/2}}$,$\alpha = \dfrac{a_{c}}{h}$;

K_{Ic}^{s}——失稳韧度,$MPa \cdot m^{1/2}$;

F_{max}——最大荷载,kN;

t——试件厚度,m;

h——试件高度,m;

a_{c}——有效裂纹长度,m;

m——试件支座间的质量,kg,用试件总质量按比折算;

g——重力加速度,取$9.81 m/s^{2}$;

S——试件两支座间的跨度,m。

a_{c} 应按式(6-14)进行计算:

$$a_{c} = \frac{\pi}{2}(h + h_{0}) \arctan\left(\frac{tEV_{c}}{32.6F_{max}} - 0.1135\right)^{1/2} - h_{0} \qquad (6-14)$$

式中:h_{0}——装置夹式引伸计刀口薄钢板的厚度,m;

V_{c}——裂纹口张开位移临界值,μm;

E——计算弹性模量,GPa。

E 应按式(6-15)进行计算:

$$E = \frac{1}{tc_{i}}\left[3.70 + 32.60\tan^{2}\left(\frac{\pi}{2} \times \frac{a_{0} + h_{0}}{h + h_{0}}\right)\right] \qquad (6-15)$$

式中:a_{0}——初始裂纹长度,m;

c_{i}——试件的初始 V/F 值,由试件力-位移曲线的上升段中直线段上任一点的 V、F 计算,$c_{i} = \dfrac{V_{i}}{F_{i}}$。

起裂韧度 K_{Ic}^{Q} 应按式(6-16)进行计算:

$$K_{Ic}^{Q} = \frac{1.5 \times \left(F_{Q} + \frac{mg}{2} \times 10^{-2}\right) \times 10^{-3} \times S \times a_{0}^{1/2}}{th^{1/2}} f(\alpha) \qquad (6-16)$$

式中:$f(\alpha) = \dfrac{1.99 - \alpha(1-\alpha)(2.15 - 3.93\alpha + 2.7\alpha^{2})}{(1+2\alpha)(1-\alpha)^{3/2}}$,$\alpha = \dfrac{a_{0}}{h}$;

K_{Ic}^{Q}——起裂韧度,$MPa \cdot m^{1/2}$;

F_{Q}——起裂荷载,kN,即试件力-位移曲线的上升段中从直线段转变为曲线段的转折点所对应的荷载。

试件的断裂韧度以每组 5 个试件测得的算术平均值作为试验结果,如单个测值与平均值之差超过平均值的 15% 时,该测值应予以剔除,按余下测值的平均值作为试验结果。如可用的测值少于 3 个时,则该组试验失败,应重做试验。

思考题

6.1　工程中常见的裂纹有哪几种形式？

6.2　影响材料断裂韧性的主要因素包括哪些？

6.3　混凝土三点弯曲试验测试断裂韧性的步骤是什么？

第7章 工程材料无损检测技术

7.1 无损检测技术的目的和意义

材料的非破损检测是指在不破坏材料内部结构和使用性能的前提下,测定材料有关性能方面的物理量,推定材料强度、缺陷、组织分布等的测试技术。非破损检测方法可分为无损检测方法和局部破损检测方法(也称半破损检测方法)两大类。无损检测是指在不损害或不影响被检测对象使用性能,不伤害被检测对象内部组织的前提下,利用材料内部结构异常或缺陷存在引起的热、声、光、电、磁等反应的变化,以物理或化学方法为手段,借助现代化的技术和设备器材,对试件内部及表面的结构、性质、状态及缺陷的类型、性质、数量、形状、位置、尺寸、分布及其变化进行检查和测试的方法。无损检测属于非破损检测中的一种,对材料无任何损伤,不影响使用,主要包括射线检验(RT)、超声检测(UT)、磁粉检测(MT)和液体渗透检测(PT)四种。局部破损检测是指对材料局部会造成损伤,但不影响正常使用,如金属材料硬度检测等,或者修补后不影响正常使用,如混凝土取芯法测强度、混凝土拔出法测强度等。半破损法与非破损法的综合应用称为综合法,可以取长补短,联合应用,以便提高其检测效率和检测精度,如超声-回弹法、回弹-钻芯法、声发射-超声法等。在不严格区分的情况下,常用无损检测代替非破损检测的概念,即无损检测包含上述的局部破损检测(半破损检测)。

非破损检测技术的理论基础是材料的物理性质,常用的有超声检测(超声脉冲反射、超声透射、超声共振、超声成像、超声频谱等)、射线检测(X射线、γ射线、中子射线等)、电学和电磁检测(电位法、电阻法、涡流法、微波法、磁粉法、核磁共振法等)、力学和光学检测(取芯法、拔出法、目视法、荧光法、激光全息干涉法等)、热力学方法(红外线热图法等)等。

非破损检测在产品的质量管理、在役检测和质量检定等方面都有着广泛应用。土木工程材料中常用的非破损检测主要是对最重要的结构材料——混凝土和钢材的非破损检测。混凝土结构的非破损检测按检测目的可分为三类:

(1)以检测强度为目的,主要有回弹法、超声脉冲法、回弹-超声综合法、拔出法、钻芯法。

(2)以检测内部缺陷和尺寸及位置为目的,如混凝土裂缝、不密实区和孔洞、混凝土结合面质量、混凝土损伤层及钢筋位置、钢筋保护层厚度、板面、路面、墙面厚度等,主要有超声脉冲法、电磁法、射线法、雷达波反射法、声发射法等。

(3)以检测混凝土其他性能(匀质性、弹性模量、抗渗性、抗冻性、密实度等)为目的,主要有振动法(共振法、敲击法、振动内耗法)、超声法与射线法以及钻芯法等,见表7-1。

混凝土无损检测的分类   表 7-1

按检测目的分类	按检测原理及方法名称分类	测 试 量
混凝土强度检测	压痕法	压力及压痕直径或深度
	射钉法	探针射入深度
	嵌试件法	嵌注试件的抗压强度
	回弹法	回弹值
	钻芯法	芯样抗压强度
	拔出法	拔出力
	超声脉冲法	超声脉冲传播速度
	回弹-超声综合法	声速值和回弹值
	声速衰减综合法	声速值和衰减系数
	射线法	射线吸收和散射强度
	成熟度法	度、时积
混凝土内部缺陷、几何尺寸检测（如混凝土结构厚度、钢筋位置、钢筋保护层厚度检测）	超声脉冲法	声时、波高、波形、频谱、反射回波
	声发射法	声发射信号、事件记数
	脉冲回波法	应力波的时域、频域图
	射线法	穿透缺陷区后射线强度的变化
	雷达波反射法	雷达反射波
	红外热谱法	热辐射
	冲击波反射法	应力波的时域
	电测法	混凝土的电阻率及钢筋的半电池电位
按检测目的分类	按检测原理及方法名称分类	测试量
混凝土质量匀质性检测、热工、隔声等物理特性检测	回弹法	回弹值
	敲击法	固有频率、对数衰减率
	声发射法	声发射信号、幅值分布能谱等
	超声脉冲法	超声脉冲传播速度
	红外热普法	热辐射
混凝土质量匀质性检测、热工、隔声等物理特性检测	电测法	混凝土的电阻率
	磁测法	磁场强度
	射线法	射线穿过被测体的强度变化
	透气法	气流变化
	中子散射法	中子散射强度
	中子活化法	β 射线与 γ 射线的强度、半衰期等

7.2 回弹法检测混凝土抗压强度技术

利用回弹仪(一种直射锤击式仪器)检测普通混凝土结构构件抗压强度的方法简称回弹法。由于混凝土的抗压强度与其表面硬度之间存在某种相关关系,而回弹仪的弹击锤被一定的弹力打击在混凝土表面上,其回弹高度(通过回弹仪读得回弹值)与混凝土表面硬度成一定的比例关系。因此,以回弹值反映混凝土表面硬度,根据表面硬度则可推定混凝土的抗压强度。

《回弹法检测混凝土抗压强度技术规程》(JGJ/T 23—2011)适用于普通混凝土抗压强度的检测,不适用于表层与内部质量有明显差异或内部存在缺陷的混凝土强度检测。

7.2.1 回弹仪

回弹法检测混凝土强度使用的仪器为回弹仪。回弹仪的质量及其稳定性是保证回弹法检测精度的技术关键。

回弹仪可为数字式的,也可为指针直读式的(机械式回弹仪)。回弹仪分为重型、中型和轻型三种类型;按回弹仪标称能量的不同分为六种规格。分类与代号按表7-2规定。

分类与代号　　　　　　　　　　　　　　　　　　　　　　表7-2

分　　类	标称能量(J)	类　型　代　号
重型	9.800	H980
	5.500	H550
	4.500	H450
中型	2.207	M225
轻型	0.735	L75
	0.196	L20

注:数字式回弹仪的变型代号为D。

回弹仪除应符合现行国家标准《回弹仪》(GB/T 9138)的规定外尚应符合下列规定:在弹击锤与弹击杆碰撞的瞬间,弹击拉簧应处于自由状态,且弹击锤起跳点应位于指针指示刻度尺上的"0"处;在洛氏硬度HRC为60±2的钢砧上,回弹仪的率定值应为80±2;数字式回弹仪应带有指针直读示值系统;数字显示的回弹值与指针直读示值相差不应超过1。

回弹仪使用时的环境温度应为-4~40℃。

回弹仪检定周期为半年,当回弹仪具有下列情况之一时,应由法定计量检定机构按现行行业标准《回弹仪检定规程》(JJG 817)进行检定:新回弹仪启用前;超过检定有效期限;数字式回弹仪数字显示的回弹值与指针直读示值相差大于1;经保养后,在钢砧上的率定值不合格;遭受严重撞击或其他损害。

回弹仪的率定试验应符合下列规定:率定试验应在室温为5~35℃的条件下进行;钢砧表面应干燥、清洁,并应稳固地平放在刚度大的物体上;回弹值应取连续向下弹击三次的稳定回弹结果的平均值;率定试验应分四个方向进行,且每个方向弹击前,弹击杆应旋转90°,每个方向的回弹平均值均应为80±2。

回弹仪率定试验所用的钢砧应每2年送授权计量检定机构检定或校准。

当回弹仪存在下列情况之一时,应进行保养:回弹仪弹击超过2000次;在钢砧上的率定值不合格;对检测值有怀疑。

回弹仪使用完毕,应使弹击杆伸出机壳,并应清除弹击杆、杆前端球面以及刻度尺表面和外壳上的污垢、尘土。回弹仪不用时,应将弹击杆压入机壳内,经弹击后按下按钮,锁住机芯,然后装入仪器箱。仪器箱应平放在干燥阴凉处。当数字式回弹仪长期不用时,应取出电池。

7.2.2　检测技术一般规定

(1)回弹仪在检测前后,均应在钢砧上做率定试验。

(2)混凝土强度可按单个构件或按批量进行检测。

①单个构件的检测。

对于一般构件,测区数不宜少于10个。当受检构件数量大于30个且不需提供单个构件推定强度或受检构件某一方向尺寸不大于4.5m且另一方向尺寸不大于0.3m时,每个构件的测区数量可适当减少,但不应少于5个。

相邻两测区的间距不应大于2m,测区离构件端部或施工缝边缘的距离不宜大于0.5m,且不宜小于0.2m。

测区宜选在能使回弹仪处于水平方向的混凝土浇筑侧面。当不能满足这一要求时,也可选在使回弹仪处于非水平方向的混凝土浇筑表面或底面。

测区宜布置在构件的两个对称的可测面上,当不能布置在对称的可测面上时,也可布置在同一可测面上,且应均匀分布。在构件的重要部位及薄弱部位应布置测区,并应避开预埋件。

测区的面积不宜大于0.04m²。

测区表面应为混凝土原浆面,并应清洁、平整,不应有疏松层、浮浆、油垢、涂层以及蜂窝、麻面。

对于弹击时产生颤动的薄壁、小型构件,应进行固定。

②对于混凝土生产工艺、强度等级相同,原材料、配合比、养护条件基本一致且龄期相近的一批同类构件的检测应采用批量检测。按批量进行检测时,应随机抽取构件,抽检数量不宜少于同批构件总数的30%且不宜少于10件。当检验批构件数量大于30个时,抽样构件数量可适当调整,并不得少于国家现行有关标准规定的最少抽样数量。

③测区应标有清晰的编号,并宜在记录纸上绘制测区布置示意图和描述外观质量情况。

④当检测条件与规程的适用条件有较大差异时,可采用在构件上钻取的混凝土芯样或同条件试块对测区混凝土强度换算值进行修正。对同一强度等级混凝土修正时,芯样数量不应少于6个,公称直径宜为100mm,高径比应为1。芯样应在测区内钻取,每个芯样应只加工一个试件。同条件试块修正时,试块数量不应少于6个,试块边长应为150mm。计算时,测区混凝土强度修正量及测区混凝土强度换算值的修正应符合下列规定:

修正量应按下列公式计算:

$$\Delta_{\text{tot}} = f_{\text{cor,m}} - f_{\text{cu,m0}}^{\text{c}} \tag{7-1}$$

$$\Delta_{\text{tot}} = f_{\text{cu,m}} - f_{\text{cu,m0}}^{\text{c}} \tag{7-2}$$

$$f_{\text{cor,m}} = \frac{1}{n} \sum_{i=1}^{n} f_{\text{cor},i} \tag{7-3}$$

$$f_{\text{cu,m}} = \frac{1}{n} \sum_{i=1}^{n} f_{\text{cu},i} \tag{7-4}$$

$$f_{\text{cu,m0}}^{\text{c}} = \frac{1}{n} \sum_{i=1}^{n} f_{\text{cu},i}^{\text{c}} \tag{7-5}$$

式中：Δ_{tot}——测区混凝土强度修正量，MPa，精确到 0.1MPa；

$f_{\text{cor,m}}$——芯样试件混凝土强度平均值，MPa，精确到 0.1MPa；

$f_{\text{cu,m}}$——150mm 同条件立方体试块混凝土强度平均值，MPa，精确到 0.1MPa；

$f_{\text{cu,m0}}^{\text{c}}$——对应于钻芯部位或同条件立方体试块回弹测区混凝土强度换算值的平均值，MPa，精确到 0.1MPa；

$f_{\text{cor},i}$——第 i 个混凝土芯样试件的强度；

$f_{\text{cu},i}$——第 i 个混凝土立方体试块的抗压强度；

$f_{\text{cu},i}^{\text{c}}$——对应于第 i 个芯样部位或同条件立方体试块测区回弹值和碳化深度值的混凝土强度换算值，查附录Ⅳ；

n——芯样或试块数量。

测区混凝土强度换算值的修正应按下式计算：

$$f_{\text{cu},i1}^{\text{c}} = f_{\text{cu},i0}^{\text{c}} + \Delta_{\text{tot}} \tag{7-6}$$

式中：$f_{\text{cu},i0}^{\text{c}}$——第 i 个测区修正前的混凝土强度换算值，MPa，精确到 0.1MPa；

$f_{\text{cu},i1}^{\text{c}}$——第 i 个测区修正后的混凝土强度换算值，MPa，精确到 0.1MPa。

7.2.3 回弹值测量

（1）测量回弹值时，回弹仪的轴线应始终垂直于混凝土检测面，并应缓慢施压、准确读数、快速复位。

（2）每一测区应读取 16 个回弹值，每一测点的回弹值读数应精确至 1。测点宜在测区范围内均匀分布，相邻两测点的净距离不宜小于 20mm；测点距外露钢筋、预埋件的距离不宜小于 30mm；测点不应在气孔或外露石子上，同一测点应只弹击一次。

7.2.4 碳化深度值测量

回弹值测量完毕后，应在有代表性的测区上测量碳化深度值，测点数不应少于构件测区数的 30%，应取其平均值作为该构件每个测区的碳化深度值。当碳化深度值极差大于 2.0mm 时，应在每一测区分别测量碳化深度值。

碳化深度值的测量应符合下列规定：

（1）可采用工具在测区表面形成直径约 15mm 的孔洞,其深度应大于混凝土的碳化深度;

（2）应清除孔洞中的粉末和碎屑,且不得用水擦洗;

（3）应采用浓度为 1%～2% 的酚酞酒精溶液滴在孔洞内壁的边缘处,当已碳化与未碳化界线清晰时,应采用碳化深度测量仪测量已碳化与未碳化混凝土交界面到混凝土表面的垂直距离,并应测量 3 次,每次读数应精确至 0.25mm;

（4）应取三次测量的平均值作为检测结果,并应精确至 0.5mm。

7.2.5　回弹值计算

计算测区平均回弹值时,应从该测区的 16 个回弹值中剔除 3 个最大值和 3 个最小值,其余的 10 个回弹值按下式计算:

$$R_{\mathrm{m}} = \frac{\sum_{i=1}^{10} R_i}{10} \tag{7-7}$$

式中:R_{m}——测区平均回弹值,精确至 0.1;

R_i——第 i 个测点的回弹值。

非水平方向检测混凝土浇筑侧面时,测区的平均回弹值应按下式修正:

$$R_{\mathrm{m}} = R_{\mathrm{ma}} + R_{\partial \mathrm{a}} \tag{7-8}$$

式中:R_{ma}——非水平方向检测时测区的平均回弹值,精确至 0.1;

$R_{\partial \mathrm{a}}$——非水平方向检测时回弹值修正值。

水平方向检测混凝土浇筑表面或浇筑底面时,测区的平均回弹值应按下列公式修正:

$$R_{\mathrm{m}} = R_{\mathrm{m}}^{\mathrm{t}} + R_{\mathrm{a}}^{\mathrm{t}} \tag{7-9}$$

$$R_{\mathrm{m}} = R_{\mathrm{m}}^{\mathrm{b}} + R_{\mathrm{a}}^{\mathrm{b}} \tag{7-10}$$

式中:$R_{\mathrm{m}}^{\mathrm{t}}$、$R_{\mathrm{m}}^{\mathrm{b}}$——水平方向检测混凝土浇筑表面、底面时,测区的平均回弹值精确至 0.1;

$R_{\mathrm{a}}^{\mathrm{t}}$、$R_{\mathrm{a}}^{\mathrm{b}}$——混凝土浇筑表面、底面回弹值的修正值。

当回弹仪为非水平方向且测试面为混凝土的非浇筑侧面时,应先对回弹值进行角度修正,并应对修正后的回弹值进行浇筑面修正。

7.2.6　测强曲线

（1）一般规定

混凝土强度换算值可采用下列测强曲线计算:

①统一测强曲线:由全国有代表性的材料、成型工艺制作的混凝土试件,通过试验所建立的测强曲线;

②地区测强曲线:由本地区常用的材料、成型工艺制作的混凝土试件,通过试验所建立的测强曲线;

③专用测强曲线:由与构件混凝土相同的材料、成型养护工艺制作的混凝土试件,通过试

验所建立的测强曲线。

有条件的地区和部门,应制定本地区的测强曲线或专用测强曲线。检测单位宜按专用测强曲线、地区测强曲线、统一测强曲线的顺序选用测强曲线。

(2)统一测强曲线

符合下列条件的非泵送混凝土,测区强度应按规定进行强度换算:

①混凝土采用的水泥、砂石、外加剂、掺合料、拌和用水符合国家现行有关标准;

②采用普通成型工艺;

③采用符合国家标准规定的模板;

④蒸汽养护出池经自然养护7d以上,且混凝土表层为干燥状态;

⑤自然养护且龄期为14~1000d;

⑥抗压强度为10.0~60.0MPa。

测区混凝土强度换算表所依据的统一测强曲线,其强度误差值应符合下列规定:

①平均相对误差(δ)不应大于±15.0%;

②相对标准差(e_r)不应大于18.0%。

当有下列情况之一时,测区混凝土强度不得按《回弹法检测混凝土抗压强度技术规程》(JGJ/T 23—2011)中的测区混凝土强度换算表或泵送混凝土测区强度换算表进行强度换算:

①非泵送混凝土粗集料最大公称粒径大于60mm,泵送混凝土粗集料最大公称粒径大于31.5mm;

②特种成型工艺制作的混凝土;

③检测部位曲率半径小于250mm;

④潮湿或浸水混凝土。

(3)地区和专用测强曲线

地区和专用测强曲线的强度误差应符合下列规定:

①地区测强曲线:平均相对误差(δ)不应大于±14.0%,相对标准差(e_r)不应大于17.0%;

②专用测强曲线:平均相对误差(δ)不应大于±12.0%,相对标准差(e_r)不应大于14.0%;

③平均相对误差(δ)和相对标准差(e_r)的计算应符合《回弹法检测混凝土抗压强度技术规程》(JGJ/T 23—2011)中的规定。

使用地区或专用测强曲线时,被检测的混凝土应与制定该类测强曲线混凝土的适应条件相同,不得超出该类测强曲线的适应范围,并应每半年抽取一定数量的同条件试件进行校核,当存在显著差异时,应查找原因,不得继续使用。

7.2.7 混凝土强度的计算

(1)构件第 i 个测区混凝土强度换算值,可按《回弹法检测混凝土抗压强度技术规程》所求得的平均回弹值(R_m)及平均碳化深度值(d_m)由《回弹法检测混凝土抗压强度技术规程》(JGJ/T 23—2011)中的测区混凝土强度换算表、泵送混凝土测区强度换算表或计算得出。当有地区或专用测强曲线时,混凝土强度的换算值宜按地区测强曲线或专用测强曲线计算或查表得出。

(2)构件的测区混凝土强度平均值应根据各测区的混凝土强度换算值计算。当测区数为 10 个及以上时,还应计算强度标准差。平均值及标准差应按下列公式计算:

$$m_{f_{cu}^c} = \frac{\sum\limits_{i=1}^{n} f_{cu,i}^c}{n} \tag{7-11}$$

$$S_{f_{cu}^c} = \sqrt{\frac{\sum\limits_{i=1}^{n} (f_{cu,i}^c)^2 - n(m_{f_{cu}^c})^2}{n-1}} \tag{7-12}$$

式中:$m_{f_{cu}^c}$——构件测区混凝土强度换算值的平均值,MPa,精确至 0.1MPa;

n——对于单个检测的构件,取该构件的测区数;对批量检测的构件,取所有被抽检构件测区数之和;

$S_{f_{cu}^c}$——结构或构件测区混凝土强度换算值的标准差,MPa,精确至 0.01MPa。

(3)构件的现龄期混凝土强度推定值($f_{cu,e}$)应符合下列规定:

①当构件测区数少于 10 个时,应按下式计算:

$$f_{cu,e} = f_{cu,min}^c \tag{7-13}$$

式中:$f_{cu,min}^c$——构件中最小的测区混凝土强度换算值。

②当构件的测区强度值中出现小于 10.0MPa 时,应按下式确定:

$$f_{cu,e} < 10.0\text{MPa} \tag{7-14}$$

③当构件测区数不少于 10 个时,应按下式计算:

$$f_{cu,e} = m_{f_{cu}^c} - 1.645 S_{f_{cu}^c} \tag{7-15}$$

④当批量检测时,应按下式计算:

$$f_{cu,e} = m_{f_{cu}^c} - k s_{f_{cu}^c} \tag{7-16}$$

式中:k——推定系数,宜取 1.645。当需要进行推定强度区间时,可按国家现行有关标准的规定取值。

注:构件的混凝土强度推定值是指相应于强度换算值总体分布中保证率不低于 95% 的构件中混凝土抗压强度值。

(4)对按批量检测的构件,当该批构件混凝土强度标准差出现下列情况之一时,该批构件应全部按单个构件检测:

①当该批构件混凝土强度平均值小于 25MPa、$S_{f_{cu}^c}$ 大于 4.5MPa 时;

②当该批构件混凝土强度平均值不小于 25MPa 且不大于 60MPa、$S_{f_{cu}^c}$ 大于 5.5MPa 时。

【工程案例 7-1】

某工程项目隧道内混凝土回弹值检测，混凝土强度试验检测记录表和混凝土强度试验检测报告（回弹法）如表 7-3 和表 7-4 所示。

表 7-3

第 页，共 页

QJ010a

混凝土强度试验检测记录表（回弹法）

试验室名称：　　　　　　　　　　　　　　　　　　　　　记录编号：JL-2018-JGJ-0001

工程部位/用途																	任务编号							
试验依据	JGJ/T 23—2011																样品编号	YP-2018-JGJ-0001						
样品描述																	试验条件	隧道内现场						
主要仪器设备及编号	ZC3-A 混凝土回弹仪 编号：GL02010001-3 碳化深度测量装置 GL02010005-1																试验日期	2018.05.09						
龄期(d)	—												设计强度等级			C20	泵送混凝土				是			

具体检测部位及示意图	测区/测点	实测回弹值																检测角度	检测面	碳化深度(mm)	测区代表值	检测角度修正值	角度修正值	检测面修正正值	检测面修正正后	混凝土强度(MPa)
		1	2	3	4	5	6	7	8	9	10	11	12	13	14	15	16									
	右幅二衬	28	34	32	32	26	32	32	30	32	30	30	32	34	28	30	32	水平	侧面	2.5	31.2	0	31.2	0	31.2	24.7
	左幅二衬	30	30	32	26	34	32	32	32	26	30	32	34	24	30	30	30	水平	侧面	2.5	30.8	0	30.8	0	30.8	24.1
	拱顶二衬	40	32	36	38	32	34	30	32	34	36	34	32	34	36	32	38	向上90°	顶面	2.5	34.0	-4.6	29.4	1.6	31.0	24.4
	60m 附近测①	30	30	32	36	30	38	30	32	32	34	28	32	34	32	34	32	水平	侧面	2.0	32.0	0	32.0	0	32.0	26.5
	60m 附近测②	36	28	32	30	30	34	30	32	30	34	30	32	28	32	32	28	水平	侧面	2.0	31.0	0	31.0	0	31.0	24.9
	60m 附近测③	34	32	34	30	32	28	30	30	32	26	32	34	28	32	30	32	水平	侧面	2.0	31.6	0	31.6	0	31.6	25.3

拱顶二衬　　　左幅二衬　右幅二衬

备注：

试验：　　　　　　　　　　复核：　　　　　　　　　　日期：　　年　　月　　日

混凝土强度试验检测报告（回弹法）

表 7-4

QB020101

试验室名称：　　　　　　　　　　　　　　　　　　报告编号：BG-2018-JGJ-0001

委托单位		委托编号	WT-2018-0472
工程名称	×××隧道	样品编号	YP-2018-JGJ-0001
工程部位	××隧道 K0+065 左、右幅隧道二衬及拱顶隧道二衬	样品名称	隧道二衬混凝土
试验依据	《回弹法检测混凝土抗压强度技术规程》（JGJ/T 23—2011）	判定依据	—
测区描述	各测区测试面平整、洁净	试验日期	2018.05.09
主要仪器设备及编号	ZC3-A 混凝土回弹仪，编号 GL02010001-3；碳化深度测量装置 GL02010005-1		
强度等级	C20	是否泵送混凝土	是

测区位置	测区均值（MPa）	检测角度修正值	检测面修正值	碳化深度（mm）	测区混凝土换算强度（MPa）	泵送混凝土修正后测区强度值（MPa）
左幅隧道二衬	31.2	0	0	2.5	31.2	24.7
右幅隧道二衬	3.08	0	0	2.5	30.8	24.1
拱顶隧道二衬	34.0	−4.6	1.6	2.5	31.0	24.4
60m 附近测区 1	32.0	0	0	2.0	32.0	26.5
60m 附近测区 2	31.0	0	0	2.0	31.0	24.9
60m 附近测区 3	31.6	0	0	2.5	31.6	25.3
—	—	—	—	—	—	—
—	—	—	—	—	—	—
—	—	—	—	—	—	—
—	—	—	—	—	—	—

测区混凝土强度计算值／测区示意图

测区示意图：拱顶二衬　左幅二衬　右幅二衬

检测结论：经对该隧道二衬混凝土强度进行检测，K0+065 左幅隧道二衬混凝土强度值为 24.7MPa，K0+065 右幅隧道二衬混凝土强度值为 24.1MPa，K0+065 隧道拱顶二衬混凝土强度值为 24.4MPa；60m 附近测区 1 混凝土强度值为 26.5MPa；60m 附近测区 2 混凝土强度值为 24.9MPa；60m 附近测区 3 混凝土强度值为 25.3MPa

备注	—
单位声明	1. 本报告仅对本次来样检测结果负责； 2. 本报告无试验、审核、签发人签字无效，无本单位"检测专用章"无效； 3. 对报告有异议，应于本报告发出之日起十五天内向本单位提出，逾期不予受理； 4. 未经同意，本报告不得作商业广告用
单位信息	通信地址： 邮编： 电话：

试验：　　　　　审核：　　　　　签发：　　　　　日期：　年　月　日（专用章）

7.3 超声法检测混凝土缺陷

超声法(超声脉冲法)系指采用带波形显示功能的超声波检测仪和频率为 20～25kHz 的声波换能器,测量超声脉冲波在混凝土中的传播速度(简称声速)、首波幅度(简称波幅)和接收信号主频率(简称主频)等声学参数并根据这些参数及其相对变化判定混凝土中的缺陷情况。

混凝土结构因施工过程中管理不善或者因自然灾害影响,致使在混凝土结构内部产生不同种类的缺陷。按其对结构构件受力性能、耐久性能、安装使用性能的影响程度,混凝土内部缺陷可区分为有决定性影响的严重缺陷和无决定性影响的一般缺陷。鉴于混凝土材料是一种非匀质的黏弹性各向异性材料,要求绝对一点缺陷都没有的情况是比较少见的,用户所关心的是不能存在严重缺陷,如有严重缺陷应及时处理。超声法检测混凝土缺陷的目的不是在于发现有无缺陷,而是在于检测出有无严重缺陷,并通过检测判别出各种缺陷种类和缺陷程度,这就要求对缺陷进行量化分析。属于严重缺陷的包括混凝土内有明显不密实区或空洞,有大于0.05mm 宽度的裂缝;表面或内部有损伤层或明显的蜂窝麻面区等。以上缺陷是易发生的质量通病,故超声法检测混凝土缺陷受到了广大检测人员的关注。1949 年前,加拿大的莱斯利(leslied)、奇斯曼(Cheesman)和英国的琼斯(Jones)、加特弗尔德(Garfield)率先把超声脉冲检测技术用于混凝土检测,开创了混凝土超声检测这一新领域。我国于 1990 年发布了《超声法检测混凝土缺陷技术规程》(CECS 21:90),2000 年又发布了修订后的《超声法检测混凝土缺陷技术规程》(CECS 21:2000),这是当前超声法检测混凝土缺陷的技术依据。

7.3.1 裂缝深度检测

被测裂缝中不得有积水或泥浆等,否则超声波将通过水耦合层穿过裂缝直接到达接收换能器,不能反映裂缝的真实深度;如果裂缝中有水而又需要及时检测时,可采用横波换能器,因为横波在水中传播速度极慢,从而排除水的干扰。不过使用横波检测时,如何正确识别纵波和横波信号的起始点,是一项难度相当大的工作,所以目前很少应用。如有主筋穿过裂缝且与两换能器的位置大致平行,布置测点时,应注意使两探头所在位置的连线至少与该主筋轴线相距1.5 倍的裂缝预计深度。

测试方法可采用单面平测法、双面斜测法和钻孔对测法等。

(1)单面平测法

当结构的裂缝部位只有一个可测表面,估计裂缝深度又不大于 500mm 时,可采用单面平测法。平测时应在裂缝的被测部位,以不同的测距,按跨缝和不跨缝布置测点(布置测点时应避开钢筋的影响)进行检测。其检测步骤为:

①不跨缝的声时测量:将 T 和 R 换能器置于裂缝附近同一侧,两个换能器内边缘间距 l' 等于 100mm、150mm、200mm、250mm……,分别读取声时值 t_i,绘制时-距坐标图(图 7-1)或用回归分析的方法求出声时与测距之间的回归直线方程:

$$l_i = a + bt_i \tag{7-17}$$

每测点超声波实际传播距离 l_i 为:

$$l_i = l' + |a| \tag{7-18}$$

式中:l_i——第 i 点的超声波实际传播距离,mm;

　　l'——第 i 点的 R、T 换能器内边缘间距,mm;

　　a——时-距图中 l' 轴的截距或回归直线方程的常数项,mm。

不跨缝平测的混凝土声速值为:

$$v = (l'_n - l'_1)/(t_n - t_1) \qquad (\text{km/s}) \tag{7-19}$$

　　或　　　　　　　　　　$v = b \qquad (\text{km/s})$

式中:l'_n、l'_1——第 n 点和第 1 点读取的声时值(μs);

　　t_n、t_1——第 n 点和第 1 点读取的声时值(μs);

　　b——回归系数。

②跨缝的声时测量:如图 7-2 所示,将 T、R 换能器分别置于以裂缝为对称的两侧,l' 取 100mm、150mm、200mm⋯,分别读取声时值 t_i^0,同时观察首波相位的变化。

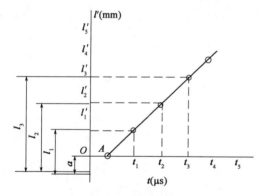

图 7-1　平测时-距图

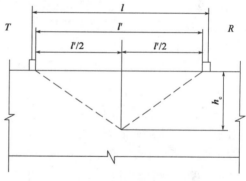

图 7-2　绕过裂缝示意图

平测法检测,裂缝深度应按下式计算:

$$h_{ci} = l_i/2 \times \sqrt{(t_i^0 v/l_i)^2 - 1} \tag{7-20}$$

$$m_{hc} = 1/n \times \sum_{i=1}^{n} h_{ci} \tag{7-21}$$

式中:l_i——不跨缝平测时第 i 点的超声波实际传播距离,mm;

　　h_{ci}——第 i 点计算的裂缝深度值,mm;

　　t_i^0——第 i 点跨缝平测的声时值,μs;

　　m_{hc}——各测点计算裂缝深度的平均值,mm;

　　n——测点数。

裂缝深度的确定方法如下:

①跨缝测量中,当在某测距发现首波反相时,可用该测距及两个相邻测距的测量值按式(7-20)计算值 h_{ci},取此三点 h_{ci} 的平均值作为该裂缝的深度值 h_c;

②跨缝测量中如难于发现首波反相,则以不同测距按式(7-20)、式(7-21)计算 h_{ci} 及其平均值 m_{hc}。将各测距 l'_i 与 m_{hc} 相比较,凡测距 l'_i 小于 m_{hc} 和大于 $3m_{hc}$,应剔除该组数据,然后取余下 h_{ci} 的平均值,作为该裂缝的深度值 h_c。

(2)双面斜测法

当结构的裂缝部位具有两个相互平行的测试表面时,可采用双面穿透斜测法检测。测点布置如图7-3所示,将 T、R 换能器分别置于两测试表面对应测点 1、2、3、…的位置,读取相应声时值 t_i、波幅值 A_i 及主频率 f_i。

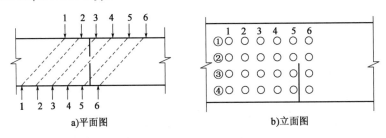

a)平面图   b)立面图

图 7-3 斜测裂缝测点布置示意图

裂缝深度判定:当 T、R 换能器的连线通过裂缝,根据波幅、声时和主频的突变,可以判定裂缝深度以及是否在所处断面内贯通。

(3)钻孔对测法

钻孔对测法适用于大体积混凝土,预计深度在 500mm 以上的裂缝检测。被检测混凝土应允许在裂缝两侧钻测试孔。

所钻测试孔应满足下列要求:

①孔径应比所用换能器直径大 5～10mm;

②孔深应不小于比裂缝预计深度深 700mm。经测试如浅于裂缝深度,则应加深钻孔;

③对应的两个测试孔(A、B),必须始终位于裂缝两侧,其轴线应保持平行;

④两个对应测试孔的间距宜为 2000mm,同一检测对象各对测孔间距应保持相同;

⑤孔中粉末碎屑应清理干净;

⑥如图7-4a)所示,宜在裂缝一侧多钻一个孔距相同但较浅的孔 C,通过 B、C 两孔测试无裂缝混凝土的声学参数。

裂缝深度检测应选用频率为 20～60kHz 的径向振动式换能器。

测试前应先向测试孔中注满清水,然后将 T、R 换能器分别置于裂缝两侧的对应孔中,以相同高程等间距(100～400mm)从上到下同步移动,逐点读取声时、波幅和换能器所处的深度,如图7-4b)所示。

以换能器所处深度 h 与对应的波幅值 A 绘制 h-A 坐标图(图7-5)。随换能器位置的下移,波幅逐渐增大,当换能器下移至某一位置后,波幅达到最大并基本稳定,该位置所对应的深度便是裂缝深度值 h_c。

7.3.2 不密实区和空洞检测

利用超声法对混凝土内部不密实区、空洞的位置和范围进行检测时,被测部位应具有一对

（或两对）相互平行的测试面,测试范围除应大于有怀疑的区域外,还应有同条件的正常混凝土进行对比,且对比测点数不应少于20。

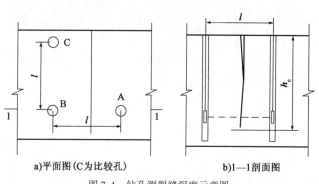

图7-4　钻孔测裂缝深度示意图

a)平面图(C为比较孔)　　b)1—1剖面图

图7-5　h-A 坐标图

（1）测试方法

根据被测构件实际情况,选择下列方法之一布置换能器:

①当构件具有两对相互平行的测试面时,可采用对测法。如图7-6所示,在测试部位两对相互平行的测试面上,分别画出等间距的网格(网格间距:工业与民用建筑为100~300mm,其他大型结构物可适当放宽),并编号确定对应的测点位置。

②当构件只有一对相互平行的测试面时,可采用对测和斜测相结合的方法。如图7-7所示,在测位两个相互平行的测试面上分别画出网格线,可在对测的基础上进行交叉斜测。

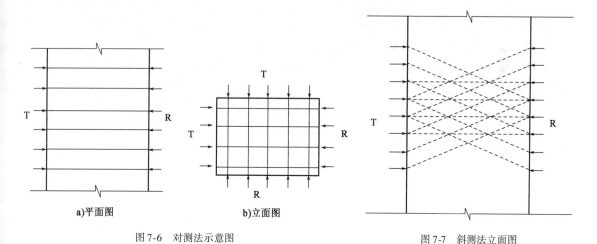

a)平面图　　b)立面图

图7-6　对测法示意图

图7-7　斜测法立面图

③当测距较大时,可采用钻孔或预埋管测法。如图7-8所示,在测位预埋声测管或钻出竖向测试孔,预埋管内径或钻孔直径宜比换能器直径大5~10mm,预埋管或钻孔间距宜为2~3m,其深度可根据测试需要确定。检测时可用两个径向振动式换能器分别置于两测孔中进行测试,或用一个径向振动式与一个厚度振动式换能器,分别置于测孔中和平行于测孔的侧面进行测试。

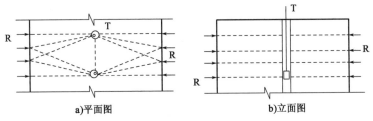

a)平面图 b)立面图

图7-8　钻孔法示意图

（2）数据处理及判断

测位混凝土声学参数的平均值 m_x 和标准差 s_x 应按下式计算：

$$m_x = \sum X_i / n \tag{7-22}$$

$$s_x = \sqrt{(\sum X_i^2 - n \times m_x^2)/(n-1)} \tag{7-23}$$

式中：X_i——第 i 点的声学参数测量值；

　　　n——参与统计的测点数。

异常数据可按下列方法判别：

①将测位各测点的波幅、声速或主频值由大至小按顺序分别排列，即 $X_1 \geq X_2 \geq \cdots \geq X_n \geq X_{n+1}\cdots$，将排在后面明显小的数据视为可疑，再将这些可疑数据中最大的一个（假定 X_n）连同其前面的数据计算出 m_x 及 s_x 值，并按下式计算异常情况的判断值 X_0：

$$X_0 = m_x - \lambda_1 \times s_x \tag{7-24}$$

式中的 λ_1 按表7-5取值。

将判断值 X_0 与可疑数据的最大值 X_n 相比较，当 X_n 不大于 X_0 时，则 X_n 及排列于其后的各数据均为异常值，并且去掉 X_n，再用 $X_1 \sim X_{n-1}$ 进行计算和判别，直至判不出异常值为止；当 X_n 大于 X_0 时，应再将 X_{n+1} 放进去重新进行计算和判别。

②当测位中判出异常测点时，可根据异常测点的分布情况，按下式进一步判别其相邻测点是否异常：

$$X_0 = m_x - \lambda_2 \times s_x$$

或

$$X_0 = m_x - \lambda_3 \times s_x \tag{7-25}$$

式中的 λ_2、λ_3 按表7-5取值。当测点布置为网格状时取 λ_2；当单排布置测点时（如在声测孔中检测）取 λ_3。

统计数的个数 n 与对应的 λ_1、λ_2、λ_3 值　　　　　表7-5

n	20	22	24	26	28	30	32	34	36	38
λ_1	1.65	1.69	1.73	1.77	1.80	1.83	1.86	1.89	1.92	1.94
λ_2	1.25	1.27	1.29	1.31	1.33	1.34	1.36	1.37	1.38	1.39
λ_3	1.05	1.07	1.09	1.11	1.12	1.14	1.16	1.17	1.18	1.19
n	40	42	44	46	48	50	52	54	56	58
λ_1	1.96	1.98	2.00	2.02	2.04	2.05	2.07	2.09	2.10	2.12
λ_2	1.41	1.42	1.43	1.44	1.45	1.46	1.47	1.48	1.49	1.49
λ_3	1.20	1.22	1.23	1.25	1.26	1.27	1.28	1.29	1.30	1.31

n	60	62	64	66	68	70	72	74	76	78
λ_1	2.13	2.14	2.15	2.17	2.18	2.19	2.20	2.21	2.22	2.23
λ_2	1.50	1.51	1.52	1.53	1.53	1.54	1.55	1.56	1.56	1.57
λ_3	1.31	1.32	1.33	1.34	1.35	1.36	1.36	1.37	1.38	1.39
n	80	82	84	86	88	90	92	94	96	98
λ_1	2.24	2.25	2.26	2.27	2.28	2.29	2.30	2.30	2.31	2.31
λ_2	1.58	1.58	1.59	1.60	1.61	1.61	1.62	1.62	1.63	1.63
λ_3	1.39	1.40	1.41	1.42	1.42	1.43	1.44	1.45	1.45	1.45
n	100	105	110	115	120	125	130	140	150	160
λ_1	2.32	2.35	2.36	2.38	2.40	2.41	2.43	2.45	2.48	2.50
λ_2	1.64	1.65	1.66	1.67	1.68	1.69	1.71	1.73	1.75	1.77
λ_3	1.46	1.47	1.48	1.49	1.51	1.53	1.54	1.56	1.58	1.59

当测位中某些测点的声学参数被判为异常值时,可结合异常测点的分布及波形状况确定混凝土内部存在不密实区和空洞的位置及范围。

7.3.3　混凝土结合面质量检测

超声波检测适用于前后两次浇筑的混凝土之间接触面的结合质量检测。测试前应查明结合面的位置及走向,明确被测部位及范围,且构件的被测部位应具有使声波垂直或斜穿结合面的测试条件。

(1)测试方法

混凝土结合面质量检测可采用对测法和斜测法,如图7-9所示。布置测点时应注意下列几点:

①使测试范围覆盖全部结合面或有怀疑的部位;

②各对 T-R$_1$(声波传播不经过结合面)和 T-R$_2$(声波传播经过结合面)换能器连线的倾斜角测距应相等;

③测点的间距视构件尺寸和结合面外观质量情况而定,宜为 100～300mm。

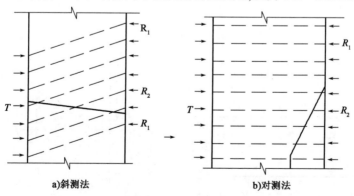

图7-9　混凝土结合面质量检测示意图

按布置好的测点分别测出各点的声时、波幅和主频值。

（2）数据处理及判断

将同一测位各测点声速、波幅和主频值进行统计和判断。

当测点数无法满足统计法判断时，可将 $T\text{-}R_2$ 的声速、波幅等声学参数与 $T\text{-}R_1$ 进行比较，若 $T\text{-}R_2$ 的声学参数比 $T\text{-}R_1$ 显著低时，则该点可判为异常测点。

当通过结合面的某些测点的数据被判为异常，并查明无其他因素影响时，可判定混凝土结合面在该部位结合不良。

7.3.4　表面损伤层检测

利用超声波可用于因冻害、高温或化学腐蚀等引起的混凝土表面损伤层厚度的检测。进行检测时应根据构件的损伤情况和外观质量选取有代表性的部位布置测位，且构件被测表面应平整并处于自然干燥状态，且无接缝和饰面层。测试结果宜做局部破损验证。

（1）测试方法

表面损伤层检测宜选用频率较低的厚度振动式换能器。

测试时 T 换能器应耦合好，并保持不动，然后将 R 换能器依次耦合在间距为 30mm 的测点 1、2、3···位置上，如图 7-10 所示，读取相应的声时值 t_1、t_2、t_3···，并测量每次 T、R 换能器内边缘之间的距离 l_1、l_2、l_3···。每一测位的测点数不得少于 6 个，当损伤层较厚时，应适当增加测点数。

当构件的损伤层厚度不均匀时，应适当增加测位数量。

（2）数据处理及判断

求损伤和未损伤混凝土的回归直线方程：

用各测点的声时值 t_i 和相应测距值 l_i 绘制时-距坐标图，如图 7-11 所示。由图可得到声速改变所形成的转折点，该点前、后分别表示损伤和未损伤混凝土的 l 与 t 相关直线。用回归分析方法分别求出损伤、未损伤混凝土 l 与 t 的回归直线方程：

损伤混凝土

$$l_f = a_1 + b_1 \times t_f \tag{7-26}$$

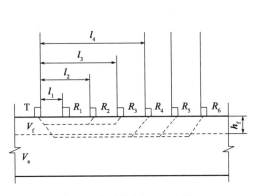

图 7-10　检测损伤层厚度示意图

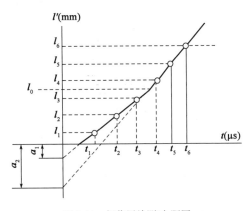

图 7-11　损伤层检测时-距图

未损伤混凝土

$$l_a = a_2 + b_2 \times t_a \tag{7-27}$$

式中： l_f——拐点前各测点的测距（mm），对应于图 7-11 中的 l_1、l_2、l_3；

t_f——对应于图 7-11 中 l_1、l_2、l_3 的声时（μs）t_1、t_2、t_3；

l_a——拐点后各测点的测距（mm），对应于图 7-11 中的 l_4、l_5、l_6；

t_a——对应于测距 l_4、l_5、l_6 的声时（μs）t_4、t_5、t_6；

a_1、b_1、a_2、b_2——回归系数，即图 7-11 中损伤和未损伤混凝土直线的截距和斜率。

损伤层厚度应按下式计算：

$$l_0 = (a_1 b_2 - a_2 b_1)/(b_2 - b_1) \tag{7-28}$$

$$h_f = l_0/2 \times \sqrt{(b_2 - b_1)/(b_2 + b_1)} \tag{7-29}$$

式中：h_f——损伤层厚度（mm）。

思考题

7.1 回弹仪出现哪些情况时应进行检定？

7.2 构件的现龄期混凝土强度推定值应符合哪些规定？

7.3 对某构件混凝土强度采用回弹法进行检测，其各测区混凝土强度换算值如下表所示：

(1)请计算该构件的混凝土强度推定值(写出具体计算步骤、关键公式)；

(2)如果取消该构件第 1 测区的检测结果，仅取 9 个测区，计算该构件的混凝土强度推定值(写出具体计算步骤、关键公式)。

1	2	3	4	5	6	7	8	9	10
27.6	28.7	31.5	30.5	29.6	26.7	31.3	30.9	32.6	32.9

附录 I   工程材料检测常用标准

（1）国家标准

《数值修约规则与极限数值的表示和判定》（GB/T 8170—2008）

《数据的统计处理和解释   正态样本离群值的判断和处理》（GB/T 4883—2008）

《随机数的产生及其在产品质量抽样检验中的应用程序》（GB/T 10111—2008）

《验收抽样检验导则》（GB/T 13393—2008）

《国际单位制及其应用》（GB 3100—1993）

《金属材料   室温压缩试验方法》（GB/T 7314—2017）

《水泥取样方法》（GB 12573—2008）

《钢及钢产品   力学性能试验取样位置及试样制备》（GB/T 2975—2018）

《沥青取样法》（GB/T 11147—2010）

《钢和铁   化学成分测定用试样的取样和制样方法》（GB/T 20066—2006）

《土工合成材料   取样和试样制备》（GB/T 13760—2009）

《混凝土物理力学性能试验方法标准》（GB/T 50081—2019）

《金属材料拉伸试验   第1部分:室温试验方法》（GB/T 228.1—2010）

《金属材料   布氏硬度试验   第1部分:试验方法》（GB/T 231.1—2018）

《土工合成材料   宽条拉伸试验方法》（GB/T 15788—2017）

《混凝土路面砖》（GB 28635—2012）

《烧结普通砖》（GB/T 5101—2017）

（2）行业标准

《石灰取样方法》（JC/T 620—2009）

《混凝土试验用振动台》（JG/T 245—2009）

《公路工程水泥及水泥混凝土试验规程》（JTG 3420—2020）

《公路工程岩石试验规程》（JTG E41—2005）

《公路工程集料试验规程》（JTG E42—2005）

《公路工程无机结合料稳定材料试验规程》（JTG E51—2009）

《公路土工试验规程》（JTG 3430—2020）

《回弹法检测混凝土抗压强度技术规程》（JGJ/T 23—2011）

（3）试验检测活动必须遵循的法律法规

《中华人民共和国计量法》（2018年修正版）

《中华人民共和国计量法实施细则》（2018年修正版）

《中华人民共和国标准化法》（2017年修正版）

《中华人民共和国产品质量法》(2018 年修正版)

《建设工程质量管理条例》

《检验检测机构资质认定管理办法》(质检总局令第 163 号)

《检测和校准实验室能力的通用要求》(ISO/IEC 17025:2017)

《检验检测机构资质认定能力评价检验检测机构通用要求》(RB/T 214—2017)

《检验检测机构诚信评价规范》(GB/T 36308—2018)

《检验检测实验室技术要求验收规范》(GB/T 37140—2018)

《公路水运工程试验检测等级管理要求》(JT/T 1181—2018)

《关于印发〈公路水运工程试验检测信用评价办法〉的通知》(交安监发〔2018〕78 号)

《关于修改〈公路水运工程试验检测管理办法〉的决定》(交通运输部令 2016 年第 80 号)

《关于印发〈公路水运工程试验检测专业技术人员职业资格制度规定〉和〈公路水运工程试验检测专业技术人员职业资格考试实施办法〉的通知》(人社部发〔2015〕59 号)

《检测和校准实验室能力认可准则》(CNAS-CL01:2018)

附录 Ⅱ 公路试验检测记录表及检测类报告应用实例

检测单位名称：×××检测中心

委托单位	—		工程部位/用途		—	试验检测日期	2018年08月24日—2018年08月27日
样品信息	来样时间：2018年08月23日；样品名称：岩石；样品编号：04.180001；样品数量：100kg；样品状态：湿润					实验条件	温度：24℃；湿度57% RH
检测依据	JTG E41—2005					判断依据	JTG E41—2005
主要仪器设备名称及编号	电子天平（×××），电热恒温干燥箱（×××），电脑式同服控制材料试验机（×××），游标卡尺（×××），全自动真空饱水机（×××），全自动双刀岩石芯样切割机（×××）						

岩石单轴抗压强度试验检测记录表

试件类型：圆柱体

类别	试件序号	试件尺寸						受压面积 A（mm²）	破坏荷载 P（N）	单轴抗压强度 R（MPa）	
		顶面直径 d_1（mm）	顶面面积 S_1（mm²）	底面直径 d_2（mm）	底面面积 S_2（mm²）	高度 H（mm）				单值	平均值
烘干单轴抗压强度 R_d	1	50.0	1962.50	51.0	2041.78	101.0		2002.14	97103.79	48.5	47.5
	2	50.0	1962.50	50.0	1962.50	100.1		1962.50	91256.25	46.5	
	3	51.0	2041.78	50.0	1962.50	101.0		2002.14	95101.65	47.5	
饱和单轴抗压强度 R_w	1	51.0	2041.78	49.0	1884.78	100.0		1963.28	86439.40	42.5	41.5
	2	50.0	1962.50	51.0	2041.78	99.1		2002.14	81086.67	40.5	
	3	51.0	2041.78	50.0	1962.50	101.0		2002.14	83088.81	41.5	
软化系数 η											
附加声明											

检测：　　　　　　　　记录：　　　　　　　　复核：　　　　　　　　日期：　　　　年　　月　　日

岩石单轴抗压强度试验检测报告

第 1 页,共 1 页

检测单位名称(专用章):×××检测中心

报告编号:

委托单位	×××工程有限公司	工程名称	×××工程
工程部位/用途	×××		
样品信息	来样时间:2018 年 08 月 23 日;样品名称:砂岩;样品编号:04.18000;样品数量:10kg;样品状态:湿润		
检测依据	JTG E41—2005	判定依据	设计文件(施工图设计)
主要仪器设备	电脑式伺服控制材料试验机(×××)、电子天平(×××)、游标卡尺(×××)、电热恒温干燥箱(×××)、全自动双刀岩石芯样切割机(×××)、全自动真空饱水机(×××)		
检测日期	2018 年 08 月 24 日—2018 年 08 月 27 日	产地	×××
委托编号	0420180823003	种类	砂岩
检测类别	见证取样	进场日期	2018 年 08 月 21 日

检测项目		技术要求	单位	烘干强度	烘干强度平均值	饱和强度	饱和强度平均值	软化系数
单轴抗压强度	1	40	MPa	48.6	47.5	42.6	41.5	0.87
	2			46.5		40.5		
	3			47.5		41.5		

检测结论:经检测,该岩石单轴抗压强度符合设计要求,软化系数为 0.87。

附加声明:

抽样单位:×××　　　　　　　　　　抽样人:×××

见证单位:×××　　　　　　　　　　见证人:×××

报告无本单位"检测专用章"无效;报告签名不全无效;报告改动,换页无效;本样品由委托方提供,报告结果仅适用于接收到的样品;未经本单位批准,不得部分复制本报告;若对本报告有异议,应于收到报告×个工作日内向本单位提出书面复议申请,逾期不予受理。

地址:　　　　　　电话:　　　　　　　　传真:

检测:　　　　　审核:　　　　　批准:　　　　　日期:　　年　　月　　日

无机结合料稳定材料无侧限抗压强度试验检测记录表

检测单位名称:×××检测中心

报告编号:

工程名称	×××至×××高速公路建设项目									
工程部位/用途	K0+000~K0+500 基层									
样品信息	样品名称:水泥稳定碎石混合料;样品编号:YP-2018-WJL-0001;样品数量:100kg;样品状态:固体松散;来样时间:2018 年 10 月 11 日;水泥剂量:5.1%;设计强度:3.5MPa									

试验检测日期	2018 年 10 月 11 日—2018 年 10 月 18 日		实验条件		—	
检测依据	JTG E51—2009		判定依据		设计文件	

主要仪器设备名称及编号	电子天平(×××)、路面材料强度仪(×××)									

试件数量(个)	13	试件直径(mm)	150	保证率(%)	95	保证率对应系数 Z_a	1.645

制作日期	2018 年 10 月 11 日	试验日期	2018 年 10 月 11 日	龄期(d)	7

试件数量（个）	试件质量（g）			养生期间质量损失（g）	吸水量（g）	试件高度（mm）		破坏荷载（N）	破坏时含水率（%）	强度单值（MPa）
	养护前	浸湿前	浸湿后			养护前	浸水后			
1	6379.8	6372.0	6438.4	7.8	66.4	150.4	150.5	85000	6.18	4.8
2	6390.3	6389.1	6461.6	1.2	72.5	150.9	151.0	72000	6.28	4.1
3	6373.5	6372.4	6428.4	1.1	56.0	150.4	150.5	87200	5.97	5.0
4	6380.5	6377.3	6432.1	3.2	54.8	150.8	150.6	81000	5.89	4.6
5	6382.4	6381.1	6432.8	1.3	51.7	150.6	150.8	73200	5.83	4.2
6	6396.9	6392.9	6464.2	4.0	71.3	150.9	151.0	79200	6.40	4.5
7	6392.3	6389.3	6449.7	3.0	60.4	150.7	150.7	70200	6.26	4.0
8	6383.8	6376.8	6447.6	7.0	70.8	150.2	150.0	93200	6.22	5.3
9	6380.2	6375.6	6431.2	4.6	55.6	150.3	150.3	97200	6.03	5.5
10	6377.3	6373.1	6425.6	4.2	52.5	150.3	150.1	75600	5.92	4.3
11	6385.5	6378.1	6450.0	7.4	71.9	151.0	150.9	78000	6.14	4.4
12	6379.8	6374.6	6440.4	5.2	65.6	150.3	150.3	80000	6.22	4.6
13	6393.2	6386.8	6436.7	6.4	49.9	150.3	150.3	94400	6.04	5.4

单组评定	平均值 R_c（MPa）	4.7	标准差 S（MPa）	0.499	变异系数 C_v（%）	10.6	最大值（MPa）	5.5
	最小值（MPa）	4.0	95% 概率值 $R_{c0.95}$（MPa）	3.9	单组强度符合 $\overline{R}_c \geqslant R_d/(1-Z_a C_v)$ 的要求			

附加声明:试件由检测机构成型,根据委托方要求,试件按最大干密度 2.34g/cm³,压实度 97% 和含水率 5.2% 计算成型。

检测:　　　　　审核:　　　　　批准:　　　　　日期:　　年　　月　　日

无机结合料稳定材料无侧限抗压强度试验检测报告　　第 1 页,共 1 页

检测单位名称(专用章):×××检测中心　　　　　　　　　　　　　　　　报告编号:

委托单位	×××建设集团有限公司	工程名称	×××至×××高速公路建设项目
工程部位/用途	K0 +000 ~ K0 +500 基层		
样品信息	样品名称:水泥稳定碎石混合料;样品编号:YP-2018-WJL-0001;样品数量:100kg;样品状态:固体松散; 来样时间:2018 年 10 月 11 日;水泥剂量:5.1% ;设计强度:3.5MPa		
检测依据	JTG E51—2009　　判定依据		设计文件

主要仪器设备 名称及编号	电子天平(×××)、路面材料强度仪(×××)												
委托编号	WT-1800802			检测类别				委托检测					
试件数量(个)	13	试件直径(mm)		150	保证率(%)		95	保证率对应系数 Z_a					1.645
制作日期	2018 年 10 月 11 日		试验日期		2018 年 10 月 11 日				龄期(d)				7
试件编号	1	2	3	4	5	6	7	8	9	10	11	12	13
强度(MPa)	4.8	4.1	5.0	4.6	4.2	4.5	4.0	5.3	5.5	4.3	4.4	4.6	5.4

单组评定	平均值 (MPa)	4.7	标准差 S (MPa)	0.499	变异系数 C_v (%)	10.6
	最大值 (MPa)	5.5	最小值 (MPa)	4.0	95% 概率值 $R_{c0.95}$(MPa)	3.9
	单组强度符合 $\overline{R}_c \geq R_d/(1 - Z_a C_v)$ 的要求					

检测结论:经检测,该水泥稳定碎石混合料样品 7d 无侧限抗压强度符合设计文件要求。

附加声明:试件由检测机构成型;报告无本单位"检测专用章"无效;报告签名不全无效;报告改动、换页无效;本样品由委托方提供,报告结果仅适用于接收到的样品。未经本单位批准,不得部分复制本报告;若对本报告有异议,应于收到报告想××个工作日内向本单位提出书面复议申请,逾期不予受理。

机构地址:　　　　　　　　　　　　　　　　　　联系电话:

检测:　　　　　审核:　　　　　批准:　　　　　日期:　　年　　月　　日

混凝土结构强度试验检测记录表(回弹法)

检测单位名称:×××检测中心　　　　　　　　　　　　　　　　记录编号:

工程名称	×××至×××高速公路建设项目		
工程部位/用途	K0+857.3 涵洞盖板		
样品信息	样品名称:C30 混凝土盖板(碎石混凝土);样品编号:YP-2018-JGT-0001;样品数量:5 个测区;样品状态:光洁、干净、干燥;浇筑日期:2018 年 07 月 08 日		
试验检测日期	2018 年 10 月 20 日	试验条件	温度:20℃;相对湿度:65%
检测依据	JGJ/T 23—2011	判断依据	设计文件
主要仪器设备名称及编号	数显回弹仪(×××)		
检测部位	混凝土侧面	强度推定依据	附录 A 测区混凝土强度换算表

测区	各测点实测回弹值 R_i															
	1	2	3	4	5	6	7	8	9	10	11	12	13	14	15	16
1	36	38	32	39	35	36	37	38	39	40	31	35	36	34	36	32
2	37	34	36	35	31	32	36	38	34	36	38	36	34	32	35	36
3	38	34	36	35	31	32	35	36	36	34	39	40	32	36	35	34
4	34	40	35	41	35	35	33	42	41	36	29	42	33	41	37	33
5	32	39	34	40	33	38	40	36	32	43	37	32	38	34	36	31
6	—															
7	—															
8	—															
9	—															
10	—															

测区	1	2	3	4	5	6	7	8	9	10
实测平均回弹值$\overline{N_a}$	36.1	35.2	35.1	36.7	35.7	—	—	—	—	—
测试角度(°)	0	0	0	0	0	—	—	—	—	—
非水平测试修正值 ΔN	0	0	0	0	0	—	—	—	—	—
不同浇筑面修正值 R_a	0	0	0	0	0	—	—	—	—	—
修正平均回弹值 R_m	36.1	35.2	35.1	36.7	35.7	—	—	—	—	—
平均碳化深度 d_m(mm)	0	0	0	0	0	—	—	—	—	—
强度换算值$f_{cu,i}'$(MPa)	33.8	32.1	32.0	35.0	33.1	—	—	—	—	—

强度换算平均值(MPa)	33.2	强度换算值标准差	0.662	现龄期混凝土强度推定值 $f_{cu,m}$(MPa)	32.0

附加声明:

检测:　　　　　　记录:　　　　　　复核:　　　　　　日期:　　年　　月　　日

混凝土结构强度试验检测报告(回弹法)　　　BGLP02001F

检测单位名称(专用章):×××检测中心　　　　　　　报告编号:BG-2018-JGT-0001

委托单位	×××建设集团有限公司	工程名称	×××至×××高速公路建设项目
工程部位/用途		K0+857.3 涵洞盖板	
样品信息		样品名称:C30 混凝土盖板(碎石混凝土);样品编号:YP-2018-JGT-0001;样品数量:5 个测区;样品状态:光洁、干净、干燥	
检测依据	JGJ/T 23—2011	判断依据	设计文件
主要仪器设备名称及编号		数显回弹仪(×××)	
委托编号	WT-1800802	检测类别	委托检测
检测日期	2018 年 09 月 08 日	强度推定依据	附录 A 测区混凝土强度换算表

序号	构件信息	浇筑日期	测区数	混凝土抗压强度换算值(MPa)			现龄期混凝土强度推定值(MPa)	结果判定
				平均值	标准差	最小值		
1	K0+857.3 涵洞 C30 混凝土盖板	2018 年 7 月 8 日	5	33.2	0.662	32.0	32.0	符合
—	—	—	—	—	—	—	—	—
—	—	—	—	—	—	—	—	—
—	—	—	—	—	—	—	—	—
—	—	—	—	—	—	—	—	—
—	—	—	—	—	—	—	—	—
—	—	—	—	—	—	—	—	—

检测结论:经检测,该结构混凝土强度推定值达到"设计文件"要求。

附加声明:报告无本单位"检测专用章"无效;报告签名不全无效;报告改动、换页无效。未经本单位批准,不得部分复制本报告;若对本报告有异议,应于收到报告×× 个工作日内向本单位提出书面复议申请,逾期不予受理。

机构地址:　　　　　　　　　　　联系电话:

检测:　　　　　审核:　　　　　批准:　　　　　日期:　　年　　月　　日

附录Ⅲ $Y\left(\dfrac{l}{w}\right)$ 和 $F\left(\dfrac{l}{w}\right)$ 的数值速查表

三点弯曲试件中 $Y\left(\dfrac{l}{w}\right)$ 和四点弯曲试件中 $F\left(\dfrac{l}{w}\right)$ 的速查数值表 $\left(0.35\leqslant\dfrac{l}{w}\leqslant0.6\right)$

$\dfrac{l}{w}$	三点弯曲试件 $Y\left(\dfrac{l}{w}\right)$ 值		四点弯曲试件 $F\left(\dfrac{l}{w}\right)$ 值
	试样Ⅰ	试样Ⅱ	试样Ⅱ和Ⅲ
0.35	1.7318	1.7889	1.8594
0.36	1.7782	1.8361	1.9078
0.37	1.8264	1.8849	1.9577
0.38	1.8763	1.9355	2.0094
0.39	1.9280	1.9878	2.0630
0.40	1.9818	2.0422	2.1184
0.41	2.0377	2.0987	2.1760
0.42	2.0959	2.1575	2.2357
0.43	2.1565	2.2187	2.2979
0.44	2.2196	2.2825	2.3625
0.45	2.2855	2.3492	2.4299
0.46	2.3542	2.4188	2.5002
0.47	2.4261	2.4916	2.5736
0.48	2.5013	2.5678	2.6503
0.49	2.5800	2.6476	2.7305
0.50	2.6625	2.7313	2.8146
0.51	2.7491	2.8190	2.9028
0.52	2.8400	2.9111	2.9953
0.53	2.9356	3.0078	3.0927
0.54	3.0363	3.1093	3.1951
0.55	3.1424	3.2160	3.3031
0.56	3.2544	3.3281	3.4170
0.57	3.3727	3.4460	3.5375
0.58	3.4980	3.5700	3.6649
0.59	3.6307	3.7004	3.8000
0.60	3.7716	3.8376	3.9434

附录Ⅳ 测区混凝土强度换算表

测区混凝土强度换算表

平均回弹值 R_m	测区混凝土强度换算值 $f^c_{cu,i}$（MPa）												
	平均碳化深度值 d_m（mm）												
	0.0	0.5	1.0	1.5	2.0	2.5	3.0	3.5	4.0	4.5	5.0	5.5	≥6
20.0	10.3	10.1	—	—	—	—	—	—	—	—	—	—	—
20.2	10.5	10.3	10.0	—	—	—	—	—	—	—	—	—	—
20.4	10.7	10.5	10.2	—	—	—	—	—	—	—	—	—	—
20.6	11.0	10.8	10.4	10.1	—	—	—	—	—	—	—	—	—
20.8	11.2	11.0	10.6	10.3	—	—	—	—	—	—	—	—	—
21.0	11.4	11.2	10.8	10.5	10.0	—	—	—	—	—	—	—	—
21.2	11.6	11.4	11.0	10.7	10.2	—	—	—	—	—	—	—	—
21.4	11.8	11.6	11.2	10.9	10.4	10.0	—	—	—	—	—	—	—
21.6	12.0	11.8	11.4	11.0	10.6	10.2	—	—	—	—	—	—	—
21.8	12.3	12.1	11.7	11.3	10.8	10.5	10.1	—	—	—	—	—	—
22.0	12.5	12.2	11.9	11.5	11.0	10.6	10.2	—	—	—	—	—	—
22.2	12.7	12.4	12.1	11.7	11.2	10.8	10.4	10.0	—	—	—	—	—
22.4	13.0	12.7	12.4	12.0	11.4	11.0	10.7	10.3	10.0	—	—	—	—
22.6	13.2	12.9	12.5	12.1	11.6	11.2	10.8	10.4	10.2	—	—	—	—
22.8	13.4	13.1	12.7	12.3	11.8	11.4	11.0	10.6	10.3	—	—	—	—
23.0	13.7	13.4	13.0	12.6	12.1	11.6	11.2	10.8	10.5	10.1	—	—	—
23.2	13.9	13.6	13.2	12.8	12.2	11.8	11.4	11.0	10.7	10.3	10.0	—	—
23.4	14.1	13.8	13.4	13.0	12.4	12.0	11.6	11.2	10.9	10.4	10.2	—	—
23.6	14.4	14.1	13.7	13.2	12.7	12.2	11.8	11.4	11.1	10.7	10.4	10.1	—
23.8	14.6	14.3	13.9	13.4	12.8	12.4	12.0	11.5	11.2	10.8	10.5	10.2	—
24.0	14.9	14.6	14.2	13.7	13.1	12.7	12.2	11.8	11.5	11.0	10.7	10.4	10.1
24.2	15.1	14.8	14.3	13.9	13.3	12.8	12.4	11.9	11.6	11.2	10.9	10.6	10.3
24.4	15.4	15.1	14.6	14.2	13.6	13.1	12.6	12.2	11.9	11.4	11.1	10.8	10.4
24.6	15.6	15.3	14.8	14.4	13.7	13.3	12.8	12.3	12.0	11.5	11.2	10.9	10.6
24.8	15.9	15.6	15.1	14.6	14.0	13.5	13.0	12.6	12.2	11.8	11.4	11.1	10.7
25.0	16.2	15.9	15.4	14.9	14.3	13.8	13.3	12.8	12.5	12.0	11.7	11.3	10.9

平均回弹值 R_m	测区混凝土强度换算值 $f^c_{\mathrm{cu},i}$（MPa）												
	平均碳化深度值 d_m（mm）												
	0.0	0.5	1.0	1.5	2.0	2.5	3.0	3.5	4.0	4.5	5.0	5.5	≥6
25.2	16.4	16.1	15.6	15.1	14.4	13.9	13.4	13.0	12.6	12.1	11.8	11.5	11.0
25.4	16.7	16.4	15.9	15.4	14.7	14.2	13.7	13.2	12.9	12.4	12.0	11.7	11.2
25.6	16.9	16.6	16.1	15.7	14.9	14.4	13.9	13.4	13.0	12.5	12.2	11.8	11.3
25.8	17.2	16.9	16.3	15.8	15.1	14.6	14.1	13.6	13.2	12.7	12.4	12.0	11.5
26.0	17.5	17.2	16.6	16.1	15.4	14.9	14.4	13.8	13.5	13.0	12.6	12.2	11.6
26.2	17.8	17.4	16.9	16.4	15.7	15.1	14.6	14.0	13.7	13.2	12.8	12.4	11.8
26.4	18.0	17.6	17.1	16.6	15.8	15.3	14.8	14.2	13.9	13.3	13.0	12.6	12.0
26.6	18.3	17.9	17.4	16.8	16.1	15.6	15.0	14.4	14.1	13.5	13.2	12.8	12.1
26.8	18.6	18.2	17.7	17.1	16.4	15.8	15.3	14.6	14.3	13.8	13.4	12.9	12.3
27.0	18.9	18.5	18.0	17.4	16.6	16.1	15.5	14.8	14.6	14.0	13.6	13.1	12.4
27.2	19.1	18.7	18.1	17.6	16.8	16.2	15.7	15.0	14.7	14.1	13.8	13.3	12.6
27.4	19.4	19.0	18.4	17.8	17.0	16.4	15.9	15.2	14.9	14.3	14.0	13.4	12.7
27.6	19.7	19.3	18.7	18.0	17.2	16.6	16.1	15.4	15.1	14.5	14.1	13.6	12.9
27.8	20.0	19.6	19.0	18.2	17.4	16.8	16.3	15.6	15.3	14.7	14.2	13.7	13.0
28.0	20.3	19.7	19.2	18.4	17.6	17.0	16.5	15.8	15.4	14.8	14.4	13.9	13.2
28.2	20.6	20.0	19.5	18.6	17.8	17.2	16.7	16.0	15.6	15.0	14.6	14.0	13.3
28.4	20.9	20.3	19.7	18.8	18.0	17.4	16.9	16.2	15.8	15.2	14.8	14.2	13.5
28.6	21.2	20.6	20.0	19.1	18.2	17.6	17.1	16.4	16.0	15.4	15.0	14.3	13.6
28.8	21.5	20.9	20.0	19.4	18.5	17.8	17.3	16.6	16.2	15.6	15.2	14.5	13.8
29.0	21.8	21.1	20.5	19.6	18.7	18.1	17.5	16.8	16.4	15.8	15.4	14.6	13.9
29.2	22.1	21.4	20.8	19.9	19.0	18.3	17.7	17.0	16.6	16.0	15.6	14.8	14.1
29.4	22.4	21.7	21.1	20.2	19.3	18.6	17.9	17.2	16.8	16.2	15.8	15.0	14.2
29.6	22.7	22.0	21.3	20.4	19.5	18.8	18.2	17.5	17.0	16.4	16.0	15.1	14.4
29.8	23.0	22.3	21.6	20.7	19.8	19.1	18.4	17.7	17.2	16.6	16.2	15.0	14.5
30.0	23.3	22.6	21.9	21.0	20.0	19.3	18.6	17.9	17.4	16.8	16.4	15.4	14.7
30.2	23.6	22.9	22.2	21.2	20.3	19.6	18.9	18.2	17.6	17.0	16.6	15.6	14.9
30.4	23.9	23.2	22.5	21.5	20.6	19.8	19.1	18.4	17.8	17.2	16.8	15.8	15.1
30.6	24.3	23.6	22.8	21.9	20.9	20.2	19.4	18.7	18.0	17.5	17.0	16.0	15.2
30.8	24.6	23.9	23.1	22.1	21.2	20.4	19.7	18.9	18.2	17.7	17.2	16.2	15.4
31.0	24.9	24.2	23.4	22.4	21.4	20.7	19.9	19.2	18.4	17.9	17.4	16.4	15.5
31.2	25.2	24.4	23.7	22.7	21.7	20.9	20.2	19.4	18.6	16.1	17.6	16.6	15.7
31.4	25.6	24.8	24.1	23.0	22.0	21.2	20.5	19.7	18.9	18.4	17.8	16.9	15.8
31.6	25.9	25.1	24.3	23.3	22.3	21.5	20.7	19.9	19.2	18.6	18.0	17.1	16.0

续上表

平均回弹值 R_m	测区混凝土强度换算值 $f^\mathrm{c}_{\mathrm{cu},i}$（MPa）												
	平均碳化深度值 d_m（mm）												
	0.0	0.5	1.0	1.5	2.0	2.5	3.0	3.5	4.0	4.5	5.0	5.5	≥6
31.8	26.2	25.4	24.6	23.6	22.5	21.7	21.0	20.2	19.4	18.9	18.2	17.3	16.2
32.0	26.5	25.7	24.9	23.9	22.8	22.0	21.2	20.4	19.6	19.1	18.4	17.5	16.4
32.2	26.9	26.1	25.3	24.2	23.1	22.3	21.5	20.7	19.9	19.4	18.6	17.7	16.6
32.4	27.2	26.4	25.6	24.5	23.4	22.6	21.8	20.9	20.1	19.6	18.8	17.9	16.8
32.6	27.6	26.8	25.9	24.8	23.7	22.9	22.1	21.3	20.4	19.9	19.0	18.1	17.0
32.8	27.9	27.1	26.2	25.1	24.0	23.2	22.3	21.5	20.6	20.1	19.2	18.3	17.2
33.0	28.2	27.4	26.5	25.4	24.3	23.4	22.6	21.7	20.9	20.3	19.4	18.5	17.4
33.2	28.6	27.7	26.8	25.7	24.6	23.7	22.9	22.0	21.2	20.5	19.6	18.7	17.6
33.4	28.9	28.0	27.1	26.0	24.9	24.0	23.1	22.3	21.4	20.7	19.8	18.9	17.8
33.6	29.3	28.4	27.4	26.4	25.2	24.2	23.3	22.6	21.7	20.9	20.0	19.1	18.0
33.8	29.6	28.7	27.7	26.6	25.4	24.4	23.5	22.8	21.9	21.1	20.2	19.3	18.2
34.0	30.0	29.1	28.0	26.8	25.6	24.6	23.7	23.0	22.1	21.3	20.4	19.5	18.3
34.2	30.3	29.4	28.3	27.0	25.8	24.8	23.9	23.2	22.3	21.5	20.6	19.7	18.4
34.4	30.7	29.8	28.6	27.2	26.0	25.0	24.1	23.4	22.5	21.7	20.8	19.8	18.6
34.6	31.1	30.2	28.9	27.4	26.2	25.2	24.3	23.6	22.7	21.9	21.0	20.0	18.8
34.8	31.4	30.5	29.2	27.6	26.4	25.4	24.5	23.8	22.9	22.1	21.2	20.2	19.0
35.0	31.8	30.8	29.6	28.0	26.7	25.8	24.8	24.0	23.2	22.3	21.4	20.4	19.2
35.2	32.1	31.1	29.9	28.2	27.0	26.0	25.0	24.2	23.4	22.5	21.6	20.6	19.4
35.4	32.5	31.5	30.2	28.6	27.3	26.3	25.4	24.4	23.7	22.8	21.8	20.8	19.6
35.6	32.9	31.9	30.6	29.0	27.6	26.6	25.7	24.7	24.0	23.0	22.0	21.0	19.8
35.8	33.3	32.3	31.0	29.3	28.0	27.0	26.0	25.0	24.3	23.3	22.2	21.2	20.0
36.0	33.6	32.6	31.2	29.6	28.2	27.2	26.2	25.2	24.5	23.5	22.4	21.4	20.2
36.2	34.0	33.0	31.6	29.9	28.6	27.5	26.5	25.5	24.8	23.8	22.6	21.6	20.4
36.4	34.4	33.4	32.0	30.3	28.9	27.9	26.8	25.8	25.1	24.1	22.8	21.8	20.6
36.6	34.8	33.8	32.4	30.6	29.2	28.2	27.1	26.1	25.4	24.4	23.0	22.0	20.9
36.8	35.2	34.1	32.7	31.0	29.6	28.5	27.5	26.4	25.7	24.6	23.2	22.2	21.1
37.0	35.5	34.4	33.0	31.2	29.8	28.8	27.7	26.6	25.9	24.8	23.4	22.4	21.3
37.2	35.9	34.8	33.4	31.6	30.2	29.1	28.0	26.9	26.2	25.1	23.7	22.6	21.5
37.4	36.3	35.2	33.8	31.9	30.5	29.4	28.3	27.2	26.6	25.4	24.0	22.9	21.8
37.6	36.7	35.6	34.1	32.3	30.8	29.7	28.6	27.5	26.8	25.7	24.2	23.1	22.0
37.8	37.1	36.0	34.5	32.6	31.2	30.0	28.9	27.8	27.1	26.0	24.5	23.4	22.3
38.0	37.5	36.4	34.9	33.0	31.5	30.3	29.2	28.1	27.4	26.2	24.8	23.6	22.5
38.2	37.9	36.8	35.2	33.4	31.8	30.6	29.5	28.4	27.7	26.5	25.0	23.9	22.7

续上表

平均回弹值 R_{m}	测区混凝土强度换算值 $f^c_{cu,i}$（MPa）												
	平均碳化深度值 d_{m}（mm）												
	0.0	0.5	1.0	1.5	2.0	2.5	3.0	3.5	4.0	4.5	5.0	5.5	≥6
38.4	38.3	37.2	35.6	33.7	32.1	30.9	29.8	28.7	28.0	29.8	25.3	24.1	23.0
38.6	38.7	37.5	36.0	34.1	32.4	31.2	30.1	29.0	28.3	27.0	25.5	24.4	23.2
38.8	39.1	37.9	36.4	34.4	32.7	31.5	30.4	29.3	28.5	27.2	25.8	24.6	23.5
39.0	39.5	38.2	36.7	34.7	33.0	31.8	30.6	29.6	28.8	27.4	26.0	24.8	23.7
39.2	39.9	38.5	37.0	35.0	33.3	32.1	30.8	29.2	29.0	27.6	26.2	25.0	25.0
39.4	40.3	38.8	37.3	35.3	33.6	32.4	31.0	30.0	27.8	26.4	25.2	24.2	
39.6	40.7	39.1	37.6	35.6	33.9	32.7	31.2	30.2	29.4	28.0	26.6	25.4	24.4
39.8	41.2	39.6	38.0	35.9	34.2	33.0	31.4	30.5	29.7	28.2	25.6	24.7	
40.0	41.6	39.9	38.3	36.2	34.5	33.3	31.7	30.8	30.0	28.4	27.0	25.8	25.0
40.2	42.0	40.3	38.6	36.5	34.8	33.6	32.0	31.1	30.2	28.6	27.3	26.0	25.2
40.4	42.4	40.7	39.0	36.9	35.1	33.9	32.3	31.4	30.5	28.8	27.6	26.2	25.4
40.6	42.8	41.1	39.4	37.2	35.4	34.2	32.6	31.7	30.8	29.1	27.8	26.5	25.7
40.8	43.3	41.6	39.8	37.7	35.7	34.5	32.9	32.0	31.2	29.4	28.1	26.8	26.0
41.0	43.7	42.0	40.2	38.0	36.0	34.8	33.2	32.3	31.5	29.7	28.4	27.1	26.2
41.2	44.1	42.3	40.6	38.4	36.3	35.1	33.5	32.6	31.8	30.0	28.7	27.3	26.5
41.4	44.5	42.7	40.9	38.7	36.6	35.4	33.8	32.9	32.0	30.3	28.9	27.6	26.7
41.6	45.0	43.2	41.4	39.2	36.9	35.7	34.2	33.3	32.4	30.6	29.2	27.9	27.0
41.8	45.4	43.6	41.8	39.5	37.2	36.0	34.5	33.6	32.7	30.9	29.5	28.1	27.2
42.0	45.9	44.1	42.2	39.9	37.6	36.3	34.9	34.0	33.0	31.2	29.8	28.5	27.5
42.2	46.3	44.4	42.6	40.3	38.0	36.6	35.2	34.3	33.3	31.5	30.1	28.7	27.8
42.4	46.7	44.8	43.0	40.6	38.3	36.9	35.5	34.6	33.6	31.8	30.4	29.0	28.0
42.6	47.2	45.3	43.4	41.1	38.7	37.3	35.9	34.9	34.0	32.1	30.7	29.3	28.3
42.8	47.6	45.7	43.8	41.4	39.0	37.6	36.2	35.2	34.3	32.4	30.9	29.5	28.6
43.0	48.1	46.2	44.2	41.8	39.4	38.0	36.6	35.6	34.6	32.7	31.3	29.8	28.9
43.2	48.5	46.6	44.6	42.2	39.8	38.3	36.9	35.9	34.9	33.0	31.5	30.1	29.1
43.4	49.0	47.0	45.1	42.6	40.2	38.7	37.2	36.3	35.3	33.3	31.8	30.4	29.4
43.6	49.4	47.4	45.4	43.0	40.5	39.0	37.5	36.6	35.6	33.6	32.1	30.6	29.6
43.8	49.9	47.9	45.9	43.4	40.9	39.4	37.9	36.9	35.9	33.9	32.4	30.9	29.9
44.0	50.4	48.4	46.4	43.8	41.3	39.8	38.3	37.3	36.3	34.3	32.8	31.2	30.2
44.2	50.8	48.8	46.7	44.2	41.7	40.1	38.6	37.6	36.6	34.5	33.0	31.5	30.5
44.4	51.3	49.2	47.2	44.6	42.1	40.5	39.0	38.0	36.9	34.9	33.3	31.8	30.8
44.6	51.7	49.6	47.6	45.0	42.4	40.8	39.3	38.3	37.2	35.2	33.6	32.1	31.0
44.8	52.2	50.1	48.0	45.4	42.8	41.2	39.7	38.6	37.6	35.5	33.9	32.4	31.3

续上表

平均回弹值 R_m	测区混凝土强度换算值 $f^c_{cu,i}$（MPa）												
	平均碳化深度值 d_m（mm）												
	0.0	0.5	1.0	1.5	2.0	2.5	3.0	3.5	4.0	4.5	5.0	5.5	≥6
45.0	52.7	50.6	48.5	45.8	43.2	41.6	40.1	39.0	37.9	35.8	34.3	32.7	31.6
45.2	53.2	51.1	48.9	46.3	43.6	42.0	40.4	39.4	38.3	36.2	34.6	33.0	31.9
45.4	53.6	51.5	49.4	46.6	44.0	42.3	40.7	39.7	38.6	36.4	34.8	33.2	32.2
45.6	54.1	51.9	49.8	47.1	44.4	42.7	41.1	40.0	39.0	36.8	35.2	33.5	32.5
45.8	54.6	52.4	50.2	47.5	44.8	43.1	41.5	40.4	39.3	37.1	35.5	33.9	32.8
46.0	55.0	52.8	50.6	47.9	45.2	43.5	41.9	40.8	39.7	37.5	35.8	34.2	33.1
46.2	55.5	53.3	51.1	48.3	45.5	43.8	42.2	41.1	40.0	37.7	36.1	34.4	33.3
46.4	56.0	53.8	51.5	48.7	45.9	44.2	42.6	41.4	40.3	38.1	36.4	34.7	33.6
46.6	56.5	54.2	52.0	49.2	46.3	44.6	42.9	41.8	40.7	38.4	36.7	35.0	33.9
46.8	57.0	54.7	52.4	49.6	46.7	45.0	43.3	42.2	41.0	38.8	37.0	35.3	34.2
47.0	57.5	55.2	52.9	50.0	47.2	45.2	43.7	42.6	41.4	39.1	37.4	35.6	34.5
47.2	58.0	55.7	53.4	50.5	47.6	45.8	44.1	42.9	41.8	39.4	37.7	36.0	34.8
47.4	58.5	56.2	53.8	50.9	48.0	46.2	44.5	43.3	42.1	39.8	38.0	36.3	35.1
47.6	59.0	56.6	54.3	51.3	48.4	46.6	44.8	43.7	42.5	40.1	40.0	36.6	35.4
47.8	59.5	57.1	54.7	51.8	48.8	47.0	45.2	44.0	42.8	40.5	38.7	36.9	35.7
48.0	60.0	57.6	55.2	52.2	49.2	47.4	45.6	44.4	43.2	40.8	39.0	37.2	36.0
48.2	—	58.0	55.7	52.6	49.6	47.8	46.0	44.8	43.6	41.1	39.3	37.5	36.3
48.4	—	58.6	56.1	53.1	50.0	48.2	46.4	45.1	43.9	41.5	39.6	37.8	36.6
48.6	—	59.0	56.6	53.5	50.4	48.6	46.7	45.5	44.3	41.8	40.0	38.1	36.9
48.8	—	59.5	57.1	54.0	50.9	49.0	47.1	45.9	44.6	42.2	40.3	38.4	37.2
49.0	—	60.0	57.5	54.4	51.3	49.4	47.5	46.2	45.0	42.5	40.6	38.8	37.5
49.2	—	—	58.0	54.8	51.7	49.8	47.9	46.6	45.4	42.8	41.0	39.1	37.8
49.4	—	—	58.5	55.3	52.1	50.2	48.3	47.1	45.8	43.2	41.3	39.4	38.2
49.6	—	—	58.9	55.7	52.5	50.6	48.7	47.4	46.2	43.6	41.7	39.7	38.5
49.8	—	—	59.4	56.2	53.0	51.0	49.1	47.8	46.5	43.9	42.0	40.1	38.8
50.0	—	—	59.9	56.7	53.4	51.4	49.5	48.2	46.9	44.3	42.3	40.4	39.1
50.2	—	—	60.0	57.1	53.8	51.9	49.9	48.5	47.2	44.6	42.6	40.7	39.4
50.4	—	—	—	57.6	54.3	52.3	50.3	49.0	47.7	45.0	43.0	41.0	39.7
50.6	—	—	—	58.0	54.7	52.7	50.7	49.4	48.0	45.4	43.4	41.4	40.0
50.8	—	—	—	58.5	55.1	53.1	51.1	49.8	48.4	45.7	43.7	41.7	40.3
51.0	—	—	—	59.0	55.6	53.5	51.5	50.1	48.8	46.1	44.1	42.0	40.7
51.2	—	—	—	59.4	56.0	54.0	51.9	50.5	49.2	46.4	44.4	42.3	41.0
51.4	—	—	—	59.9	56.4	54.4	52.3	50.9	49.6	46.8	44.7	42.7	41.3

平均回弹值 R_m	测区混凝土强度换算值 $f^c_{cu,i}$ (MPa)												
	平均碳化深度值 d_m (mm)												
	0.0	0.5	1.0	1.5	2.0	2.5	3.0	3.5	4.0	4.5	5.0	5.5	≥6
51.6	—	—	—	60.0	56.9	54.8	52.7	51.3	50.0	47.2	45.1	43.0	41.6
51.8	—	—	—	—	57.3	55.2	53.1	51.7	50.3	47.5	45.4	43.3	41.8
52.0	—	—	—	—	57.8	55.7	53.6	52.1	50.7	47.9	45.8	43.7	42.3
52.2	—	—	—	—	58.2	56.1	54.0	52.5	51.1	48.3	46.2	44.0	42.6
52.4	—	—	—	—	58.7	56.5	54.4	53.0	51.5	48.7	46.5	44.4	43.0
52.6	—	—	—	—	59.1	57.0	54.8	53.4	51.9	49.0	46.9	44.7	43.3
52.8	—	—	—	—	59.6	57.4	55.2	53.8	52.3	49.4	47.3	45.1	43.6
53.0	—	—	—	—	60.0	57.8	55.6	54.2	52.7	49.8	47.6	45.4	43.9
53.2	—	—	—	—	—	58.3	56.1	54.6	53.1	50.2	48.0	45.8	44.3
53.4	—	—	—	—	—	58.7	56.5	55.0	53.5	50.5	48.3	46.1	44.6
53.6	—	—	—	—	—	59.2	56.9	55.4	53.9	50.9	48.7	46.4	44.9
53.8	—	—	—	—	—	59.6	57.3	55.8	54.3	51.3	49.0	46.8	45.3
54.0	—	—	—	—	—	60.0	57.8	56.3	54.7	51.7	49.4	47.1	45.6
54.2	—	—	—	—	—	—	58.2	56.7	55.1	52.1	49.8	47.5	46.0
54.4	—	—	—	—	—	—	58.6	57.1	55.6	52.5	50.2	47.9	46.3
54.6	—	—	—	—	—	—	59.1	57.5	56.0	52.9	50.5	48.2	46.6
54.8	—	—	—	—	—	—	59.5	57.9	56.4	53.2	50.9	48.5	47.0
55.0	—	—	—	—	—	—	59.9	58.4	56.8	53.6	51.3	48.9	47.3
55.2	—	—	—	—	—	—	60.0	58.8	57.2	54.0	51.6	49.3	47.7
55.4	—	—	—	—	—	—	—	59.2	57.6	54.4	52.0	49.6	48.0
55.6	—	—	—	—	—	—	—	59.7	58.0	54.8	52.4	50.0	48.4
55.8	—	—	—	—	—	—	—	60.0	58.5	55.2	52.8	50.3	48.7
56.0	—	—	—	—	—	—	—	—	58.9	55.6	53.2	50.7	49.1
56.2	—	—	—	—	—	—	—	—	59.3	56.0	53.5	51.1	49.4
56.4	—	—	—	—	—	—	—	—	59.7	56.4	53.9	51.4	49.8
56.6	—	—	—	—	—	—	—	—	60.0	56.8	54.3	51.8	50.1
56.8	—	—	—	—	—	—	—	—	—	57.2	54.7	52.2	50.5
57.0	—	—	—	—	—	—	—	—	—	57.6	55.1	52.5	50.8
57.2	—	—	—	—	—	—	—	—	—	58.0	55.5	52.9	51.2
57.4	—	—	—	—	—	—	—	—	—	58.4	55.9	53.3	51.6
57.6	—	—	—	—	—	—	—	—	—	58.9	56.3	53.7	51.9
57.8	—	—	—	—	—	—	—	—	—	59.3	56.7	54.0	52.3
58.0	—	—	—	—	—	—	—	—	—	59.7	57.0	54.4	52.7

平均回弹值 R_{m}	测区混凝土强度换算值 $f^{\mathrm{c}}_{\mathrm{cu},i}$（MPa）												
	平均碳化深度值 d_{m}（mm）												
	0.0	0.5	1.0	1.5	2.0	2.5	3.0	3.5	4.0	4.5	5.0	5.5	≥6
58.2	—	—	—	—	—	—	—	—	—	60.0	57.4	54.8	53.0
58.4	—	—	—	—	—	—	—	—	—	—	57.8	55.2	53.4
58.6	—	—	—	—	—	—	—	—	—	—	58.2	55.6	53.8
58.8	—	—	—	—	—	—	—	—	—	—	58.6	55.9	54.1
59.0	—	—	—	—	—	—	—	—	—	—	59.0	56.3	54.5
59.2	—	—	—	—	—	—	—	—	—	—	59.4	56.7	54.9
59.4	—	—	—	—	—	—	—	—	—	—	59.8	57.1	55.2
59.6	—	—	—	—	—	—	—	—	—	—	60.0	57.5	55.6
59.8	—	—	—	—	—	—	—	—	—	—	—	57.9	56.0
60.0	—	—	—	—	—	—	—	—	—	—	—	58.3	56.4

注：表中未注明的测区混凝土强度换算值为小于 10MPa 或大于 60MPa。

附录V 泵送混凝土测区强度换算表

泵送混凝土测区强度换算表

平均回弹值 R_m	测区混凝土强度换算值 $f^c_{cu,i}$（MPa）												
	平均碳化深度值 d_m（mm）												
	0.0	0.5	1.0	1.5	2.0	2.5	3.0	3.5	4.0	4.5	5.0	5.5	≥6.0
18.6	10.0	—	—	—	—	—	—	—	—	—	—	—	—
18.8	10.2	10.0	—	—	—	—	—	—	—	—	—	—	—
19.0	10.4	10.2	10.0	—	—	—	—	—	—	—	—	—	—
19.2	10.6	10.4	10.2	10.0	—	—	—	—	—	—	—	—	—
19.4	10.9	10.7	10.4	10.2	10.0	—	—	—	—	—	—	—	—
19.6	11.1	10.9	10.6	10.4	10.2	10.0	—	—	—	—	—	—	—
19.8	11.3	11.1	10.9	10.6	10.4	10.2	10.0	—	—	—	—	—	—
20.0	11.5	11.3	11.1	10.9	10.6	10.4	10.2	10.0	—	—	—	—	—
20.2	11.8	11.5	11.3	11.1	10.9	10.6	10.4	10.2	10.0	—	—	—	—
20.4	12.0	11.7	11.5	11.3	11.1	10.8	10.6	10.4	10.2	10.0	—	—	—
20.6	12.2	12.0	11.7	11.5	11.3	11.0	10.8	10.6	10.4	10.2	10.0	—	—
20.8	12.4	12.2	12.0	11.7	11.5	11.3	11.0	10.8	10.6	10.4	10.2	10.0	—
21.0	12.7	12.4	12.2	11.9	11.7	11.5	11.2	11.0	10.8	10.6	10.4	10.2	10.0
21.2	12.9	12.7	12.4	12.2	11.9	11.7	11.5	11.2	11.0	10.8	10.6	10.4	10.2
21.4	13.1	12.9	12.6	12.4	12.1	11.9	11.7	11.4	11.2	11.0	10.8	10.6	10.3
21.6	13.4	13.1	12.9	12.6	12.4	12.1	11.9	11.6	11.4	11.2	11.0	10.7	10.5
21.8	13.6	13.4	13.1	12.8	12.6	12.3	12.1	11.9	11.6	11.4	11.2	10.9	10.7
22.0	13.9	13.6	13.3	13.1	12.8	12.6	12.3	12.1	11.8	11.6	11.4	11.1	10.9
22.2	14.1	13.8	13.6	13.3	13.0	12.8	12.5	12.3	12.0	11.8	11.6	11.3	11.1
22.4	14.4	14.1	13.8	13.5	13.3	13.0	12.7	12.5	12.2	12.0	11.8	11.5	11.3
22.6	14.6	14.3	14.0	13.8	13.5	13.2	13.0	12.7	12.5	12.2	12.0	11.7	11.5
22.8	14.9	14.6	14.3	14.0	13.7	13.5	13.2	12.9	12.7	12.4	12.2	11.9	11.7
23.0	15.1	14.8	14.5	14.2	14.0	13.7	13.4	13.1	12.9	12.6	12.4	12.1	11.9
23.2	15.4	15.1	14.8	14.5	14.2	13.9	13.6	13.4	13.1	12.8	12.6	12.3	12.1
23.4	15.6	15.3	15.0	14.7	14.4	14.1	13.9	13.6	13.3	13.1	12.8	12.6	12.3
23.6	15.9	15.6	15.3	15.0	14.7	14.4	14.1	13.8	13.5	13.3	13.0	12.8	12.5

续上表

平均回弹值 R_m	测区混凝土强度换算值 $f^c_{cu,i}$ (MPa)												
	平均碳化深度值 d_m (mm)												
	0.0	0.5	1.0	1.5	2.0	2.5	3.0	3.5	4.0	4.5	5.0	5.5	≥6.0
23.8	16.2	15.8	15.5	15.2	14.9	14.6	14.3	14.1	13.8	13.5	13.2	13.0	12.7
24.0	16.4	16.1	15.8	15.5	15.2	14.9	14.6	14.3	14.0	13.7	13.5	13.2	12.9
24.2	16.7	16.4	16.0	15.7	15.4	15.1	14.8	14.5	14.2	13.9	13.7	13.4	13.1
24.4	17.0	16.6	16.3	16.0	15.7	15.3	15.0	14.7	14.5	14.2	13.9	13.6	13.3
24.6	17.2	16.9	16.5	16.2	15.9	15.6	15.3	15.0	14.7	14.4	14.1	13.8	13.6
24.8	17.5	17.1	16.8	16.5	16.2	15.8	15.5	15.2	14.9	14.6	14.3	14.1	13.8
25.0	17.8	17.4	17.1	16.7	16.4	16.1	15.8	15.5	15.2	14.9	14.6	14.3	14.0
25.2	18.0	17.7	17.3	17.0	16.7	16.3	16.0	15.7	15.4	15.1	14.8	14.5	14.2
25.4	18.3	18.0	17.6	17.3	16.9	16.6	16.3	15.9	15.6	15.3	15.0	14.7	14.4
25.6	18.6	18.2	17.9	17.5	17.2	16.8	16.5	16.2	15.9	15.6	15.2	14.9	14.7
25.8	18.9	18.5	18.2	17.8	17.4	17.1	16.8	16.4	16.1	15.8	15.5	15.2	14.9
26.0	19.2	18.8	18.4	18.1	17.7	17.4	17.0	16.7	16.3	16.0	15.7	15.4	15.1
26.2	19.5	19.1	18.7	18.3	18.0	17.6	17.3	16.9	16.6	16.3	15.9	15.6	15.3
26.4	19.8	19.4	19.0	18.6	18.2	17.9	17.5	17.2	16.8	16.5	16.2	15.9	15.6
26.6	20.0	19.6	19.3	18.9	18.5	18.1	17.8	17.4	17.1	16.8	16.4	16.1	15.8
26.8	20.3	19.9	19.5	19.2	18.8	18.4	18.0	17.7	17.3	17.0	16.7	16.3	16.0
27.0	20.6	20.2	19.8	19.4	19.1	18.7	18.3	17.9	17.6	17.2	16.9	16.6	16.2
27.2	20.9	20.5	20.1	19.7	19.3	18.9	18.6	18.2	17.8	17.5	17.1	16.8	16.5
27.4	21.2	20.8	20.4	20.0	19.6	19.2	18.8	18.5	18.1	17.7	17.4	17.1	16.7
27.6	21.5	21.1	20.7	20.3	19.9	19.5	19.1	18.7	18.4	18.0	17.6	17.3	17.0
27.8	21.8	21.4	21.0	20.6	20.2	19.8	19.4	19.0	18.6	18.3	17.9	17.5	17.2
28.0	22.1	21.7	21.3	20.9	20.4	20.0	19.6	19.3	18.9	18.5	18.1	17.8	17.4
28.2	22.4	22.0	21.6	21.1	20.7	20.3	19.9	19.5	19.1	18.8	18.4	18.0	17.7
28.4	22.8	22.3	21.9	21.4	21.0	20.6	20.2	19.8	19.4	19.0	18.6	18.3	17.9
28.6	23.1	22.6	22.2	21.7	21.3	20.9	20.5	20.1	19.7	19.3	18.9	18.5	18.2
28.8	23.4	22.9	22.5	22.0	21.6	21.2	20.7	20.3	19.9	19.5	19.2	18.8	18.4
29.0	23.7	23.2	22.8	22.3	21.9	21.5	21.0	20.6	20.2	19.8	19.4	19.0	18.7
29.2	24.0	23.5	23.1	22.6	22.2	21.7	21.3	20.9	20.5	20.1	19.7	19.3	18.9
29.4	24.3	23.9	23.4	22.9	22.5	22.0	21.6	21.2	20.8	20.3	19.9	19.5	19.2
29.6	24.7	24.2	23.7	23.2	22.8	22.3	21.9	21.4	21.0	20.6	20.2	19.8	19.4
29.8	25.0	24.5	24.0	23.5	23.1	22.6	22.2	21.7	21.3	20.9	20.5	20.1	19.7
30.0	25.3	24.8	24.3	23.8	23.4	22.9	22.5	22.0	21.6	21.2	20.7	20.3	19.9
30.2	25.6	25.1	24.6	24.2	23.7	23.2	22.8	22.3	21.9	21.4	21.0	20.6	20.2

平均回弹值 R_m	测区混凝土强度换算值 $f^c_{cu,i}$（MPa）												
	平均碳化深度值 d_m（mm）												
	0.0	0.5	1.0	1.5	2.0	2.5	3.0	3.5	4.0	4.5	5.0	5.5	≥6.0
30.4	26.0	25.5	25.0	24.5	24.0	23.5	23.0	22.6	22.1	21.7	21.3	20.9	20.4
30.6	26.3	25.8	25.3	24.8	24.3	23.8	23.3	22.9	22.4	22.0	21.6	21.1	20.7
30.8	26.6	26.1	25.6	25.1	24.6	24.1	23.6	23.2	22.7	22.3	21.8	21.4	21.0
31.0	27.0	26.4	25.9	25.4	24.9	24.4	23.9	23.5	23.0	22.5	22.1	21.7	21.2
31.2	27.3	26.8	26.2	25.7	25.2	24.7	24.2	23.8	23.3	22.8	22.4	21.9	21.5
31.4	27.7	27.1	26.6	26.0	25.5	25.0	24.5	24.1	23.6	23.1	22.7	22.2	21.8
31.6	28.0	27.4	26.9	26.4	25.9	25.3	24.8	24.4	23.9	23.4	22.9	22.5	22.0
31.8	28.3	27.8	27.2	26.7	26.2	25.7	25.1	24.7	24.2	23.7	23.2	22.8	22.3
32.0	28.7	28.1	27.6	27.0	26.5	26.0	25.5	25.0	24.5	24.0	23.5	23.0	22.6
32.2	29.0	28.5	27.9	27.4	26.8	26.3	25.8	25.3	24.8	24.3	23.8	23.3	22.9
32.4	29.4	28.8	28.2	27.7	27.1	26.6	26.1	25.6	25.1	24.6	24.1	23.6	23.1
32.6	29.7	29.2	28.6	28.0	27.5	26.9	26.4	25.9	25.4	24.9	24.4	23.9	23.4
32.8	30.1	29.5	28.9	28.3	27.8	27.2	26.7	26.2	25.7	25.2	24.7	24.2	23.7
33.0	30.4	29.8	29.3	28.7	28.1	27.6	27.0	26.5	26.0	25.5	25.0	24.5	24.0
33.2	30.8	30.2	29.6	29.0	28.4	37.9	27.3	26.8	26.3	25.8	25.2	24.7	24.3
33.4	31.2	30.6	30.0	29.4	28.8	28.2	27.7	27.1	26.6	26.1	25.5	25.0	24.5
33.6	31.5	30.9	30.3	29.7	29.1	28.5	28.0	27.4	26.9	26.4	25.8	25.3	24.8
33.8	31.9	31.3	30.7	30.0	29.5	28.9	28.3	27.7	27.2	26.7	26.1	25.6	25.1
34.0	32.3	31.6	31.0	30.4	29.8	29.2	28.6	28.1	27.5	27.0	26.4	25.9	25.4
34.2	32.6	32.0	31.4	30.7	30.1	29.5	29.0	28.4	27.8	27.3	26.7	26.2	25.7
34.4	33.0	32.4	31.7	31.1	30.5	29.9	29.3	28.7	28.1	27.6	27.0	26.5	26.0
34.6	33.4	32.7	32.1	31.4	30.8	30.2	29.6	29.0	28.5	27.9	27.4	26.8	26.3
34.8	33.8	33.1	32.4	31.8	31.2	30.6	30.0	29.4	28.8	28.2	27.7	27.1	26.6
35.0	34.1	33.5	32.8	32.2	31.5	30.9	30.3	29.7	29.1	28.5	28.0	27.4	26.9
35.2	34.5	33.8	33.2	32.5	31.9	31.2	30.6	30.0	29.4	28.8	28.3	27.7	27.2
35.4	34.9	34.2	33.5	32.9	32.2	31.6	31.0	30.4	29.8	29.2	28.6	28.0	27.5
35.6	35.3	34.6	33.9	33.2	32.6	31.9	31.3	30.7	30.1	29.5	28.9	28.3	27.8
35.8	35.7	35.0	34.3	33.6	32.9	32.3	31.6	31.0	30.4	29.8	29.2	28.6	28.1
36.0	36.0	35.3	34.6	34.0	33.3	32.6	32.0	31.4	30.7	30.1	29.5	29.0	28.4
36.2	36.4	35.7	35.0	34.3	33.6	33.0	32.3	31.7	31.1	30.5	29.9	29.3	28.7
36.4	36.8	36.1	35.4	34.7	34.0	33.3	32.7	32.0	31.4	30.8	30.2	29.6	29.0
36.6	37.2	36.5	35.8	35.1	34.4	33.7	33.0	32.4	31.7	31.1	30.5	29.9	29.3
36.8	37.6	36.9	36.2	35.4	34.7	34.1	33.4	32.7	32.1	31.4	30.8	30.2	29.6

续上表

平均回弹值 R_m	测区混凝土强度换算值 $f^c_{cu,i}$（MPa）												
	平均碳化深度值 d_m（mm）												
	0.0	0.5	1.0	1.5	2.0	2.5	3.0	3.5	4.0	4.5	5.0	5.5	≥6.0
37.0	38.0	37.3	36.5	35.8	35.1	34.4	33.7	33.1	32.4	31.8	31.2	30.5	29.9
37.2	38.4	37.7	36.9	36.2	35.5	34.8	34.1	33.4	32.8	32.1	31.5	30.9	30.2
37.4	38.8	38.1	37.3	36.6	35.8	35.1	34.4	33.8	33.1	32.4	31.8	31.2	30.6
37.6	39.2	38.4	37.7	36.9	36.2	35.5	34.8	34.1	33.4	32.8	32.1	31.5	30.9
37.8	39.6	38.8	38.1	37.3	36.6	35.9	35.2	34.5	33.8	33.1	32.5	31.8	31.2
38.0	40.0	39.2	38.5	37.7	37.0	36.2	35.5	34.8	34.1	33.5	32.8	32.2	31.5
38.2	40.4	39.6	38.9	38.1	37.3	36.6	35.9	35.2	34.5	33.8	33.1	32.5	31.8
38.4	40.9	40.1	39.3	38.5	37.7	37.0	36.3	35.5	34.8	34.2	33.5	32.8	32.2
38.6	41.3	40.5	39.7	38.9	38.1	37.4	36.6	35.9	35.2	34.5	33.8	33.2	32.5
38.8	41.7	40.9	40.1	39.3	38.5	37.7	37.0	36.3	35.5	34.8	34.2	33.5	32.8
39.0	42.1	41.3	40.5	39.7	38.9	38.1	37.4	36.6	35.9	35.2	32.5	33.8	33.2
39.2	42.5	41.7	40.9	40.1	39.3	38.5	37.7	37.0	36.3	35.5	34.8	34.2	33.5
39.4	42.9	42.1	41.3	40.5	39.7	38.9	38.1	37.4	36.6	35.9	35.2	34.5	33.8
39.6	43.4	42.5	41.7	40.9	40.0	39.3	38.5	37.7	37.0	36.3	35.5	34.8	34.2
39.8	43.8	42.9	42.1	41.3	40.4	39.6	38.9	38.1	37.3	36.6	35.9	35.2	34.5
40.0	44.2	43.4	42.5	41.7	40.8	40.0	39.2	38.5	37.7	37.0	36.2	35.5	34.8
40.2	44.7	43.8	42.9	42.1	41.2	40.4	39.6	38.8	38.1	37.3	36.6	35.9	35.2
40.4	45.1	44.2	43.3	42.5	41.6	40.8	40.0	39.2	38.4	37.7	36.9	36.2	35.5
40.6	45.5	44.6	43.7	42.9	42.0	41.2	40.4	39.6	38.8	38.1	37.3	36.6	35.8
40.8	46.0	45.1	44.2	43.3	42.4	41.6	40.8	40.0	39.2	38.4	37.7	36.9	36.2
41.0	46.4	45.5	44.6	43.7	42.8	42.0	41.2	40.4	39.6	38.8	38.0	37.3	36.5
41.2	46.8	45.9	45.0	44.1	43.2	42.4	41.6	40.7	39.9	39.1	38.4	37.6	36.9
41.4	47.3	46.3	45.4	44.5	43.7	42.8	42.0	41.1	40.3	39.5	38.7	38.0	37.2
41.6	47.7	46.8	45.9	45.0	44.1	43.2	42.3	41.5	40.7	39.9	39.1	38.3	37.6
41.8	48.2	47.2	46.3	45.4	44.5	43.6	42.7	41.9	41.1	40.3	39.5	38.7	37.9
42.0	48.6	27.7	46.7	45.8	44.9	44.0	43.1	42.3	41.5	40.6	39.8	39.1	38.3
42.2	49.1	48.1	47.1	46.2	45.3	44.4	43.5	42.7	41.8	41.0	40.2	39.4	38.6
42.4	49.5	48.5	47.6	46.6	45.7	44.8	43.9	43.1	42.2	41.4	40.6	39.8	39.0
42.6	50.0	49.0	48.0	47.1	46.1	45.2	44.3	43.5	42.6	41.8	40.9	40.1	39.3
42.8	50.4	49.4	48.5	47.5	46.6	45.6	44.7	43.9	43.0	42.2	41.3	40.5	39.7
43.0	50.9	49.9	48.9	47.9	47.0	46.1	45.2	44.3	43.4	42.5	41.7	40.9	40.1
43.2	51.3	60.3	49.3	48.4	47.4	46.5	45.6	44.7	43.8	42.9	42.1	41.2	40.4
43.4	51.8	50.8	49.8	48.8	47.8	46.9	46.0	45.1	44.2	43.3	42.5	41.6	40.8

平均回弹值 R_m	测区混凝土强度换算值 $f^c_{cu,i}$（MPa）												
	平均碳化深度值 d_m（mm）												
	0.0	0.5	1.0	1.5	2.0	2.5	3.0	3.5	4.0	4.5	5.0	5.5	≥6.0
43.6	52.3	51.2	50.2	49.2	48.3	47.3	46.4	45.5	44.6	43.7	42.8	42.0	41.2
43.8	50.7	51.7	50.7	49.7	48.7	47.7	46.8	45.9	45.0	44.1	43.2	42.4	41.5
44.0	53.2	52.2	51.1	50.1	49.1	48.2	47.2	46.3	45.4	44.5	43.6	42.7	41.9
44.2	53.7	52.6	51.6	50.6	49.6	48.6	47.6	46.7	45.8	44.9	44.0	43.1	42.3
44.4	54.1	53.1	52.0	51.0	50.0	49.0	48.0	47.1	46.2	45.3	44.4	43.5	42.6
44.6	54.6	53.5	52.5	51.5	50.4	49.4	48.5	47.5	46.6	45.7	44.8	43.9	43.0
44.8	55.1	54.0	52.9	51.9	50.9	49.9	48.9	47.9	47.0	46.1	45.1	44.3	43.4
45.0	55.6	54.5	53.4	52.4	51.3	50.3	49.3	48.3	47.4	46.5	45.5	44.6	43.8
45.2	56.1	55.0	53.9	52.8	51.8	50.7	49.7	48.8	47.8	46.9	45.9	45.0	44.1
45.4	56.5	55.4	54.3	53.3	52.2	51.2	50.2	49.2	48.2	47.3	46.3	45.4	44.5
45.6	57.0	55.9	54.8	53.7	52.7	51.6	50.6	49.6	48.6	47.7	46.7	45.8	44.9
45.8	57.5	56.4	55.3	54.2	53.1	52.1	51.0	50.0	49.0	48.1	47.1	46.2	45.3
46.0	58.0	56.9	55.7	54.6	53.6	52.5	51.5	50.5	49.5	48.5	47.5	46.6	45.7
46.2	58.5	57.3	56.2	55.1	54.0	52.9	51.9	50.9	49.9	48.9	47.9	47.0	46.1
46.4	59.0	57.8	56.7	55.6	54.5	53.4	52.3	51.3	50.3	49.3	48.3	47.4	46.4
46.6	59.5	58.3	57.2	56.0	54.9	53.8	52.8	51.7	50.7	49.7	48.7	47.8	46.8
46.8	60.0	58.8	57.6	56.5	55.4	54.3	53.2	52.2	51.1	50.1	49.1	48.2	47.2
47.0	—	59.3	58.1	57.0	55.8	54.7	53.7	52.6	51.6	50.5	49.5	48.6	47.6
47.2	—	59.8	58.6	57.4	56.3	55.2	54.1	53.0	52.0	51.0	50.0	49.0	48.0
47.4	—	60.0	59.1	57.9	56.8	55.6	54.5	53.5	52.4	51.4	50.4	49.4	48.4
47.6	—	—	59.6	58.4	57.2	56.1	55.0	53.9	52.8	51.8	50.8	49.8	48.8
47.8	—	—	60.0	58.9	57.7	56.6	55.4	54.4	53.3	52.2	51.2	50.2	49.2
48.0	—	—	—	59.3	58.2	57.0	55.9	54.8	53.7	52.7	51.6	50.6	49.6
48.2	—	—	—	59.8	58.6	57.5	56.3	55.2	54.1	53.1	52.0	51.0	50.0
48.4	—	—	—	60.0	59.1	57.9	56.8	55.7	54.6	53.5	52.5	51.4	50.4
48.6	—	—	—	—	59.6	58.4	57.3	56.1	55.0	53.9	52.9	51.8	50.8
48.8	—	—	—	—	60.0	58.9	57.7	56.6	55.5	54.4	53.3	52.2	51.2
49.0	—	—	—	—	—	59.3	58.2	57.0	55.9	54.8	53.7	52.7	51.6
49.2	—	—	—	—	—	59.8	58.6	57.5	56.3	55.2	54.1	53.1	52.0
49.4	—	—	—	—	—	60.0	59.1	57.9	56.8	55.7	54.6	53.5	52.4
49.6	—	—	—	—	—	—	59.6	58.4	57.2	56.1	55.0	53.9	52.9
49.8	—	—	—	—	—	—	60.0	58.8	57.7	56.6	55.4	54.3	53.3
50.0	—	—	—	—	—	—	—	59.3	58.1	57.0	55.9	54.8	53.7

平均回弹值 R_m	测区混凝土强度换算值 $f_{cu,i}^c$（MPa）												
	平均碳化深度值 d_m（mm）												
	0.0	0.5	1.0	1.5	2.0	2.5	3.0	3.5	4.0	4.5	5.0	5.5	≥6.0
50.2	—	—	—	—	—	—	—	59.8	58.6	57.4	56.3	55.2	54.1
50.4	—	—	—	—	—	—	—	60.0	59.0	57.9	56.7	55.6	54.5
50.6	—	—	—	—	—	—	—	—	59.5	58.3	57.2	56.0	54.9
50.8	—	—	—	—	—	—	—	—	60.0	58.8	57.6	56.5	55.4
51.0	—	—	—	—	—	—	—	—	59.2	58.1	56.9	55.8
51.2	—	—	—	—	—	—	—	—	59.7	58.5	57.3	56.2
51.4	—	—	—	—	—	—	—	—	60.0	58.9	57.8	56.6
51.6	—	—	—	—	—	—	—	—	—	59.4	58.2	57.1
51.8	—	—	—	—	—	—	—	—	—	59.8	58.7	57.5
52.0	—	—	—	—	—	—	—	—	—	60.0	59.1	57.9
52.2	—	—	—	—	—	—	—	—	—	—	59.5	58.4
52.4	—	—	—	—	—	—	—	—	—	—	60.0	58.8
52.6	—	—	—	—	—	—	—	—	—	—	—	59.2
52.8	—	—	—	—	—	—	—	—	—	—	—	59.7

注：1. 表中未注明的测区混凝土强度换算值为小于10MPa或大于60MPa；

2. 表中数值是根据曲线方程 $f = 0.034488R^{1.9400}10^{(-0.0173d_m)}$ 计算。

附录Ⅵ　非水平方向检测时的回弹值修正值

非水平方向检测时的回弹值修正值

R_{ma}	检测角度							
	向上				向下			
	90°	60°	45°	30°	-30°	-45°	-60°	-90°
20	-6.0	-5.0	-4.0	-3.0	+2.5	+3.0	+3.5	+4.0
21	-5.9	-4.9	-4.0	-3.0	+2.5	+3.0	+3.5	+4.0
22	-5.8	-4.8	-3.9	-2.9	+2.4	+2.9	+3.4	+3.9
23	-5.7	-4.7	-3.9	-2.9	+2.4	+2.9	+3.4	+3.9
24	-5.6	-4.6	-3.8	-2.8	+2.3	+2.8	+3.3	+3.8
25	-5.5	-4.5	-3.8	-2.8	+2.3	+2.8	+3.3	+3.8
26	-5.4	-4.4	-3.7	-2.7	+2.2	+2.7	+3.2	+3.7
27	-5.3	-4.3	-3.7	-2.7	+2.2	+2.7	+3.2	+3.7
28	-5.2	-4.2	-3.6	-2.6	+2.1	+2.6	+3.1	+3.6
29	-5.1	-4.1	-3.6	-2.6	+2.1	+2.6	+3.1	+3.6
30	-5.0	-4.0	-3.5	-2.5	+2.0	+2.5	+3.0	+3.5
31	-4.9	-4.0	-3.5	-2.5	+2.0	+2.5	+3.0	+3.5
32	-4.8	-3.9	-3.4	-2.4	+1.9	+2.4	+2.9	+3.4
33	-4.7	-3.9	-3.4	-2.4	+1.9	+2.4	+2.9	+3.4
34	-4.6	-3.8	-3.3	-2.3	+1.8	+2.3	+2.8	+3.3
35	-4.5	-3.8	-3.3	-2.3	+1.8	+2.3	+2.8	+3.3
36	-4.4	-3.7	-3.2	-2.2	+1.7	+2.2	+2.7	+3.2
37	-4.3	-3.7	-3.2	-2.2	+1.7	+2.2	+2.7	+3.2
38	-4.2	-3.6	-3.1	-2.1	+1.6	+2.1	+2.6	+3.1
39	-4.1	-3.6	-3.1	-2.1	+1.6	+2.1	+2.6	+3.1
40	-4.0	-3.5	-3.0	-2.0	+1.5	+2.0	+2.5	+3.0
41	-4.0	-3.5	-3.0	-2.0	+1.5	+2.0	+2.5	+3.0
42	-3.9	-3.4	-2.9	-1.9	+1.4	+1.9	+2.4	+2.9
43	-3.9	-3.4	-2.9	-1.9	+1.4	+1.9	+2.4	+2.9
44	-3.8	-3.3	-2.8	-1.8	+1.3	+1.8	+2.3	+2.8

R_{ma}	检测角度							
	向上				向下			
	90°	60°	45°	30°	−30°	−45°	−60°	−90°
45	−3.8	−3.3	−2.8	−1.8	+1.3	+1.8	+2.3	+2.8
46	−3.7	−3.2	−2.7	−1.7	+1.2	+1.7	+2.2	+2.7
47	−3.7	−3.2	−2.7	−1.7	+1.2	+1.7	+2.2	+2.7
48	−3.6	−3.1	−2.6	−1.6	+1.1	+1.6	+2.1	+2.6
49	−3.6	−3.1	−2.6	−1.6	+1.1	+1.6	+2.1	+2.6
50	−3.5	−3.0	−2.5	−1.5	+1.0	+1.5	+2.0	+2.5

注:1. R_{ma}小于20或大于50时,分别按20或50查表;

　　2. 表中未列入的相应于R_{ma}的修正值R_{ma},可用内插法求得,精确至0.1。

附录Ⅶ 不同浇筑面的回弹值修正值

不同浇筑面的回弹值修正值

R_m^t 或 R_m^b	表面修正值 (R_a^t)	底面修正值 (R_a^b)	R_m^t 或 R_m^b	表面修正值 (R_a^t)	底面修正值 (R_a^b)
20	+2.5	−3.0	36	+0.9	−1.4
21	+2.4	−2.9	37	+0.8	−1.3
22	+2.3	−2.8	38	+0.7	−1.2
23	+2.2	−2.7	39	+0.6	−1.1
24	+2.1	−2.6	40	+0.5	−1.0
25	+2.0	−2.5	41	+0.4	−0.9
26	+1.9	−2.4	42	+0.3	−0.8
27	+1.8	−2.3	43	+0.2	−0.7
28	+1.7	−2.2	44	+0.1	−0.6
29	+1.6	−2.1	45	0	−0.5
30	+1.5	−2.0	46	0	−0.4
31	+1.4	−1.9	47	0	−0.3
32	+1.3	−1.8	48	0	−0.2
33	+1.2	−1.7	49	0	−0.1
34	+1.1	−1.6	50	0	0
35	+1.0	−1.5			

注:1. R_m^t 或 R_m^b 小于20或大于50时,分别按20或50查表;

2. 表中有关混凝土浇筑表面的修正系数,是指一般原浆抹面的修正值;

3. 表中有关混凝土浇筑底面的修正系数,是指构件底面与侧面采用同一类模板在正常浇筑情况下的修正值;

4. 表中未列入相应于 R_m^t 或 R_m^b 的 R_a^t 和 R_a^b,可用内插法求得,精确至0.1。

参 考 文 献

[1] 伍勇华,房志勇.土木工程材料测试原理与技术[M].北京:中国建材工业出版社,2010.

[2] 交通运输部公路科学研究院.公路水运试验检测数据报告编制导则释义手册[M].北京:人民交通出版社股份有限公司,2019.

[3] 张会.材料导论[M].北京:科学出版社,2019.

[4] 沈小俊,解先荣.公路水运工程试验检测专业技术人员职业资格考试用书 公共基础(2020年版)[M].北京:人民交通出版社股份有限公司,2020.

[5] 张超,支喜兰.公路水运工程试验检测专业技术人员职业资格考试用书 道路工程(2020年版)[M].北京:人民交通出版社股份有限公司,2020.

[6] 奚绍中,邱秉权.工程力学教程[M].3版.北京:高等教育出版社,2016.

[7] 诺尔曼 E·道林.工程材料力学行为[M].4版.江树勇,张艳秋,译.北京:机械工业出版社,2016.

[8] 褚武扬,林实,王桄,等.断裂韧性测试[M].北京:科学出版社,1979.

[9] 郑修麟.材料疲劳理论与工程应用[M].北京:科学出版社,2013.

[10] 夏纪真.无损检测导论[M].2版.广州:中山大学出版社,2016.